中国现代建筑教育史(1920~1980)

Education of Modern Architecture in China(1920~1980)

钱 锋 伍 江 著

中国建筑工业出版社

图书在版编目(CIP)数据

中国现代建筑教育史(1920～1980)/钱锋,伍江著. —北京:中国建筑工业出版社,2007
 ISBN 978-7-112-09213-0

Ⅰ.中…　Ⅱ.①钱…②伍…　Ⅲ.建筑学—教育史—中国—1920～1980　Ⅳ.TU-4

中国版本图书馆 CIP 数据核字(2007)第 052759 号

责任编辑：徐　纺
责任设计：董建平
责任校对：兰曼利　孟　楠

中国现代建筑教育史(1920～1980)
Education of Modern Architecture in China(1920～1980)
钱　锋　伍　江　著
*
中国建筑工业出版社出版、发行(北京西郊百万庄)
各地新华书店、建筑书店经销
北京天成排版公司制版
北京同文印刷有限责任公司印刷
*
开本：787×1092 毫米　1/16　印张：16¾　字数：363 千字
2008 年 1 月第一版　　2008 年 1 月第一次印刷
印数：1—2000 册　　定价：**36.00** 元
ISBN 978-7-112-09213-0
　　　(15877)

版权所有　翻印必究
如有印装质量问题，可寄本社退换
(邮政编码　100037)

序

目前，国内外学术领域对于中国近代建筑史的研究越来越关注，相关研究成果也越来越丰富。近代建筑史是中国近代史的一个组成部分，是中国社会向现代转变的重要反映，也是为中国建筑向现代体系转化的起点。而院校建筑教育作为现代学科思想影响下产生的新型知识传授方式，是伴随着近代建筑体系形成而产生的重要组成部分。它直接促进了新型建筑思想和建筑体系的出现，并推动了建筑学科的建立，为中国建筑从思想到实践等各方面的自我成型和持续发展奠定了坚实的基础。

对于近代以来中国院校建筑教育的研究将有助于清晰地认识中国建筑体系发展和转变的进程，也对思考今天中国建筑的发展道路有积极的借鉴意义。

但是，长期以来学术界对中国建筑教育发展历史的研究一直非常欠缺。一方面研究数量很少：有关中国近代建筑史的研究多集中在建筑史观、建筑实体、建筑风格等方面，建筑教育方面的研究尚十分缺乏；另一方面研究范围和深度也有局限：研究对象多集中在一些采用"学院式"（如 École Des Beaux-Arts）主流教学模式的建筑院校，而与之同时存在的现代建筑教育体系，由于其发展一直处于非主流地位，因此相关历史一直没有被充分挖掘和系统地整理研究，使建筑教育史研究全面和深入程度仍很不够。

此外，从中国建筑的整体发展来看，虽然发展历经时间不短，建设量也越来越大，但是整体建筑品质仍然不尽人意。现代建筑在中国始终没有得到充分发展的事实直接影响了整体建筑的品质和水准。对于这一现象，中国早期建筑教育中未能充分贯彻和发展现代建筑思想是其产生的重要的原因之一。而深究其根源，是由于我们的国家没有真正经历自己的现代化过程，因此无法发展起自己的现代建筑。只有当国家在生产技术、经济、政治、社会文化等各个领域真正实现深刻的现代转型，我们才能创造出自己的现代建筑并建立起自己的现代建筑教育体系。

如今伍江教授指导钱锋博士，历经数载，致力于中国现代建筑教育史的研究，其研究成果《中国现代建筑教育史（1920~1980）》不仅对于填补这方面的空白和充实近代建筑史研究整体框架具有理论意义，而且对于探究现代建筑始终未能在中国充分发展的深层原因具有重要的启发意义。

此前学术界对于该专题研究领域几乎没有非常系统的研究成果,同时由于历史原因,相关资料和信息也非常缺少。钱锋博士在伍江教授的指导下,花大量时间走访了清华、东南、天津、华南理工和重庆大学等建筑院校,前往各地有可能留存相关资料的省市档案馆、图书馆,进行了细致的基础资料调研工作,并在各校拜访了大量老教师,对他们进行了深入的访谈工作,弥补档案文献资料的不足。通过发掘和整理,发现了不少鲜为人知的生动历史细节,在此基础上清晰地梳理出了中国近现代建筑教育发展的脉络,展现了其中现代建筑思想发展的历程。

　　本书在系统展开中国建筑教育历史论述之前,回顾了西方建筑教育整体发展情况,阐述了中国建筑教育产生的世界背景,对于理解近代时期西方建筑文化和思想如何影响中国社会和建筑领域,促成其向现代模式的转变具有重要意义,同时也能从中考察到不同文化和思想在国际领域传播和相互渗入的独特现象。

　　另外,该书结合中国近现代建筑教育发展的整体脉络,进一步提炼出设计思想和教学模式两个核心因素,以它们作为分析复杂的教育历史状况的切入点,力求从宏观层面把握建筑教育历史发展现象,并揭示其深层原因。

　　本书是对中国现代建筑教育发展历史研究的重要成果。但是,有关中国建筑教育史、建筑教育者、建筑教育思想、中国现代建筑思想等方面的研究领域仍非常广泛,要从事的深入研究还很多。希望作者能够继续致力于该领域的研究工作,以此为起点,坚持不懈,不断取得更为丰硕的成果。

罗小未

2007 年 10 月

摘 要

近代中国建筑在西方国家的影响下，经历了"传统营建体系向现代建筑工业体系的转变"。在这一转变过程中，建筑院校教育体制作为新体系的一部分，伴随着现代建筑制度的建立而逐渐形成。

中国院校建筑教育体制建立的1920年代，西方现代建筑运动已经开始风起云涌。在此背景下1920年代至1952年之间，现代建筑理念也通过各种途径，逐渐影响到中国的建筑界及建筑教育领域。虽然中国早期建筑教育体制的创立者大多具有西方学院式教育背景，这使得近代中国早期建筑教育一直具有深厚的学院式思想基础，但是随着西方现代建筑思想的兴起和传播，中国一些建筑院校在设计思想和教学模式等方面都逐步出现了向现代建筑理念的转变。

1952年之后，极端意识形态控制下的教育理念，以及相关统一实施的教学模式对中国现代建筑教育发展产生了极大的冲击和阻碍。教学中的现代建筑思想一直处于受压制的状态，只是间或在局部区域和领域艰难地发展。这种现象一直延续到1970年代末期。

本书论述了中国建筑院校教育体制产生和发展的历史，阐明了其中现代建筑理念及其相应教学模式的实验探索历程，梳理了现代建筑教育在中国形成的脉络，并剖析了各种历史现象背后经济、政治、社会等方面的深层原因。

目 录

引言 ··· 1

第一章 近代中国院校建筑教育制度产生背景 ·· 3
第一节 中国近代建筑业及建筑师职业的兴起 ······································ 3
第二节 中国建筑院校教育出现之前培养建筑师的途径 ···························· 4
(一) 在外国建筑机构中作学徒 ·· 4
(二) 接受土木工学教育的工程人员逐步转向建筑设计领域 ······················· 6
第三节 中国院校建筑教育制度的形成 ·· 7
(一) 中国近代大学教育体制的形成 ·· 7
(二) 清政府颁布"新学制"中的院校建筑教育制度(癸卯学制) ················ 9
(三) 民国政府改制后的院校建筑教育制度(壬子癸丑学制) ····················· 10
小结 ··· 13

第二章 西方各国建筑教育思想及体系综述 ·· 14
第一节 西方各国建筑教育体系 ·· 14
(一) 法国的学院式建筑教育体系 ·· 14
(二) 英国的传统建筑教育 ·· 15
(三) 德国的传统建筑教育 ·· 16
(四) 美国的院校建筑教育 ·· 17
(五) 日本的建筑教育 ·· 19
第二节 现代建筑运动的兴起及对各国建筑教育的影响 ··························· 21
(一) 德国包豪斯学校 ·· 22
(二) 现代建筑运动影响下的法国 ·· 24
(三) 现代建筑运动影响下的美国 ·· 25
(四) 现代建筑运动影响下的日本 ·· 28
小结 ··· 30

第三章 中国现代建筑教育的开端——1952年前院校建筑教育 ···················· 31
第一节 学校建筑教育的序幕——苏州工业专门学校建筑科 ····················· 31
(一) 背景和概况 ·· 31

  （二）注重技术与实用性的教学特点 ··· 34
  （三）教学中的现代建筑思想及其学院式的基础模式 ······························· 38
 第二节 四所综合大学建筑系的出现及其自由探索（1927～1930年代初）········ 41
  （一）综合大学建筑系兴起的背景 ··· 41
  （二）新成立各校建筑系概况 ·· 42
  （三）各建筑院系在教学上的自由探索 ··· 50
  （四）实用型学院式教学基础模式 ··· 62
  （五）教学中的民族复古主义思想与现代建筑思想 ································· 65
 第三节 中央大学建筑系学院式教学思想的提升及其核心地位的形成 ·········· 70
  （一）中央大学学院式教学思想的提升 ··· 70
  （二）中央大学建筑教学核心地位的形成 ··· 75
  （三）建筑教学中的现代主义思想倾向 ··· 79
 第四节 中央大学影响下其他学校的教学探索 ·· 82
  （一）学院式教学模式影响下的之江大学建筑系 ··································· 82
  （二）实用化与技术化的学院式教学方法——天津工商学院建筑系等 ······ 88
  （三）现代主义教育思想的短期探索——重庆大学建筑系 ······················· 91
  （四）勷勤大学——中山大学建筑系对现代建筑教学思想的进一步探索 ·· 93
 第五节 现代建筑教育的兴起 ··· 101
  （一）带有"包豪斯"教学特点的上海圣约翰大学建筑系 ························· 101
  （二）梁思成在清华大学的教学新尝试 ··· 119
 小结 ··· 133

第四章 现代建筑教育在挫折中发展（1952～1970年代末） ························ 134
 第一节 学习苏联浪潮下受冲击的现代建筑教育（1952～1957）················ 134
  （一）全国高等院系调整 ·· 134
  （二）苏联学院式教学方法对中国的影响 ··· 137
  （三）部分院校中现代建筑教育的受挫及局部发展 ································ 155
 第二节 1958年教育革命运动对现代建筑教育的影响 ···························· 183
  （一）"大跃进"及"教育革命"运动的爆发 ·· 183
  （二）结合实践的建筑教学及复古思潮的再度兴起 ································ 185
  （三）现代建筑思想在师生实践中的体现 ··· 189
 第三节 1960年代初现代建筑教育的再发展 ·· 193
  （一）1960年代初期院校教育制度的恢复和建筑界思想理论讨论的兴起 ·· 194
  （二）建筑教育模式在1950年代初期基础上的再续 ······························· 195
  （三）各院校建筑教学中现代建筑设计思想的发展 ································ 198
  （四）同济大学建筑系现代建筑教育模式的新实验 ································ 206

第四节 "文化大革命"运动下的低层次实用型建筑教育 ·················· 209
   （一）"文化大革命"与第二次"教育革命"运动 ···················· 209
   （二）低层次实用型建筑教育的兴起 ································ 213
小结 ·· 216

第五章　建筑教育的恢复和现代建筑教育的再探索
（1970 年代末、1980 年代初）······································ 218
   （一）学院式教育方法的再续 ······································ 218
   （二）现代建筑教育的再探索 ······································ 219

第六章　总结和启示 ·· 225
   （一）中国现代建筑教育发展历史轨迹综述 ························ 225
   （二）认识和启示 ·· 229

附录 ·· 233
   附录 A　部分建筑院系课程设置及师资状况档案 ···················· 233
   附录 B　上海沪江大学建筑学科课程设置及学科章程 ················ 247
   附录 C　上海圣约翰大学建筑系毕业生名单 ·························· 249

参考文献 ·· 251

个人简历 ·· 257

后记 ·· 258

引　言

近现代中国建筑体系发生的最深刻的变化是在西方的影响下，经历了"传统营建体系向现代建筑工业体系的转变"。在这一转变中，出现了专门从事建筑设计业务的建筑师职业，并产生了新型的建筑教育制度。这种建筑教育制度，取代了中国传统的师徒相承的传授方式，成为训练职业建筑师的最重要和最直接的途径。

通过这一途径培养的建筑师直接受到教学中的设计思想和方法的影响，他们后来的创作实践工作大多基于教育时期所形成的建筑思想。建筑教育制度作为建筑体系的组成部分之一，对于这一体系下产生的建筑师具有最为直接的影响，促使他们形成了自己的建筑思想并在此思想下进行了建筑作品的实践。

纵观中国建筑教育发展史，受巴黎美术学院模式(École Des Beaux-Arts 或 Academic)影响较大的教学思想和方法一直占主流地位，主导多所建筑院校的教学体系长达几十年。由于长期以来研究主体和文献资料等多出自于这些学校，因此，已有的建筑教育史的研究也多以这些院校的主流教学思想为对象。而与"学院式"教学体系所不同的现代建筑教育体系，因此在中国近现代的教育历史发展进程中一直处于受压制的非主流地位。

当前中国进入了新一轮建设高潮，建设量突飞猛进，城市面貌日新月异，整个国家正处在建设发展的黄金时期。但是，在飞速发展过程中，建筑的整体面貌却往往不尽人意，怪异而混乱的建筑群给城市面貌带来很多负面影响，城市始终无法给居民提供高品质的环境。对于这些现象的产生，培养建筑设计者的建筑教育制度是其重要而深刻的原因。

从某种意义上来说，中国早期建筑教育中现代建筑思想未能充分发展的历史事实，对于今天建筑师的创作思想以及当今建筑面貌具有直接的影响。了解现代建筑教育在我国发展的曲折历史，对我们理解今天的建设状况和建筑面貌，以及探索它们形成的历史根源都具有重要作用。

为了更好地理解本书内容，这里需要明确书中几个关键词的意义：

有关"建筑教育"

"建筑教育"的概念有广义和狭义之分。广义的建筑教育包括各种建筑设计思想、建造技术、施工手段等关于建造建筑物的技能的传递掌握过程，在此意义下中世纪的师徒相授、学徒在设计事务所中的实践学习，以及建筑师在工作过程中提高自身能力都可以看作是建筑教育。

本书所要研究的是狭义的建筑教育,它特指学科体系化、制度化的高等院校建筑专业教育。这种建筑教育是现代学科体系的出现,并与教育体系相结合的结果。它所产生的基础是现代学校教育制度的建立。

有关"现代建筑教育"

本书中"现代建筑教育"是指围绕"现代建筑"设计思想这一核心所建立的建筑教学体系。基于这一概念,建筑教育可以细分为如下两个要素:设计思想和教学模式。理想(或可称为完备)的现代建筑教育在这两个要素方面都完成了现代理念的转型,即在设计思想方面以现代建筑思想为主导;在教学模式方面以培养学生的现代建筑思想为目标建立起一整套有机的教学方法和内容。

在某一时期某一具体的建筑院校教学之中,以上两个要素的转型并非是同步的。现代建筑教育的进程十分复杂,而不同院校中的教学状况则更为复杂。本书将分别关注各个时段建筑院校的这两个要素的转型状况,以将整个中国不同时段的现代建筑教育的发展情况梳理清晰。

有关"学院式"教育

本书将基于巴黎美术学院建筑教育基础上发展而来的教育方法用"学院式"教育模式来指代。以往的国内相关研究文章常常称之为"学院派"教育,但"派"的含义为"立场、见解或作风、习气相同的一些人",若将其视为"派别"一词,则含义为"学术、宗教、政党等内部因主张不同而形成的分支或小团体"。由此可见,"派"的使用多指"作为一个团体的人群"。而教学模式和方法用"人群"来指代则很容易产生歧义,出现将一种教学模式与一部分教育者简单等同的现象,从而导致以标签式的理解抹杀个体人物的丰富复杂性的偏差。这种研究思维基础上的缺陷,将会很大程度上影响到建立在此基础之上的研究的准确性。

鉴于以上问题,本书拟以"式"为名称代替"派"的用法来指代一种教育模式,将 academic 有关教学模式方面的概念还原到教学体系和方法本身。由此,本书中"学院式"教育便可以看作一种纯粹的客观教学体系模式用于研究和阐述。

本研究中的"学院式"教育特指具有典型特征的以新古典主义和折衷主义等传统建筑设计思想为核心的,具备与之相应的教学方法和模式的整套有机的教学体系。

第一章　近代中国院校建筑教育制度产生背景

中国古代历史上，并没有现代意义上的"建筑师"和"建筑教育"，承担房屋设计和建造工作的是被称为"匠人"或"梓人"的手工业者，技艺传承主要通过"师徒相授"的方式进行。这套营建体系和传授模式延续了相当长的时间。

1840年爆发的鸦片战争迫使古老的中国打开国门，也使这一国家遭受到前所未有的巨大挑战。随着国门的打开，西方的近代建筑业逐渐进入了中国的几个通商口岸城市，在传统的营造行业中引发了一场深刻的变革，引领了整个行业向现代建筑体系的转变，也形成了建筑设计师这一新型的职业类别。

大量西方新鲜事物涌入的同时，晚清政府的统治政权也处于风雨飘摇之中。面临内忧外患的严峻挑战，政府中部分有识之士认识到西方军事技术的优越性，由此开展了洋务运动，开始系统引进西方的近代技术。他们除了派遣人员去国外学习先进技术之外，也把救国之道转向国内教育事业的开创。洋务派人士兴新学、办学堂，在"师夷长技以制夷"的思想下，创办了一批以培养事务人才为目标的新式学堂。

借鉴国外教育体制蓝本，从新式学堂开始的中国教育事业不断发展完善。随着建筑行业的转型和对新型建筑人才的需求，以西方建筑教育体制为原型的近代建筑教育制度，也逐渐在中国开始酝酿。

第一节　中国近代建筑业及建筑师职业的兴起

中国传统的房屋建造由被称为"匠人"或"梓人"的民间营造手工业者承担。随着西方传教士和商人的到来，西方建筑式样和建造方法逐渐被引入国内，中国传统营造手工业者直接参与了最初的西式建筑的建造。中国早期的西式建筑，大多数由外侨自己设计绘图，为了便于就地取材以及采用中国传统建筑技术而由中国工匠进行建造。

随着殖民地经济的进一步发展和建筑市场的逐步扩大，西方人对于建筑数量需求越来越大，品质需求越来越高，最初简单模仿的西式建筑已无法满足他们的要求。在这样的情况下，西方近代新型的建筑营造机构开始进入中国，为大量涌入的西方人建造庄重威严的洋行、舒适亲切的住宅等更为纯正的西式建筑。西方新型专业建筑营造机构的进入，逐渐引发了中国建筑行业体系的近代转型。

近代建筑体系与中国传统营造体系相比，有着本质上的不同。传统营造业大多围绕中国长期传承的木构建筑体系和技术进行，建筑样式比较单一，功能也很简单，是为适应传统中国人生活起居方式而建造。近代中国的对外开放使得西方的生活方式进入了中国，也使适应这种生活方式的建筑一同传入进来。运用了现代设计手法和技术设备的房屋无论其功能的合理、样式的新颖、使用的便利以及舒适程度等方面都远远超过了中国的传统建筑，因而逐渐受到中国开明绅商人士的广泛欢迎。

随着西式建筑一同进入中国的，还有西方的建筑师职业。在近代建筑体系中，建筑师作为专门从事设计的人员群体，是和施工人员相分离的。而中国传统营造工匠既是设计者，又是施工者，并非专门设计人员，因而与近代建筑师的职业定位有所偏离。建筑师作为近代建筑业的核心力量，不但从其知识结构和业务技能来说无法在中国传统营造业中找到对应者，而且近代建筑的新颖复杂的功能要求和科学技术含量，也使得中国的自身传统体系无法产生相应人才。正是基于这些原因，中国近代早期的高端建筑市场长期把握在西方建筑师手中。

这种现象直到1920年代中国派往西方国家学习建筑专业的大量留学生学成回国之后才有所改变。掌握了新型建筑设计方法的他们，逐渐打破了建筑设计以洋人一统天下的局面，开始与西方建筑师共同执掌建筑领域，并为中国院校建筑教育体制的建立和职业建筑师的系统培养奠定了基础。

第二节　中国建筑院校教育出现之前培养建筑师的途径

近代中国在大量的建筑专业留学人士回国之前，院校建筑教育体制尚未形成，此时国内也有少量建筑师的产生，他们主要通过两条途径逐渐掌握职业技能：一是作为学徒在租界内的外国建筑设计机构中求职学习；二是接受土木工学教育后逐步转向建筑领域。

(一) 在外国建筑机构中作学徒

近代中国一些重要的通商口岸城市中，已经出现了不少外国建筑师开办的建筑事务所。一些中国人在这些事务所中求职、实习，在工作过程中学到了制图、结构和设计等职业技能。其中部分才能出众者逐渐成长为职业建筑师，有些人甚至独立开办了事务所。从他们的一些建筑作品中可以看出不少人的设计技能和建筑知识水平已经达到了相当的高度。例如建筑师王信斋就是这样一个典型人物。他曾在葡籍建筑师叶肇昌(Francis Diniz，徐家汇天主堂等建筑设计者)手下学习，专修五年建筑工程和钢骨水泥学。经过一段时间的工程实践，他耳濡目染了很多建筑知识，培养了出色的建筑设计技能。后来他自己设计了震旦大学校舍、徐汇公学校舍(图1.1.1)等多所建筑，均显示出纯正娴熟的技艺。由他担任工程师的松江佘山大教堂(图1.1.2)及徐家汇教士总院等建筑受到有关近代建筑历史研究者很高的评价："在风格上和设计技巧上都非常娴熟，完全看不出是一个未出过国的中国人的作品，反映出在外国建筑机构中学习与熏陶下的中国早期建筑师的极高水平。"❶

图 1.1.1　徐汇公学

图 1.1.2　松江佘山大教堂

虽然在外国建筑机构中工作和实习不失为培养建筑师的一条途径，但并非是一条绝佳的途径。首先，事务所的实践训练在建筑类型和学科体系知识方面不够全面系统。一方面事务所承接的项目类型很随机，学徒受实践工程要求的限制，只能了解业务所接触的有限几个建筑类型，无法全面地了解多种类型建筑物的不同要求，因此训练不够全面；另一方面，学徒的学习完全跟随项目实际需要，能够掌握的多为与建筑建造密切相关的知识，例如图纸的绘制、建造的节点构造等等，对于设计相关的其他一些基础知识，如建筑美学、建筑历史等思想层面的内容则无法或很少有机会进行了解，因此训练不够专业和系统。

其次，作为事务所的助手和学徒，他们只能在建筑师的特定设计意图下工作，很难有自己发挥和创新的机会。由于他们的学习方式大多靠经验的积累，因此很容易受限于事务所主要建筑师的建筑思想。他们学会了建筑师设计方式之后，即使有机会独立进行工作，也不大会有主动创新的意识。因此，通过作学徒培养的设计人员大多在设计行业所需要的独创性方面有所欠缺。

虽然不否认这种培养方式下也会有一些天资很好、很有悟性的学徒会脱颖而出，如上文提及的王信斋等，但是极具天赋的人毕竟是少数，大多数人都会由于培养方式的局限而制约了自身建筑设计才能的发展和提高。

---

❶ 赖德霖：《中国近代建筑师的培养途径——中国近代建筑教育的发展》，见《中国近代建筑史研究》，清华大学工学博士学位论文，1992 年 5 月。

(二) 接受土木工学教育的工程人员逐步转向建筑设计领域

产生建筑师的第二条途径是接受了技术工程及土木工程学科教育的工程师，在具有部分工程实践经验后逐渐转向建筑行业。近代以来，通商口岸城市的实业发展迅速。由于土木工程行业直接参与各项产业的厂房和驻所建设，因此很早就兴盛起来。它的兴盛同时带动了土木工程教育的发展。20世纪20年代以前中国已经有五所院校具有此类专业，分别位于两个经济发展较早的租界城市上海和天津以及当时两个煤炭基地山西和唐山。1920年代时具有土木工程学科的院校已经发展到了十二所。❶ 与院校的发展相适应，中国很早就已经有不少接受了土木工程教育的工程技术人员。

由于1945年国民政府颁布的《建筑法》中规定"建筑物之设计人称'建筑师'，以依法登记开业之建筑科或土木科工业技师或技副为限。"因此，在法律上土木工程师也一直是建筑师团体的组成部分。这就为具有土木工学背景的工程技术人员向职业建筑师的转变提供了可能。事实情况也正是如此，一些工程技术人员在实际工程项目中学到了不少建筑师的业务技能，他们后来逐渐开始自己设计并主持建筑项目，进而发展成为了建筑师。

近代不少建筑师正是土木工程学出身，例如曾与吕彦直、黄锡霖共组东南建筑公司的过养默（1917年毕业于交通部唐山工专土木科），以及自办凯泰建筑师事务所的黄元吉（毕业于南洋路矿学校土木科）等等。

由于土木工科毕业的人员接受的教育多为工程技术方面的基础知识，与一个职业建筑师所需要的综合技能相比较，仍远远不够，因此他们大多需要在建筑设计事务所中的实习、工作等再训练，或者与成熟的职业建筑师合作，在项目实践中掌握建筑师的全面技能。

这种培养模式与第一种相比，人员的工程技术基础较扎实，能够在之后的实践训练中较快地掌握建筑构造、技术做法等。但是，由于他们设计能力受实习或工作事务所的既成方式制约，因此，也会出现缺乏创新能力的现象。他们的设计工作通常停留在程式化的模仿阶段。虽然也有个别极具灵性的人能够在一定的积累后凭自己的悟性脱颖而出，但大多数流于平庸。这一点与前一种培养方式有类似之处。

近代早期，中国尚未建立起院校建筑教育体制，建筑师的培养主要通过作学徒和土木工程师转行这两种途径，但这两种途径都存在着不够全面性和系统性的缺陷。培养建筑师更好的途径将是通过院校的建筑教育体制进行，而院校建筑教育体制的形成则有待中国整个新型教育体制的建立和发展。

---

❶ 赖德霖：《中国近代建筑师的培养途径——中国近代建筑教育的发展》，见《中国近代建筑史研究》，清华大学工学博士学位论文，1992年5月。

第三节 中国院校建筑教育制度的形成

(一) 中国近代大学教育体制的形成

中国近代向西方学习经历了由浅至深，从"器物"层面向"政、艺"等更深层次的转变，近代教育的转型以及新型教育体制的建立也是在这一过程中逐步完成的。

1. 停留在"器物"层面的洋务教育

前文曾经提到，中国的洋务派人士在内忧外患的强大压力下，主张洋务教育，兴办西学。但是这种思想从一开始就受到守旧势力的对抗。守旧派人士认为西学不过是"技艺"、"雕虫小技"，学成者不过是"术数之士"，认为"古今来未闻有恃术数而能起衰振弱者也"[1]，他们坚持认为应该继续推行中国传统的以儒学为核心的教育体系。由于新学和旧学之间的争论持久而激烈，洋务派提倡西学的主张一直难以得到顺利和彻底的贯彻。

早期洋务派通过各种努力兴办起来的新式学堂大致分为三类，第一类为方言(外国语)学堂，第二类为武备(军事)学堂，第三类为科技教堂。这些学校为清政府培养了一批早期专门人才。不过此时洋务派仍以"中学为体，西学为用"为指导思想，他们大多数人认为中国文化有自己的生命机理和价值体系，仍然是立国之本，西方的科学技术只不过涉及社会的实用和机械等表层方面而已，这种认识使他们向西方的学习只停留在器物层面。洋务教育保留了大量封建传统，例如入学的学生必须具有科名(例如举人、贡生)或为有此出身的五品以下京外各官、30岁以内、有牢固中文基础等。学生入学后还特别注重对他们进行中国传统礼教培养[2]。早期洋务派向西方的学习大多停留在表层，并没有触及思想和制度等深层内容。

2. "新学制"的建立及高等教育体制基础的奠定

1895年"甲午战争"中日本的胜利给了中国以沉重的打击，也由此敲醒了一直对外界采取盲目对抗和封闭态度的浑浑噩噩的清政府。此时即使洋务派"取新卫旧"的变革也已经无法满足整个社会"除旧布新"的急切心态，一时间对"变法"的呼吁响彻朝野。在光绪皇帝的支持下，1898年"戊戌变法"开始了。虽然这场变法只持续了短短的一百多天就半途夭折，但是它在各方面产生了深远的影响，并成为后来清政府实施十年"新政"的序幕。

---

[1] 杨东平主撰：《艰难的日出——中国现代教育的20世纪》，文汇出版社，2003年8月，33页。
[2] 徐苏斌：《比较·交往·启示——中日近现代建筑史之研究》，天津大学建筑系博士论文，1991。

维新运动失败不久后，清政府保守派势力暗地支持的1900年义和团运动简单粗暴的攘外举措，遭到了八国联军的强烈镇压和报复，甚至清政府的统治地位也受到威胁。在外界强大的压力下，清政府为维持其政权，不得不转变以前对变法的强硬反对态度，开始在各个领域实行"新政"的改革措施。有趣的是"新政"中不少改革措施恰恰是之前被政府镇压的"维新变法"运动所提出的内容。有学者将之形容为"革命的刽子手成为了革命遗嘱的执行人"(徐苏斌)，这一比喻非常形象。

由于教育一直被视为救国之急用，因此，早在维新变法时期，维新人士就已经将教育变革作为主要任务之一构想了系列措施，20世纪初期的"新政"延续了这一改革思想。经过政府中具有革新思想的官员的推动，中国教育体制有了重大的变革：颁布了新学制，废除了科举制并设立了学部。

1902年8月15日，管学大臣张百熙制定的《钦定学堂章程》正式公布。此章程虽未实施，但成为新学制的先声。1903年，张之洞奉命入京主持制定新学制。1904年1月清廷批准并颁布了《奏定学堂章程》(时称"癸卯学制"(图1.1.3))，它成为

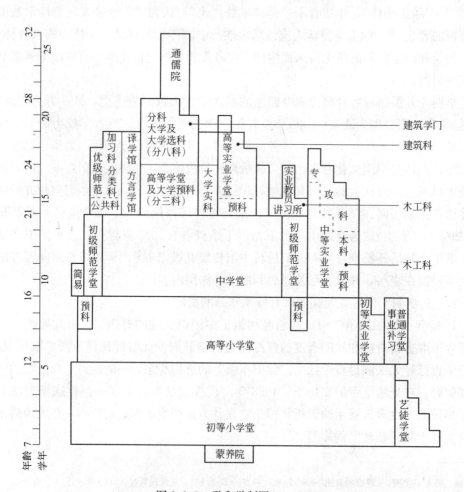

图1.1.3 癸卯学制图(1903)

中国教育史上第一个正式颁布并在全国普遍实行的学制。随后 1905 年 9 月，清政府终止了自隋朝以来实行了 1300 余年的科举制度；12 月成立了学部。此时教育体制出现了向现代模式的全面转变。

《奏定学堂章程》规定大学堂分为八科，分别为经学科、政法科、文学科、医科、格致科（相当于今天的理科）、农科、工科和商科，其中工科下设置了建筑工学门和土木工学门❶，并规定京师大学堂必须八科全设，外省若设立大学至少须设置三科。

《奏定学堂章程》的分科模式打破了中国原由经学、史学、诸子学、词章学构成的"四部之学"的传统学术格局，奠定了近代学术分科基础，成为后来大学分为文、理、法、商、医、农、工七科模式的先声，是中国现代高等教育体制形成过程中的重要里程碑。

（二）清政府颁布"新学制"中的院校建筑教育制度（癸卯学制）

在 1903 年张之洞主持制定的《奏定学堂章程》颁布之前，中国已经出现了第一所官办大学——京师大学堂，《奏定学堂章程》内容大多于京师大学堂的科目架构中进行贯彻。京师大学堂设立于 1898 年 1 月，12 月 30 日正式开学，是"戊戌变法"失败后的仅存硕果。维新派人士在变法运动中曾经酝酿建立一所新式大学堂，后来虽然变法运动遭到了镇压，诸多革新措施都被终止，但是由于开办大学堂所需国外师资人员已经联系，"外洋各教习均已延订，势难中止，不能不勉强敷衍，以塞其口"❷，于是才得以成立。当时京师大学堂是全国最高的学术机构。

《奏定学堂章程》（癸卯学制）颁布之后，京师大学堂按照章程要求设置了各科目，也相应计划设置建筑科。中国此时正是全面向日本学习的时期，整个教育体制都参照日本模式建立，与此相应建筑科的课程体系也直接受日本该学科的影响。从《奏定学堂章程》规定的建筑科课程（参见表 1-1）中，可以明显地看出这些课程是根据日本建筑科的课程经适当调整后形成的。除了日本特有的一些建筑课程（如日本建筑构造、日本建筑历史、日本建筑计画及制图）以外，大多数课程都直接照搬了过来。

虽然京师大学堂列出了建筑学门科目的计划，但令人遗憾的是并未真正建立起建筑系。而且不久后由于师资等力量的不足，该校在 1909 年的学制中删除了建筑科，只正式筹办了土木科。更不幸的是，随着 1911 年辛亥革命的爆发，京师大学堂的学款大多被作军费，整个大学教育都陷于停顿。

---

❶ 杨东平主撰：《艰难的日出——中国现代教育的 20 世纪》，文汇出版社，2003 年 8 月，13 页。
❷ 《北京大学堂述闻》，光绪二十四年十月二十三日《国闻报》，转引自陈平原《老北大的故事》，江苏文艺出版社，1998 年，43 页。

癸卯学制建筑科课程和东京帝国大学建筑科课程比较　　　　　　表 1-1

		1886 年日本东京帝国大学建筑科课程	1903 年中国癸卯学制中建筑科课程
公共基础课部分		数学(1)	算学(1)
专业课部分	技术及基础	应用力学(1) 应用力学制图及演习(1) 水力学(2) 地质学(1) 热机关(1) 制造冶金学(3) 地震学(3)	应用力学(1) 应用力学制图及演习(1) 水力学(2) 地质学(1) 热机关(1) 冶金制器学(2) 地震学(3)
		建筑材料(1) 测量(1) 测量实习(1) 家屋构造(1) 日本建筑构造(1, 2) 铁骨构造(2)	建筑材料(1) 测量(1) 测量实习(1) 家屋构造(1)
		建筑条例(3) 施工法(2)	施工法(2)
		卫生工学(2)	卫生工学(2)
	绘图	透视画法(1) 应用规矩(1) 制图及透视画法实习(1)	应用规矩(1) 制图及配景法(1)
		自在画(1, 2, 3) 装饰画(2, 3)	自在画(1, 2, 3) 装饰画(2, 3)
	史论	建筑历史 日本建筑历史 美学(2) 建筑意匠(1, 2)	建筑历史(1) 美学(2) 建筑意匠(1, 2)
	设计	计画及制图(1, 3) 日本建筑计画及制图(2) 装饰法(2)	计画及制图(1, 2) 配景法及装饰法(1, 2)
		实地演习(2, 3)	实地演习(2, 3)

资料来源：徐苏斌：《比较·交往·启示——中日近现代建筑史之研究》，天津大学建筑系博士论文，1991，8 页。

(三) 民国政府改制后的院校建筑教育制度(壬子癸丑学制)

1911 年的辛亥革命推翻了清政府的封建统治。1912 年成立的中华民国，翻开了民主共和的新纪元。时任临时大总统的孙中山在南京组建了临时政府，同时成立了教育部。孙中山十分重视教育，开国之初即提出"教育为立国之本，振兴之道，不可稍后"。他急催正在德国学习的蔡元培回国，担任中华民国首任教育总长。

蔡元培欣然接受命令。他回国后在中国除旧布新，锐意改革，建立了新的教育秩序。他还提出了十分著名的"五育并举"❶的重要教育方针。1912年9月，教育部据此颁布了民国教育方针：注重道德教育，以实利教育、军国民教育辅之，更以美感教育完成其道德，其中美感教育即"美育"。蔡元培认为美育具有陶冶情感、纯洁人格的作用，并希望能以美育代替宗教。这一思想对后来建筑学科的兴起及其教育思想的形成都产生了一定影响。

蔡元培还着手修订新学制。1912年9月，教育部颁布了《学校系统令》，次年又陆续公布各种学校令，史称"壬子癸丑学制"（图1.1.4）。这一学制同样在大学工科下面设置了建筑科。

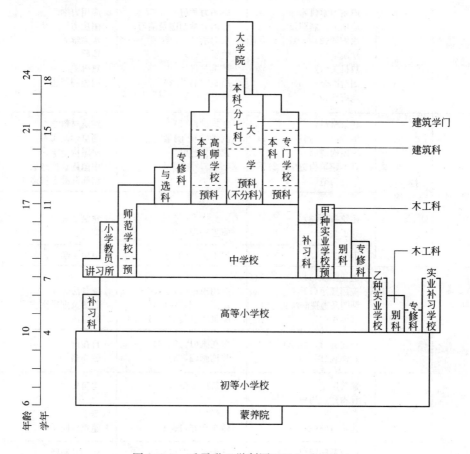

图1.1.4 壬子癸丑学制图（1912～1913）

"壬子癸丑学制"吸收了《奏定学堂章程》（"癸卯学制"）的很多合理之处，建筑课程设置与癸卯学制比较，大多都类似。增加的"铁筋混凝土构造法"、"建筑法规"等课程正是1902年学习日本时少量未采用的课程。同时该课表中还增加了"中国建

---

❶ "五育并举"方针：以军国民教育、实利主义教育、公民道德教育、世界观教育和美感教育为民国教育之重。

筑构造法"。此时建筑教育体系在以日本为蓝本的基础上，又有了应对中国实际需要的调整(参见表1-2)。

建筑科设置课程比较　　　　　　　表 1-2

		1886年日本东京帝国大学建筑科课程	1903年中国癸卯学制中建筑科课程	1913年中国教育部大学规程中建筑课程
公共及其他基础课部分		数学(1)	算学(1)	数学 力学
专业课部分	技术及基础	应用力学(1) 应用力学制图及演习(1) 水力学(2) 地质学(1) 热机关(1) 制造冶金学(3) 地震学(3)	应用力学(1) 应用力学制图及演习(1) 水力学(2) 地质学(1) 热机关(1) 冶金制器学(2) 地震学(3)	应用力学 图法力学及演习 水力学 地质学 热机关 冶金制器法
专业课部分	技术及基础	建筑材料(1) 测量(1)、测量实习(1) 家屋构造(1) 日本建筑构造(1, 2) 铁骨构造(2)	建筑材料(1) 测量(1)、测量实习(1) 家屋构造(1)	建筑材料学 测量学及实习 房屋构造学 中国建筑构造法 铁筋混凝土构造法
		建筑条例(3) 施工法(2)	施工法(2)	工业经济学 建筑法规 施工法
		卫生工学(2)	卫生工学(2)	卫生工学
专业课部分	绘图	透视图法(1) 应用规矩(1) 制图及透视画法实习(1) 装饰法(2)	应用规矩(1) 制图及配景法(1) 配景法及装饰法(1, 2)	配景法 制图及配景法实习 装饰法
		自在画(1, 2, 3) 装饰画(2, 3)	自在画(1, 2, 3) 装饰画(2, 3)	自在画 装饰画
	史论	建筑历史 日本建筑历史 美学(2) 建筑意匠(2)	建筑历史(1) 美学(2) 建筑意匠(1, 2)	建筑史 美学 建筑意匠学
	设计	计画及制图(1, 3) 日本建筑计画及制图(2)	计画及制图(1, 2)	计画及制图
		实地演习(2, 3)	实地演习(2, 3)	实地练习

资料来源：徐苏斌：《比较·交往·启示——中日近现代建筑史之研究》，天津大学建筑系博士论文，1991，12页。

这一时期大学本科的工科之下有建筑学门，本科专门学校的工业专门学校之下有建筑学科。教育部除制定了作为大学本科的建筑学课程，还制定了工业专门学校建筑科的课程。这一课程体系与日本高等工业学校建筑科课程体系相比有很多相似之处，不同之处只是加进了更多的大学建筑学科的课程（详见第三章第一节）。因此，中国此时的建筑教育从大学本科的建筑学课程到工业专门学校的建筑科课程，都很大程度上借鉴了日本同类学科的课程体系。

以上这些课程体系设置只是政府教育部门所设想的高等教育学科构架，由于长期以来教育人员和资金的匮乏，这些计划都只停留在纸面上。尤其1917年之后中国进入了军阀混战时期，国家政局动荡，军费开支巨大，教育经费多被挪用为军费，政府的教育实施能力严重不足，根本无法实现包括建筑教育在内的各种教育体制构想。

建筑教育制度一直无法真正形成的现象直到1920年代之后才有所转变。那时一批批留学海外接受了建筑教育的人士回国，他们在一些学校中创办起了建筑学科，真正建立了中国的建筑教育体制，之后中国开始通过高等院校培养具有新型职业特征的建筑师。

从1920年代年至1952年之间，留学回国人士创办的建筑系科纷纷出现。这些建筑系科数量众多、教学方法灵活。由于各院校建筑系创办者有着不同的教育背景，因此，他们在从事教育工作时的建筑和教学思想也存在着差异。这些差异直接来源于他们所接受的不同国家学校的建筑教育。

小　结

中国传统的建筑手艺传承是通过"师徒相授"的经验型方式。近代西方传入中国的不仅有新颖的建筑类型和技术、材料，还有新型的建造方法和培养建筑师的途径。中国近代建筑教育制度的产生是整个社会现代转型过程中的一个方面。它直接建立在近代大学教育制度形成的基础上，也是现代建筑工业体系的有机组成部分。

中国的近代教育制度的建立经过了长期的酝酿筹备过程。作为建筑教育体制载体的建筑院系，其成立除了依靠大学教育体制的基础之外，还直接取决于师资力量的充实。在中国长期没有受过现代专业培训的本国职业建筑师出现之前，建筑系科的设立一直只是一个构想。虽然学科体系中建筑系科已经参考日本体制安排了完善的课程，但是这一教学体系一直没有得到真正实施。

第二章 西方各国建筑教育思想及体系综述

近代中国官方派往西方各国以及自费留学学习建筑的学生,早期多取向日本,后期多前往美、法、英、德等欧美国家。这几个国家的建筑教育在不同时期变化发展并相互影响,各自的教育特点直接影响了当时在这些国家学习建筑的中国留学生,并间接影响到他们后来在中国的教学实践。为理解这些学生后来各自创建的不同特点的教学模式,有必要先对他们所受到的教育作一番初步了解。

第一节 西方各国建筑教育体系

(一) 法国的学院式建筑教育体系

从整个世界来看,建筑院校出现以前,建筑师的培养大多通过中世纪流传下来的"师徒相授"的方式进行。世界上最早成型的院校建筑教育体系,首推法国的巴黎美术学院体系。

1. 巴黎美术学院渊源及历史

巴黎美术学院体系的源头可追溯到法国 1671 年成立的"皇家建筑研究会"(Académie Royale d'Architecture)。"皇家建筑研究会"的会员们由国王任命,首任主席为布隆代尔(François Blondel, 1617~1686)。会员们每周聚会一次,进行建筑学术交流。此时法国的建筑界正受文艺复兴思想的影响,这一思想在法国理性主义哲学思想作用下,演化成了古典主义建筑的流行风潮。受理性主义思想影响的皇家建筑研究会成员们致力于从文艺复兴和古代罗马的建筑杰作中总结出普遍的抽象构图原则,并以这些原则作为形式规范以指导设计实践。

"皇家建筑研究会"同时指导了一所学校,由布隆代尔兼任教授。这所学校以文艺复兴和古罗马的构图原则作为设计思想的主要来源,学院的目标是"公开教授最好和最正确的建筑规则,以造就年轻的艺术家们"。该校于 1720 年创立了"罗马大奖赛"(Grand Prix de Rome)这个最高级别的竞赛,提供了获奖者公费就学罗马的机会[1]。此举更加促进了教学中对古典建筑形式原则的遵从。

---

[1] *The History of Collegiate Education in Architecture in the United States*, A Dissertation, Columbia University, 1941.

法国大革命时期，皇家建筑研究会被"国家科学与艺术研究院"（Institute National des Sciences et des Arts）取代，附属于皇家建筑研究会的学校也被关闭。其中建筑学校在 J.-D. 勒鲁瓦的执掌下独立出来，1795 年时成为由"国民公会"颁布成立的 10 所学校中的第 9 所，名为"建筑专门学校"（L' Ecole Spéciale de I' Architecture），专攻"绘画、雕塑、建筑"。此时，该校成为法国唯一一所主要建筑学校。

1819 年 8 月 4 日，恢复君主政权的法国皇室将"建筑专门学校"和绘画、雕塑这另外两个专门学校组合成立"皇家美术学院"（Ecole Royal des Beaux-Arts）。19 世纪中叶后，法国政府将国内各美术学院在体制上合并成一所大学，各地学院皆为分院，其中位于巴黎的学院便被称为"巴黎美术学院"。这所学院经过长时间的实践积累，形成了一整套具有突出特点的建筑教学方法。后来各国学生陆续来该学院学习建筑专业，他们毕业回国之后，将这种教学方法带回各自的国家并传播开去。巴黎美术学院的教育方法对不少国家产生了重大影响，被大家冠以了"Academic"（常译为学院派，本书中用"学院式"一词）的统一名称。

2. 巴黎美术学院开创的"学院式"建筑教育方法

巴黎美术学院在实践中，形成并完善了一套成型的建筑教育方法。这种方法有着突出的特点，如以艺术绘图训练为主，不考虑技术因素；设计强调抽象古典美学构图原理；设计必须贯彻一开始的主题，不能在设计过程中变更最初的草图；以及设计成果注重图画表现，学生花费大量时间投入渲染制作，以博得评比高分等等。这些特点对不少国家的建筑教育产生了深远的作用。

（二）英国的传统建筑教育

1. "学徒制"传统及早期培养建筑师途径

19 世纪英国的建筑教育仍延续中世纪"学徒制"的特点，注重在实践中学习专业技能。这一特点，可能与当时该国流行的经验主义哲学思想不无关系。在此思想的影响下，英国的建筑师们并不像法国建筑师们那样热衷于探索建筑美学的抽象原则，也不热心于开办学校，系统传授建筑设计方法。在这个国家里，学生通常作为学徒跟随建筑师从事建筑实践活动，在此过程中逐渐掌握建筑设计技能。学徒在各方面业务能力提高到一定水平之后便可以离开师傅，自己成为独立的建筑师，承担设计项目。这种建筑师的培养途径在英国延续了很长时间，影响也很深远。

"学徒制"建筑教育方法有它的好处，例如教育方法简单易行、成本低廉、易于实施等，尤其在无法开办体系化院校教育时，不失为训练建筑专业人才的一个好方法。但是，它也有着本身所无法避免的弊病。例如这一方法培养下，学生无法系统学习构造、结构等科学原理知识，也缺乏对理论、历史等建筑相关人文背景知识的全面了解等，致使他们在进行设计时常常流于对已有作品的直观经验性模仿。因此，纯粹采用学徒方法培养出来的建筑师容易缺乏独立思考能力和创造性。要培养具有比较全面的能力的建筑师,"学徒制"通常还需结合一些其他方面的培养过程才能完成。

英国正式成立建筑专业学校较晚。在此以前英国皇家建筑学会(Royal Institute of British Architecture)曾于1808年开设过一些建筑课程,另外,建筑协会(Architecture Association)也曾在伦敦开过课,但是都不是正式的建筑学校。后来英国很多建筑师基本上都是通过包括这些基础课程训练在内的三个阶段的学习和实践之后才基本具备了职业技能。他们开始时一般会通过上述的这些初步课程接受基础训练,完成学习的第一个阶段。在此之后,他们通常要去国外旅游并再学习。这段旅行学习是他们领会建筑历史和建筑艺术思想的重要时期。在旅行过程中,建筑师通过自己亲身感受,体验考察过去的建筑杰作,提高自己的鉴赏和设计能力。这两个阶段的过程还不是教育的全部,其中并没有涉及具体建造技术方面的教育内容。结构、构造、细部做法等工程实践方面的知识必须通过第三阶段才能够掌握。在第三阶段中,学生们需要在建筑事务所中实习或工作,通过参与各种工程项目来积累多方面的建筑技术和实践经验。经过这三个阶段的完整训练,学生才能成长为一名全面的建筑师。正式建筑院校出现之前,英国不少建筑师是通过这样的途径产生的。

2. 建筑专业院校的出现

19世纪中叶之后,英国皇家建筑学会为保证从业建筑师的质量,建立了相当于现在的"注册"建筑师的制度,规定建筑师必须通过一定的考试,才能成为挂牌("Brass Plate")建筑师。考试制度的形成加上此时社会更加迫切地要求建筑师能够掌握工程技术和现代建造方法,两者共同促成了英国建筑专业学校的产生。1894年成立的利物浦大学建系是英国第一个正式的建筑专业院系。

英国建筑院校的教育同时兼有法国学院式以及英国自身传统学徒制的特点。由于当时法国的艺术学院是整个欧洲大陆艺术学校的楷模,英国皇家建筑学会本身也是在法国皇家建筑学院的影响下产生的,因此,英国的建筑教育不可避免地会借鉴一些巴黎美术学院的方法。英国此时的建筑教育也是以古典的构图原则为核心训练学生的设计和图面表现技能。但与此同时,"学徒制"的传统教育思想仍然起着重要的作用,英国建筑教学之中仍然比较注重工程技术和职业实践需求。

英国传统的"学徒制"培养建筑师的方法对美国和中国的早期建筑师的培养产生了一定作用。后两个国家在建立院校建筑教育体制之前,培养建筑师通常是通过学徒在建筑事务所工作实践的方式。即使在院校建筑教育出现之后,学徒制的建筑师培养途径仍然作为院校教育方式的补充,继续存在了相当长的一段时间。

(三) 德国的传统建筑教育

德国传统的建筑教育突出特点是对工程技术方面的注重。它的建筑院校多和"高等技术学院"(Technishe Hochschule)或者综合性技术学校有着密切的联系。

德国的建筑教育兼具法国和英国的影响。它与巴黎美术学院一样，有着素描课和历史课，但写生较少。学生多以临摹德国建筑大师的作品为开始，然后再对大师其他作品进行一些深入研究。通过这些学习研究以及与政府工程项目的实际接触，学生们逐渐地领会设计要点。

比起其他各国的建筑教育，德国更强调学习有关建筑建造技术方面的科学方法，设计要求深入到施工图的程度，要求计算结构，考虑通风、采暖、照明设施等，训练时间更长，更严格，技术性更强，但对培养者的自由性和创造性鼓励并不多。

(四) 美国的院校建筑教育

美国的院校建筑教育传统存在两条主线，一是美国根据自身建筑实践要求而发展起来的注重科学和构造等技术因素的教育方法；二是受巴黎美术学院的建筑教学影响而形成的关注宏大纪念性和古典构图原理的建筑教学体系。这两种方法分别突出反映在美国历史中两个连续时期。但是在学院式教育方法占优势地位的第二个时期里，也不乏有少数院校仍延续了第一阶段注重工程技术的特点。

1. 注重工程技术和实践的第一阶段

在建筑院校成立并开始系统培养学生之前，美国的建筑教育掌握在少数受过良好教育的精英人士手中，他们曾受过特殊的欧洲教育，大多是在英国。他们回国后，开设了职业事务所并建立了与实践相关的受英国影响的"学徒制"体系。学员们通常在这些事务所中一边工作、一边学习建筑物设计和建造的方法，获得对建筑材料的实际经验。

这种具有中世纪传统特征的建筑师培养方法，随着建筑专业院校的出现发生改变，院校建筑教育逐渐开始代替"学徒制"成为培养职业建筑师的主要途径。

19世纪90年代以前是美国院校建筑教育的第一阶段。1865年麻省理工建筑学院(M.I.T)中成立了美国第一个建筑系，系主任是W.R.威尔(William Robert Ware)，威尔师承于美国首位留学巴黎美术学院回国的建筑师R.M.亨特(Richard Morris Hunt)。虽然M.I.T.很早就成立了建筑系，但是直至1898年，建筑系才正式开始招生授课。继M.I.T.之后，1890年代中期又陆续有康奈尔大学、伊利诺伊工学院、哥伦比亚大学等8所大学成立了建筑系。

美国这一阶段的建筑教育，虽然部分受巴黎美术学院的影响，但总体来看是应对职业要求的产物，大多具有注重工程技术及实践的特点。虽然一些学校如M.I.T和宾夕法尼亚大学(1890年成立)的建筑系中有留学于巴黎美术学院的人担任教学工作，但是综合考察此时的各个建筑院校，并没有统一的学院式教育方法的盛行。

各个学校的教育有着明显的个性化倾向，这是建筑教育在早期阶段所常见的特点。此时美国大多数学校的建筑教学直接以职业训练要求为目的，通常带有实验性，致力于"设计出特别的培训方法以使学生将来能够应对职业领域的不可预测的需要"❶。由于在当时的时代背景下,美国建筑界非常强调在建筑的结构工程方面采用最新科学技术,因此他们的建筑系大多归于工程学分支。此时美国九所建筑系就有七所设置于工学院中(另两所在艺术学院)的事实充分说明了这一点。与此相应,该时期的建筑教学内容也比较注重工程技术和科学方面的知识。即使 M.I.T 这样受巴黎美术学院思想影响的建筑系,其课程也针对美国的实际情况作了相应调整。其他一些学校更是在德国或英国体系的影响下强化了注重构造、工程技术或职业实践的特点,如伊利诺伊工学院,康奈尔大学等。

这一阶段美国院校建筑教育较少受学院式教学方法的影响,"除了受巴黎美术学院影响的 M.I.T 以外,建筑设计指导都根据当地建筑事务所的实际情况,强调构造的细部,设计只不过是精良施工图的准备工作。纯美术方面的训练也比较少,素描等绘画课很少,没有写生"❶。

虽然美国早期建筑教育具有注重工程技术和实践的特点,但是随着时间的推移,巴黎美术学院在该领域的影响逐渐增大,美国建筑教育逐渐进入学院式体系占据统领地位的第二阶段。

2. 学院式教学体系主导的第二阶段

20 世纪初至 20 世纪 20 年代,是美国建筑教育中学院式方法兴盛的时期。一方面由于建筑实践领域的折衷主义设计方法逐渐盛行,受过古典建筑样式训练的建筑师越来越受到欢迎;另一方面有更多来自法国巴黎美术学院的建筑师成为美国各建筑院系的设计指导教师,因此,学院式教学方法在美国很快全面盛行起来。P·克瑞(Paul Cret)❷于 1908 年时评论说:"现在整个美国所采用的方法,都是学院式的方法。"这时法国建筑师几乎占据了美国各建筑院系的重要位置,整个美国建筑教育也逐渐呈现出以学院式方法为基础的趋势,这一趋势在 1912 年左右达到了顶峰❶。

这一时期美国的学院式建筑教育具有如下一些特点:

(1) 强调古典抽象构图原理,忽视现实

学院式训练以抽象的古典形式原则为基础,让学生进行各种建筑样式的设计练习,古典形式被认为是不可颠覆的最高"范型",设计题目也以虚幻的"梦境"似的场景作为衬托唯美主义作品的环境。设计题目和方式并不重视生活中的现实问题。

(2) 设计与技术课程脱节

学院式的设计训练注重图面的建筑形式如平、立、剖面的构图,不考虑建筑材

---

❶ *The History of Collegiate Education in Architecture in the United States*, A Dissertation, Columbia University, 1941。

❷ P·克瑞(Paul Philippe Cret)出生于法国里昂,曾就读于里昂美术学院和巴黎美术学院,1903 年受美国宾夕法尼亚大学美术学院邀请前往任教建筑设计,在美国传播和发展了巴黎美术学院的教学思想和方法,20 世纪 20 和 30 年代他一直是宾大建筑教育的中坚力量。当时中国多位早期留学生如杨廷宝、梁思成、童寯等都曾深受他的影响。

料、建造结构技术对建筑的影响，也不进行节点构造详图的研究，不允许学生将设计与构造技术课程相结合进行学习。

(3) 不鼓励创造性

设计方法上要求学生采用古典作品的构图方式，不提倡学生自己进行创作。教师认为"创造力只有在经过几年时间辛辛苦苦学好历史上优秀作品之后才能获得"。因此，学生们必须采用具有纪念性美学特征的建筑外壳来进行设计练习。学生们通常从图书馆的书籍图片资料中直接抄袭某种形式作为设计的主题。

(4) 设计过程中主题不允许改变

学生最初的构思草图或形式主题在整个设计修改过程中不允许改变，评图时草图必须与正式成果一起公布，以确保其一致性。

(5) 注重图面表现能力的培养

图面效果在学院式教学中是评价设计好坏的最重要的因素，因此，学生们花费了大量时间进行渲染和美术方面的练习，其时间之长、比例之重十分突出。

美国在这一阶段充分继承并发展了起源于法国的学院式建筑教育思想和方法，使得美国继法国之后成为学院式教育的大本营，甚至美国一些学校中学院思想的牢固程度已经超过了同期的法国。即使当法国建筑界已经向现代主义思想有所转变的时候，美国的建筑及教育界仍然坚守了这一阵营。由于中国在该阶段曾经大量派驻留学生进入美国的大学学习建筑学，因此，美国的学院式建筑教育对中国的建筑教育体系产生了极大的影响。它的不少特点在后来中国的建筑教育体系中都有所反映。

(五) 日本的建筑教育

1. 日本早期受英国影响的院校建筑教育体制

日本的近代院校建筑教育体制是伴随着明治维新运动发展起来的。19世纪50年代，面对西方列强的入侵，日本从深层机制开始进行了一系列改革措施。它迅速发展工业资本主义，以图改变自己的落后地位。日本自改革伊始就十分注重人才的培养，政府大力振兴教育事业，尤其是富国强民的实业教育方面。建筑教育作为实业教育之一，很早就得到了重视。

明治四年(1871年)日本政府设置的教育机构"工学寮"[1]中，即已设立了建筑科，当初称为"造家"科。"造家"一词是从"造船学"一词的翻译演化而来的。之前日本将"Naval-architecture"译作"造船学"，于是便将"Architecture"译为"造家学"。[1]1872年7月"工学寮"改称"工学校"，1877年再次改为"工部大学校"。

日本初期的建筑教育采用了英国的教学方法。当时英国的工业文明很发达，且又曾经在"萨英战争"中向日本显示了实力，因此，日本不但派出不少留学生去英国留

---

[1] 徐苏斌：《比较·交往·启示——中日近现代建筑史之研究》，天津大学建筑系博士论文，1991，5页。

学，还直接聘请英国建筑师前来执教于造家学科。1877年24岁的康德尔来到日本"工部大学校"的造家学科担任教授，将西方的一套建筑教育方法引进日本。1886年"工部大学校"与"东京大学"合并为"帝国大学工科大学"（东京帝国大学工学部）之后，其建筑教育方法成为日本整个国家建筑教育的重要源头。

造家学教授的教学方法深受当时英国传统的影响，"一部分采用英国的'Professorial'法，即一般教育法；一部分来自英国的'tutorial'法，即类似家庭教育的方法。具体教学内容也以英国教育为样本，教材都是英文版，讲授的也都是石造、砖造、砖石造的欧洲建筑设计方法和建筑技术，并不讲授日本的建筑和构造"。❶

2. 从注重技术到技术艺术并重的建筑教育特点

在教学内容上，日本早期的建筑教育一直以技术为重。在英国人康德尔来到日本之前，日本雇用的关于建设事业方面的外国人多为工程技术人员。这是因为明治政府开始改革时主要兴建工厂、铁路、兵营一类富国强兵的建筑，最需要的是技术方面的人才。在同样思想的影响下，日本初期的建筑教育也以技术为重。而康德尔带来的一整套具有英国特点的建筑教育方法，同样以建造材料、技术等教学为重点。这从1886年之前工部大学造家学科课程（表2-1）中可以看出。

1886年之前工部大学造家学科课程   表2-1

第 一 年	第 二 年	第 三 年
数学 应用力学 测量法 建筑材料及构造 物理实验	穹隆架法特别家屋意匠 装饰法 建筑物理 卫生建筑特别意匠 仕样及计算等	建筑条令特别讲义 实地演习
建筑沿革		
制图及意匠等	制图及意匠等	制图及意匠等 毕业论文意匠等

资料来源：转引自徐苏斌，《比较·交往·启示——中日近现代建筑史之研究》，天津大学建筑系博士论文，1991。

1886年工部大学校与东京大学合并成立的"帝国大学工科大学"中，建筑教育延续了原英国教育方法的内核，只是又增加了几门与日本建筑密切相关的科目，例如日本建筑构造、日本建筑历史、日本建筑设计及制图等课程，并结合日本地质特征增设了地震学❷（参见表3-2第一栏）。此时建筑技术仍为教学重点。

日本重视技术的传统在建筑史学家伊东忠太的影响下有所改变。他从1894年的论文《architecture的本意及其翻译希望更新我们的造家学学会》开始，努力在建筑学科中增加艺术性的分量。在他的倡导下，1897年"造家学会"改为"建筑学会"，"造家学"改为"建筑学"，帝国大学工学科的"造家学科"改为"建筑学科"，同时

---

❶ 徐苏斌：《比较·交往·启示——中日近现代建筑史之研究》，天津大学建筑系博士论文，1991，5页。
❷ 徐苏斌：《比较·交往·启示——中日近现代建筑史之研究》，天津大学建筑系博士论文，1991，6页。

相应在课程中加入了美学课,并推行学院式教育体系。但是即使如此,日本一贯重视技术的观点也没有很大削弱,其建筑教育走了一条技术和艺术并重的道路。这种重视技术的教学方法对早期中国的建筑教育产生了直接影响。

3. 注重培养中间层次人才的教育体制

日本建筑教育还有一个特点,就是除了高等教育外,还开办了以培养中间层次人才为目标的中等建筑教育。其原因正如其创立者所说,"现在我国像样的培养技术者的学校太少,十二个官立学校尽可能地培养高级技术者,而培养辅助各门技师的工人学校至今一所也没有设置,所以工业家苦于缺乏辅助工人……"❶。中间技术层人才的缺乏促使日本开始设立"高等实业学堂"一类的中等教育学校。

1886年成立的"职工徒弟学校"即是这样一所中等教育学校。1890年该校改名为"职工徒弟讲习所",成为东京职工学校的一部分,1894年又改为"东京高等工业学校",1929年时再次改为"东京工业大学",正式成为一所大学。日本高等实业学校教育内容对中国后来的工业专门学校的教程产生了一定影响(详情参见第三章第一节)。这不仅因为中国当时教育部门参照了日本学科设置制定教程,而且中国早期留学日本学习建筑的人大多就读于东京高等工业学校。

第二节 现代建筑运动的兴起及对各国建筑教育的影响

20世纪初,发源于欧洲的现代主义运动席卷了大多数西方国家。作为这场运动组成部分之一的现代建筑运动引起了建筑领域的巨大变革。虽然学术界至今仍然存在着对现代建筑起源时间的不同看法的争论❷,但是公认具有比较完整形制的现代建筑出现于20世纪初。此后现代建筑潮流在欧洲迅速发展并逐渐向世界蔓延开来。

现代建筑运动使建筑的面貌发生了翻天覆地的变化。在科学理性思想的指导和工业技术发展的直接推动下,注重功能,以新材料、新结构的采用和表达为特色,结合新艺术形式的新建筑逐渐代替了各种以古典构图形式和装饰为特点的复古和折衷主义建筑。

现代建筑的产生经历了一个多层次、多方面探索的复杂而漫长的历程。19世纪末诞生在欧洲的新艺术运动(包括工艺美术运动),拉开了新建筑探索的序幕。新艺术运动颠覆了艺术是少数特权阶层的奢侈品和"为艺术而艺术"的观点,喊出了"人人都能享有艺术"的口号,以自然界生机勃勃的植物形态为形式主题,对抗传统根深蒂固的历史复古主义。此后各种思潮动态错综复杂。新艺术运动的一支,奥地利维也纳

---

❶ 徐苏斌:《比较·交往;启示——中日近现代建筑史之研究》,天津大学建筑系博士论文,1991,6页。
❷ 对现代建筑起源时间有几种观点,一是从18世纪末19世纪初开始,二是从19世纪60年代工艺美术运动时期开始,三是从20世纪20年代左右开始。参见(意)L·本奈沃洛著,邹德侬、巴竹师、高军译:《西方现代建筑史》,天津科学技术出版社,1996年9月,3页。

"分离派"的领袖瓦格纳,提倡"净化建筑",另一位建筑师 A·路斯(Adolf Loos)摈弃建筑的装饰,并且在设计中开始探讨非中心化的蜿蜒空间,1910年代之后,"立体主义"、德国的"表现主义"、意大利的未来主义出现,20年代后,更有纯净主义、荷兰风格派、俄国构成主义、包豪斯等等多种探索,构成了一个令人激动和眼花缭乱的时代。这些探索形成了一股宏大的潮流,终于在飞速发展的现代工业和技术的结合与推动下,形成了声势浩大的现代建筑运动。

现代建筑运动不仅对建筑实践产生了重要的作用,也对各国的建筑教育产生了深远的影响。一些学校如德国包豪斯等本身就是现代建筑思想产生的源头,更有不少国家的建筑院校在这场运动的影响下,逐渐接纳了现代建筑以及现代美学思想,转变了传统的学院式教学方法,进行了诸多围绕现代思想的教育方式的积极探索。

(一) 德国包豪斯学校

德国包豪斯学校是现代建筑思想探索的主要源头之一,也是现代建筑运动的重要推动者。它是一所教学思想和方法颇具独创性的学校,其产生是德国工业产品发展后要求改革实用艺术及其教育的结果。

1. 包豪斯学校的产生背景

19世纪初,西方国家随着工业化的发展,工厂取代了传统手工艺作坊,技术娴熟的工匠逐步被没有受过训练的工人也能操作的机器所替代,这种变化造成了产品艺术质量的急剧下降。针对这一情况,欧洲各国都采取了一些措施,增强实用美术的教学。其中德国先后设置了综合性工艺学校以及工艺美术学校,企图解决工业艺术教育问题,并由此形成了纯艺术家和手工艺人分别在传统的艺术院校和工艺美术学校进行培养的状况。❶

与此同时,刚刚完成统一不久的德国政府一直致力于德国的发展和扩张。德国的工业发展迅速,但是它相对于英法等国家来说具有不少弱势,既没有廉价的原材料和资源,也没有遍布全球的成熟的销售市场。面对这种情况,德国政府将希望寄托在产品本身,它积极鼓励建立各种组织和采用各种方法来提高工业产品的质量,以增强产品在国外市场的竞争力。

由于政府的积极鼓励和支持,1907年"德意志制造联盟"应运而生。在这个组织中,艺术家、手工业者和企业家共同致力于改善手工艺教学,并同时紧密联系工业发展,向工业行业高质量的目标迈进。但是,这一组织并没有解决一个重要的问题,由机器生产产品的美学特征难以得到大家的认可,"机器艺术,作为手工艺之外的一项艺术表现的手段,并不为人们所接受"。制造联盟组织中依然存在着主张标准化(穆泰苏斯为代表)和强调艺术品必须具有独特性(范·德·维尔德为代表)这两种观点之

---

❶ [美]阿瑟·艾夫兰著,邢莉、常宁生译,《西方艺术教育史》,四川人民出版社,2000年1月。

间的争论。因此联盟还未能将工程技术的精神与艺术融为一体。

1919年在格罗皮乌斯领导下，由一所美术学院和一所工艺美术学校共同组成的"包豪斯学校"不仅进一步强化了对实用美术和手工业的重视，而且在其后期真正解决了工业与艺术融合的问题，从而为奠定现代建筑运动的基础作出了重要贡献。

2. 包豪斯教学实验特点

包豪斯是一所对包括建筑在内的新工业产品艺术进行探索的机构，它在提高工业产品品质和推进产品新形式的发展方面产生了重要作用。包豪斯突出的特点表现在艺术和手工业结合，以及工艺设计和工业生产协同两个方面。

(1) 艺术和手工业结合

包豪斯一直在尝试将艺术学院的理论课程与工艺学校的实践课程相结合的教育方式，以探索包括建筑在内的各种工业产品的新形式。以此为目的，格罗皮乌斯专门安排了两方面的教师队伍，他一方面任用当时活跃于欧洲的先锋派画家作为"形式大师"，另一方面任用传统手工艺人作为"作坊大师"，二者配合共同对学生进行培训。"形式大师"以抽象的视觉形式分析实验培养学生的新颖的造型艺术感，帮助学生形成自己独到的形式语言；"作坊大师"教会学生掌握各种实用工艺制作的方法和技巧。学生通过两方面培训的结合，可以将新型造型理论带入包括建筑在内的日常生活用品的形式创作方面，探索具有新型艺术特征的产品，并实现艺术的生活化和大众化目标。

(2) 工艺设计和工业生产协同

包豪斯并没有仅仅停留在尝试艺术和手工业相结合的方面。面对工业社会带来的巨大变革，它表现出一种更加积极的入世态度。逐渐脱离一战阴影后的包豪斯逐渐转向了"新客观性"倾向❶，与其早期的浪漫主义、表现主义倾向相比，此时的它更加侧重于实用性和平常性以及和工业时代相结合的要求。格罗皮乌斯在文章《魏玛包豪斯的理论和组织》中，强调了工艺设计及工业生产协同的观点："手工艺教学意味着准备为批量生产而设计。从最简单和最不复杂的任务开始，他（包豪斯的学徒）逐步掌握更为复杂的问题，并学会用机器生产。"❷ 此后，为工业化生产提供实验性作品以及标准模具也成为了包豪斯的明确目标。

3. 包豪斯的"基础课程"（Vorkurs）

包豪斯为了达到艺术、手工艺、工业相结合的目标，围绕这几个相关因素进行了一系列实验性探索。建立在这种思想基础上的教学过程十分具有创新特色，特别是它所设立的"基础课程"（Vorkurs），对后来整个世界的建筑及艺术教育的转向产生了深远的影响。

基础课程是包豪斯课程训练的核心。学生在进入各个工作室学习之前，都必须进

---

❶ [美] 阿瑟·艾夫兰著，邢莉、常宁生译，《西方艺术教育史》，四川人民出版社，2000年1月。
❷ 肯尼思·弗兰普敦著，原山等译，《现代建筑，一部批判的历史》，中国建筑工业出版社。

行六个月的基础课程学习。这门由约翰·伊顿(Johannes Itten)提议开设的课程，目的在于"解放学生的创造力，培养他们对自然材料的理解能力，使他们能熟悉视觉艺术中所有创造性活动都必须强调的基础材料。"在课堂上，学生们操作各类质感、图形、颜色与色调，做平面和立体练习，用视觉韵律来分析优秀的作品。这些练习，是通向独立创造性能力的重要准备工作。

包豪斯学校的探索工作十分具有独创性，贡献也非常大。一方面它消除了艺术和工业发展之间的矛盾，促进了现代建筑运动的发展；另一方面，它独具特色的教学方法对当时业已僵化的学院式传统教学体制产生了强烈的冲击。在它的影响下，很多国家的建筑教育方式逐渐发生了改变。包豪斯学校成为了建筑教育向现代方法演变的重要转折点。

(二) 现代建筑运动影响下的法国

现代建筑运动的影响下，法国建筑界一方面兴起了带有折衷态度的装饰艺术风格，另一方面也不乏前卫建筑师的革新探索，这两方面的风气同时也波及到了建筑院校。

法国虽然是复古主义思想和学院式建筑教育的大本营，古典建筑美学观念根深蒂固，但是随着科学思想和技术文明的进步，在建筑界也早已有理性、实用等思想以及工程技术学科发展的影响。在实践领域，有贝瑞(August Perret)和戛涅(Tony Garnier)这样暴露混凝土材料、表现框架结构的建筑师；在教育领域，有建立在科学计算基础上的培养土木工程师的学校教学方法的冲击。虽然巴黎美术学院的建筑教育方法仍具有正统的地位，但是工程技术的兴起已经对教育思想产生了不少影响，甚至有时工程技术学校成为除了学院式教育之外培养建筑师的另一条途径。❶

此外，欧洲风起云涌的现代建筑运动，同样也给古典主义和学院思想根深蒂固的法国建筑界带来冲击。1925年巴黎举办了"现代装饰工业艺术国际博览会"。这场博览会是受德意志制造联盟展览会直接启示而开设的，试图展示整个欧洲实用艺术发展的成果。但是，法国并未由此而发展出真正的现代主义，而仅仅只是开创了一种被称为"装饰艺术"(Art-Deco)风格的新时尚。这种新风格成为前卫和传统观念之间的折衷产物存在了一段时间，同时影响了建筑界和教育界。它作为源头，也进一步影响了美国等一些国家的建筑实践及教育。

在装饰艺术风格的主流趋势掩盖下，法国也具有一些更深层次的现代建筑的实验性探索。现代主义思想对同处于欧洲大陆的这个国家不可避免地发生着作用，各种先锋派的理念影响着它，巴黎街头"充满着各种各样的前卫艺术家、文学家、思想家、

---

❶ 有不少建筑师毕业或曾就读于工程学校。如雷诺、拉布鲁斯特，参见：彼得·柯林斯著，英若聪译，南舜薰校，《现代建筑设计思想的演变(1750～1950)》，中国建筑工业出版社，1987年，223～224页。

哲学家和其他形形色色的知识分子"。在这样的环境中，勒·柯布西耶创办了"新精神杂志"（L'Esprit Nouveau），并在 1923 年发表了《走向新建筑》一书。同时这位活跃的现代主义者也和其他一些前卫艺术家和建筑师进行一系列探索工作，使法国的现代建筑思想得以在更深刻的层面上展开。

法国现代建筑思想的兴盛对同一时期留学法国的中国学生产生了深刻作用，他们回国后的建筑设计和教育的实践均体现出了曾经受到的影响。

（三）现代建筑运动影响下的美国

虽然学院式建筑教育的根源在法国，但似乎美国建筑界及教育界更长期地延续了这一方式。20 世纪 30 年代后期欧洲现代主义大师到来之前，现代建筑思想虽然也对美国有影响，但是建筑界的振动和改变并不很强烈。它的根本变化是在 1930 年代之后才发生的，在此之前现代思想的影响比较浅层。

1. 20 世纪 20 年代后期现代主义思想的初步影响

1925 年左右，美国也感受到了欧洲正在蓬勃发展的现代建筑运动。格罗皮乌斯的有关国际建筑的第一本书、柯布西耶的《走向新建筑》、他在巴黎"现代装饰工业艺术国际博览会"上的"新精神馆"以及展览会本身都对美国的建筑界有所触动。但受法国折衷主义思想深刻影响的美国建筑师们，采取了与法国大多数建筑师类似的态度，将新建筑仅仅看成一种新的风格式样。他们非常认同新建筑经济实用的思想以及清新简洁的外观特点。在商业气息浓厚的美国，这种风格很快成为一种时尚流传开来，建筑实践领域开始出现了不少追求现代的样式和细部特征的装饰艺术风格的建筑。

建筑院校也受到了这种风气的影响，学生设计作品逐渐趋向简洁，减少了对复古样式及传统细部装饰的采用。1925 年美国建筑学会的会议讨论中，大多数代表都表示接受并鼓励这种不可避免的现代倾向。虽然建筑院校中一些指导老师还对这种新的潮流表示怀疑，但学生们已表现出极大的热情和欢迎。到了 1927 年左右，学生的作业中已经大量体现出对新形式的热衷。此时"巴黎版本的现代建筑在学校中占了统领地位"[1]。而到 1931~1932 年，几乎所有的学生作业都已经是现代样式了，其中除了个别题目要求采用传统式样，或是小住宅一类题目有所例外，因为大多数学生还没有大胆到将"学院院长住所"或"王室住宅"这样的题目做成现代样式。[1]

由于此时美国建筑界和教育界向现代建筑的转向并没有深层的思想基础，在学生和建筑师的眼里，摩登的样式和真正的现代主义并没有什么本质的不同，因此，在美国盛行的折衷主义熔炉的强大包容性下，现代建筑只能成为历史样式库中的新成员，

---

[1] *The History of Collegiate Education in Architecture in the United States*, A Dissertation, Columbia University, 1941.

最多不过在风格方面更加新颖时尚一些而已。虽然这种对现代建筑的理解还十分肤浅，但多少已经为下一步接受真正的现代主义建筑打下了一定基础。

2. 20世纪30年代现代主义思想的逐步深入

20世纪30年代之后美国开始了向更为深层的现代主义思想的转变。1932年纽约现代艺术博览会展出了不少"国际式"建筑作品，这场展览使得欧洲现代主义大师们开始成为被关注的焦点。而该时期美国因经济危机而采用的罗斯福的"新政策"则为现代主义在美国的发展奠定了实质性的基础。在此背景下，欧洲的现代主义大师们因为受到纳粹迫害而辗转来到美国时，受到了热烈的欢迎，他们的建筑思想也获得了迅速接纳。

其实，早在1937年格罗皮乌斯等现代主义者来到之前，不少学校已经着手进行建筑教育的实验性改革。耶鲁大学早在1919年就开始建立了建筑师、画家和雕塑家之间的某种合作；1929年康奈尔大学修改了它第一年的建筑课程，将学生的注意力转向抽象的构图（organization）和体块比例的训练；辛辛那提大学致力于将现场工作引入原本比较封闭的大学课程之中；南加里福尼亚大学于1930年开始将教学建立在三维视觉形式基础上，1932年堪萨斯（Kansas）大学也引入类似方法。❶

这些改革中最为显著的是Joseph Hudnut所进行的教学尝试。他1934年担任哥伦比亚大学建筑学院的院长时，已经开始将设计看成一个创造性的过程，并将教学内容密切联系于现实条件进行。离开哥伦比亚大学后他去了哈佛大学，在研究生院中开设了新的建筑课程。新课程与法国学院式体系已经有了很大不同，强调了对实际情况的重视。1937年他聘请了包豪斯遣散后逃往英国的格罗皮乌斯，请他来重新安排该学院的建筑教学计划。格罗皮乌斯于1938年成为建筑系主任，之后他在位的15年中，又陆续聘请了一些前包豪斯学校的同事来系中任教。格罗皮乌斯的领导使哈佛设计研究生院建筑系迅速实现了建筑教学向现代主义思想体系的转变。

与格罗皮乌斯进入哈佛大学差不多同时，1937年密斯·凡德罗受聘来到了阿莫学院（1940年阿莫学院升级为伊利诺伊理工学院）任教于建筑系，他也对建筑教育进行了全面的改革。除他们两人以外，还有一些原包豪斯成员也在美国进行了类似的新教育尝试。

3. 现代主义思想深入影响下的美国建筑教育特点

随着欧洲大师们的到来，美国的建筑教育面貌发生了重大变化，逐渐放弃了原来学院式的教学方式和折衷主义设计手法，体现出现代建筑思想的要求。主要表现在以下几个方面：

（1）建筑教学强调与现实情况的联系

教师要求学生设计时必须联系当时的社会、经济、文化背景，将现实中的人的需要作为考虑的核心问题，这与学院式教育中强调作品在理想、虚幻环境中的纪念性感

---

❶ K. Frampton A. Latour, *Histoty of American's Architectural Education*, Lotus International, 1980。

受和唯美性特点的训练方法有很大不同。很多学校在设计条件方面也采用新方法，将设计题目围绕现实基地、现实环境展开，以各种实际基础条件形成设计的概念。

(2) 鼓励学生创造性能力的发挥

传统学院式教育方法以古代历史中的建筑样式为设计蓝本，压制了学生自主创造性的发挥。正如沙利文曾说过："当书本学问成为思维的固定习惯时，这种习惯毫无疑问地会使创造能力衰弱。"新的教育方法要求学生放弃从历史样式库中寻找参照的做法，取而代之从现实的各种要求、新的材料、新建造方式等等方面出发，寻找独创的解决问题的方法，从而使学生的创造性得到最大程度的发挥。

(3) 教学中重视模型和透视图的作用

不同于学院式教学体系注重二维渲染图面的表现效果的特点，新的教学方法以建筑模型作为设计研究和表达的手段。利用三维模型可以直接从设计作品的各个角度、内外空间、体量等方面对作品加以综合考察和研究，这种手段突破了传统的线面二维思考模式。同时，通过模型的制作，学生领会了各种不同构件及要素共同组成一个完整的构筑物的基本概念，对掌握建筑的本质特征有所帮助。通常学生对设计的推敲都在模型阶段完成，最后才用简单的线条图表达平面、立面、剖面。线条图是简洁清晰的，不需要艺术性的图面表达，这与学院式教学传统方法也很不相同。

透视图作为设计和表达的一种方法，其作用与模型有某些类似之处。于是在一些比较保守的学校，在不允许用模型的情况下，往往可以允许用透视图作为代替。

(4) 单独设置设计理论课

传统的学院式教学通常以临摹、绘图练习为主要的训练方式，学生靠绘图时潜移默化的影响以及自己的悟性来理解建筑和设计。除了一些古典构图的原则之外，几乎没有什么理论课程的讲授。在新的教育方式中，这种情况发生了变化，不少学校都单独开设了设计理论课程。教师们认为这是完整的设计教学中不可缺少的一个部分。这就由传统的多少带有"学徒式"色彩的经验性学习方式逐渐过渡到具有现代意义的以理论指导实践的教学方式。而且，这种理论与原来学院式和古典主义思想的纯构图原则的片面理论完全不同，是与社会、经济、文化现状紧密相连的应对解决现实问题的现代建筑理论。

在这些理论课程中，非常瞩目的是新型的基础课程。在新的建筑教育体系之中，学生的入门引导教育得到了极大重视。不少学校在一年级设立的基础课程中，大量减少了学院式教育惯用的柱式训练和绘图技巧练习，有些学校甚至完全不采用，代之以抽象形式、质感和色彩的创造性研究和训练。这种基础课程显然具有包豪斯学校的教学特点。另外，还有一些学校基于现代建筑的思想，进行了其他多种探索，例如，有些学校注重对光和色的研究，有些学校注重研究自然界生物的形态，提取其基础抽象原则启发设计创新等等，形成了多方面多角度的教学探索局面。

(5) 重视技术课程的结合

新的教育体系重视建筑结构、构造、设备等科学技术方面的课程。这些课程的教学重点不是让学生详细掌握实际工程的具体细节知识，而是让学生形成对建筑的构造和结构方面的感觉，完善他们对建筑的理解，从而使他们能够更合理地进行建筑设计。这类教学内容很早就被引进到了统一完整的教学体系之中，伴随由浅入深的训练过程，在不同阶段从合适的角度融入设计课程的练习，使得设计与技术的教学能够协调统一，便于学生更快更好地掌握现代的设计方法。这不但改变了原学院式教学体系中重视艺术原则培养、不太重视技术工程感觉培养的现象，而且与原本设计与技术教学各自成体系，并不互相结合的教学方法相比，体现出更加有机的特点。

(6) 与城市计划和景观建筑学关系密切

随着西方国家的发展和大城市种种问题的产生，合理而有计划的城市布局以及优美的外部环境的营造越来越成为有识之士们所关注的问题。为研究和解决这些问题，城市规划学科和景观建筑学科逐渐产生。顺应这种趋势，不少建筑院校中都设置了这两个新兴学科。虽然各个院校设置这些专业的年代不同，其在院校中的重要性程度也各有差异，但它们与建筑系一起，成为不少建筑学院的基本组成模式。

城市规划学科和景观建筑学科的兴起其实也是现代建筑思想的突出反映。城市规划作为应对新时代突显的城市问题而产生的新专业，是当时特殊社会需要的反映。它与建筑、社会、经济、环境、科学技术、法律、政治、文化、艺术等多方面有着千丝万缕的关系，是理解社会现状、解决社会问题的一把钥匙。现代建筑思想的本质是紧密联系社会的现实需求，现代建筑的产生也和居住建筑群的规划建设有着直接关系，因此，很容易理解它和城市规划学科之间的密切相关性。于是，关注城市规划成为现代建筑教育的重要特点。

城市规划学科和现代建筑思想二者之间具有互相促进、相辅相成的作用：一方面，城市规划研究为理解现代建筑思想提供了背景和基础；另一方面，现代建筑最为关注的住宅、社区问题与规划问题天然有着密切的关系，建筑教学中对住宅、社区等重点问题的关注也促进了学生的城市规划思想。

景观建筑学作为营造城市整体环境的有机组成部分之一，也与城市规划和建筑有着密切关系。它与城市规划学科一起，突破了传统的建筑研究范畴，将建筑学科的关心范围扩大到整个城市物质环境。这种突破反映了现代建筑思想中关心所有与大众生活相关问题的特点。

美国受现代主义运动影响后的建筑教育转向，对整个建筑领域的现代转型起了重要的作用。虽然此时中国派驻留美学生数目大量减少，以至于美国建筑教育的变化对中国的作用甚微，但也通过个别留学生对中国的建筑教育产生了一定影响。

(四) 现代建筑运动影响下的日本

1. 重视技术传统的延续和发展

由于日本历史上有较长时期的工业和技术发展，虽然在1890年代曾经受到"建筑是艺术"思想的影响,但并没有由此减弱建筑中的技术属性,而是在注重技术的基础上,强化了建筑艺术性思想。此时日本的建筑艺术思想大多仍是受折衷主义影响的古典建筑美学思想。在比较正统的大学如帝国大学建筑系中,教学中注重艺术性的程度更高一些。而在专科学校中,则在一定程度重视艺术思想的同时,保持了注重实用和工程技术的传统。

1910年代以来,重视建筑技术的传统在日本所处地理环境特殊要求下,再一次得到强化。由于日本是地震大国,建筑师一直很重视抗震技术的发展。面对之前一度出现的"建筑是艺术"的倾向,佐野利器指出"形式的好坏呀,色彩呀,都是小女子之为,不该出自男人之口"、"日本建筑师很明白,应是以科学为本的技术家"。1915年,野俊彦也发表了《建筑非艺术论》,强调了否定样式,重视技术的倾向❶。这种倾向由于1923年关东大地震的发生而迅速强盛起来,逐渐在建筑界占据了重要地位。它也使得日本建筑学的性质发生了重要的转变,"变成以抗震结构学为中心的极为工程化的学科。"❶

2. 现代建筑思想对日本建筑界的影响

日本建筑思想倾向工程技术的同时,它的建筑师通过频繁地与欧洲接触,将起源于欧洲的现代建筑思想带入了自己的国家。他们回国后,进行了新建筑的大量探索工作。20世纪初至1920年代末日本先后受到欧洲新艺术运动、表现主义和现代主义思想的影响。

20世纪初,留学欧洲的日本建筑师接触到了正在欧洲兴起的新艺术运动,他们一度将这股新思潮传入了日本。十多年后,1914年左右留学德国归来的一些建筑师又受到该国新思想的影响,在日本开创了表现主义的探索。此时日本正处于老一辈建筑师相继离世,"权威逝去"的时代,众多新生力量纷纷举起了革新大旗。建筑的革新倾向在广大建筑院校中具有重要反响。受欧洲维也纳曾经成立"分离派"组织的影响,1920年东京帝国大学建筑系临近毕业的6名学生组成"分离派建筑会",表示与传统建筑的决裂以及探求新建筑的愿望。在部分教师接受了现代建筑思想以及建筑界出现思想转向的背景下,建筑院校的教学也发生了相应的变化,具有追求新建筑的特点。1920年代末期随着德国表现派的衰退,日本的表现主义活动也发生了退潮❷。

1920年代末期,具有平屋顶、白色平滑墙面、大玻璃窗等形象特点的现代主义建筑在日本开始兴盛。日本一些年轻建筑师曾直接前往欧洲的包豪斯学校、勒·柯布西耶建筑事务所等现代主义建筑的发源地进行学习。他们回国后,将新的理念和手法带回日本,在国内掀起了现代主义建筑的浪潮。这股浪潮在日本一直持续发展,虽然在不同时期有其他探索思想的补充甚至对抗,但是建筑师们对现代主义的追求一直没有彻底中断过。

---

❶ 吴耀东著:《日本现代建筑》,天津科学技术出版社,1997年6月。
❷ 后来一度又有"后期表现派"的兴起。见吴耀东著:《日本现代建筑》,天津科学技术出版社,1997年6月。

3. 军国主义思想对现代建筑的一度压制

1935年左右日本军国主义思想抬头，开始标榜民族沙文主义的"大和魂"思想，建筑领域相应出现复古主义样式"帝冠式"。该式样强调采用日本传统建筑形式，并体现庄严雄伟的气势。在政府的推动下，一时间大量日本复古式官厅、公共建筑纷纷出现。复古潮流在整个战争期间盛行一时，压制了日本现代主义思想的发展。这股潮流对建筑教育界也产生了直接影响，"西洋古典"和"东洋古典"再度成为教学内容的重点。此现象直到日本侵略战争结束以后才得以改变。之后日本迅速转向战前已经开始的现代建筑道路，重新开始延续那一阶段的探索活动。

日本受现代建筑思想影响以来，一系列的探索在不同时段呈现不同特点。长期以来，古典样式、现代特色、民族形式之间呈现复杂的局面。但在另一个方面，对技术的重视，却是日本建筑界及教育领域一贯坚持的传统。这使得我国不同时期留学日本的建筑系学生虽然在艺术等其他思想方面有不同之处，但对技术和实践的重视都是相同的。

小　结

考察对中国建筑影响较大的这几个国家的建筑及教育思想的演变，可以发现如下一些特征：

1. 建筑思想和教育方法具有原发性特征的国家主要是英国、法国、德国，其各自特征为：英国教育比较重实践，法国教育比较重艺术（古典艺术），德国教育比较重科学技术。

2. 美国和日本的建筑教育具有继发性特征，受以上几个国家的影响比较大。

早期美国和日本受英国和德国的建筑思想比较多，重视技术和实践。这一特点多少与建筑的职业特点和社会当时的务实需求相关。

中期美国和日本受法国的学院式教学思想较大，体现了建筑专业逐渐成熟后，追求艺术、思想、精神层次等更丰富内涵的特征。

现代主义运动之后，德国、法国作为现代建筑思想发源地，再一次成为新思想的主动传播国家，推动了美国和日本建筑教育思想和体系的现代转变。

以上几个国家在不同的阶段有着不同的建筑思想和教学特征，它们对当时留学该国的中国学生的建筑思想成型产生了重要作用。这些学生回国开办建筑院校时，他们留学过程中接受的教育特点也在各自的实践中表现出来。这些多方面的特点共同影响了中国丰富复杂的建筑教育体系的形成和发展历史。

第三章 中国现代建筑教育的开端
——1952年前院校建筑教育

1920年代，留学海外学成归国的建筑师在中国开始创办建筑院校，进行建筑教育的探索和实践，拉开了建设中国建筑院校教育体制的序幕。1927年，随着南京国民政府的成立，中国长期军阀割据的混乱局面得以结束，高等教育事业得到蓬勃发展，国家和民间陆续兴办了多所综合性大学。与这种发展局面相应，建筑教育也逐渐兴盛。对祖国满怀建设热情的留学回国的建筑师们在几所综合性大学分别建立了建筑系（科），开始了院校建筑教育的多种探索尝试。

在这些探索中，由留美回国建筑师为主体建立的"学院式"建筑教育体系迅速发展，成为中国建筑教育的主导方式。与此同时，受职业实践及现代主义思想影响的其他教育方法，也在一些院校中广泛展开，使中国近代的建筑教育呈现出丰富多彩的局面。

第一节 学校建筑教育的序幕——苏州工业专门学校建筑科

1923年成立的苏州工业专门学校建筑科是近代中国第一所建筑院校，它为中国的院校建筑教育拉开了序幕。由于该建筑科的教师多为留学日本回国，因此，他们的教学从体制到内容都受日本建筑教育的很大影响，在教学思想上具有注重工程实践的特点。

（一）背景和概况

20世纪20年代初期的中国，处于国土分割、军阀割据的北洋政府时期，中央政府权力不足，无法实现有效的社会管理和控制。军事局势的紧张使政府将大量财政支出用于军费，导致教育资金无法得到保障。教育部几乎自身难保，根本无力支持大学的创建。因此，此时中国自办的大学非常少，仅有一所国立大学（北京大学❶）和两所省立大学（山西大学和北洋大学）。其余大量综合性大学大都由外国教会开办，约占院

---

❶ 北京大学前身为京师大学堂，1912年京师大学堂更名为北京大学。

校总数的 80%❶。

在国家教育经费严重不足的情况下，各地民间组织、工商业发达地区的开明绅士和地方精英成为发展教育、开办学堂的中坚力量。他们开办的学校通常与当地工商业发展密切结合，具有务实的特征，注重发展实业教育。苏州工业专门学校就是在地方实业学堂的基础上逐渐建立起来的。

地处江南的苏州一直是近代中国政治、经济、文化等方面具有重要地位的城市。经济的繁荣、对外交流的密切、绅士的开明使得教育事业在该地一贯得到重视。苏州较早就出现了一些新式学堂，例如1901年创办的"东吴大学"、1906年创办的"苏省铁路学堂"、1911年创办的"中等工业学堂"、1912年创办的"女子蚕业学校"等。其中除东吴大学是教会开办的综合性大学外，其他几所学校则皆为中等实业学校。❷

1912年5月"苏省铁路学堂"和"中等工业学堂"合并为"江苏省第二工业学校"，其性质仍为中等实业学校。学校学制5年❸，设有土木、纺织（机织）、应用化学（染色）三科。

1919年3月教育部颁发"全国教育计划书"，提出"鉴于全国只有北京、北洋、山西三所大学（指中国自办大学），且偏于北方，建议在南京、武昌、广州等地添设大学，并视各省情况设高等专门学校"。"江苏省第二工业学校"一方面为响应号召，另一方面也为顺应社会的需求，于1921年向江苏省教育厅提出申请，要求提高学校的程度为高等专门学校（大专）。1923年5月，申请获得批准，学校被重新命名为"公立第二工业专门学校"，11月改名为"公立苏州工业专门学校"。同年，该校在留日回国的建筑师柳士英（图3.1.1）的建议下，增设了建筑科，于是中国第一个高等专科院校建筑科正式成立。

图 3.1.1　柳士英

苏州工业专门学校建筑科创始人柳士英（字雄飞），生于1893年11月，1920年毕业于日本东京高等工业学校建筑科，回国后曾于1921年入日本人冈野重久在上海开设的事务所工作❹，1922年与留日同学王克生、朱士圭、刘敦桢（图3.1.2）等人一道在上海开办"华海建筑事务所"。在此期间，他一方面受兄长柳伯英兴办教育主张的影响，另

图 3.1.2　刘敦桢

---

❶ 舒新城：《中国现代教育史资料》，人民教育出版社，1985年3月。

❷ 潘谷西、单踊：《关于苏州工专与中央大学建筑科——中国建筑教育史散论之一》，见《建筑师》第90期，1999年。

❸ 壬子癸丑学制在1912年10月由教育部公布，因此此时仍参照1903年癸卯学制，其中学制要求为5年。

❹ 柳肃、[日]土田充义：《柳士英的建筑思想和日本近代建筑的关系》，见《中国近代建筑研究与保护》（二），清华大学出版，2001年7月，70页。

一方面认识到当时社会对建设人才的迫切需求,很早就产生了开办建筑院校的想法。1921年时他就与当时"江苏省第二工业学校"有关人士商谈在该校增设建筑科事宜。在他的推动下,1923年建筑科得以顺利建立。建筑科中柳士英担任主任,教学中主要负责教授构造、设计、历史等课。他还先后聘请了同样毕业于东京工业专科学校建筑科的朱士圭(字叔侯,1919年毕业)、黄祖淼(1925年毕业)、刘敦桢(字士能,1921年毕业)作为建筑科的教师。❶

苏州工专建筑科采用了3年学制,这个学制是教育部几次对高等学校进行学制调整的结果。民国初立时,蔡元培为民国政府首届教育总长,在他领导下于1912年制定的"壬子癸丑学制"(参见图1.1.4)中,专门学校学制为预科1年,专科3年。而后来于1922年颁发的新学制"壬戌学制"❷(图3.1.3)中,高等学校一律取消了预科,将专科的年限规定为3年以上,大学年限规定为4年以上❸。苏州工专建筑科是于新学制刚刚公布不久后正式成立建筑科并制定计划,因此将年限定为3年。1922年的壬戌学制对后来中国包括建筑系在内的高等院校长期具有影响。

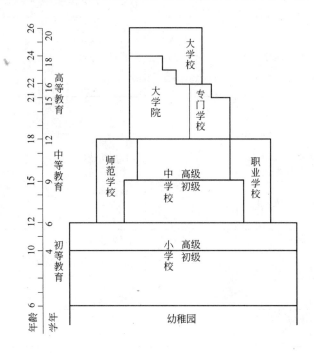

图3.1.3 壬戌学制图(1922年11月1日教育部公布)

---

❶ 潘谷西、单踊:《关于苏州工专与中央大学建筑科——中国建筑教育史散论之一》,见《建筑师》第90期,1999年。

❷ 1922年新学制(壬戌学制)的修改制定受到了杜威的教育理论的影响。1919年4月杜威曾经来到中国,受到知识界的极大欢迎。壬戌学制采用了"六三三"美国式中小学学制,反映了中国教育体制开始向美国体制转向。

❸ 朱有瓛:《中国近代学制史料》,第三辑,下册,华东师范大学出版社,807页。

(二) 注重技术与实用性的教学特点

苏州工业专门学校建筑科的教学特点在它 1926 年建筑科的课程设置(参见表 3-1)中十分明显。除公共课程和实习外，26 门专业课程中，技术和业务方面的课程有 16 门，占到了 61.5% 的优势地位。对比 1913 年教育部大学规程(壬子癸丑学制)中建筑学标准课程，苏州工业专门学校建筑科具有更多的结构技术课，而相对缺少了美学原理类课程；制图类课程中，偏重于图面表现的配景画课也没有单独列出。由此可见，苏州工专的课程明显体现出注重工程技术和实用的倾向。

苏州工业专门学校与 1913 年教育部大学规程建筑课程比较　　　　表 3-1

		教育部大学规程(1913)	苏州工业专门学校(1926)
公共课部分		数学	伦理(1,2,3)、国文(1,2,3)、英文(1)、第二外国语(2,3)、微积分(1)、高等物理(1)、体育(1,2,3)
专业课部分	技术基础课	地质学 应用力学 图法力学及演习 水力学 力学	地质(1) 应用力学(1) 材料力学(2)
		工业经济学	经济(3) 簿记
	技术课	建筑材料学 房屋构造学 中国建筑构造法	建筑材料(2) 洋屋构造(1) 中国营造法(2)
		铁骨混合土构造法	铁骨构架(3) 铁混土(2,3) 土木工学大意(2)
		卫生工学	卫生建筑(2)
		施工法 建筑法规	施工法及工程计算(3) 建筑法规与营业(3)
		测量学及实习	测量及实习(2,3)
		冶金制器法 热机关学	金木工实习(1)
	史论课	建筑史	西洋建筑史(1,2,3) 中国建筑史(3)
		建筑意匠学 美学 装饰法	
	图艺课	配景法 制图及配景法实习	投影画(1) 规矩术(2)
		自在画	美术画(1)

续表

		教育部大学规程(1913)	苏州工业专门学校(1926)
专业课部分	设计规划课	计画及制图	建筑图案(1) 建筑意匠(2,3)
		装饰画	内部装饰(3) 庭园设计(3) 都市计画(3)
		实地练习	建筑实习(2,3)

资料来源：潘谷西、单踊：《关于苏州工专与中央大学建筑科——中国建筑教育史散论之一》，见《建筑师》第90期，1999年。

这一特点的形成与日本建筑教育体制和思想的影响有关。一方面教学计划及实施者们大多有留学日本的背景，他们深受日本建筑教育影响，自然会在新成立的苏州工专建筑科的教学中有所实践；另一方面，中国当时沿用的教育部公布统一教学体系课程亦为参考日本体系建立，其示范效应也同时强化了日本建筑教育体系的影响。

1. 教师队伍的教育背景

苏州工业专门学校建筑科的几位主要教授都毕业于日本东京高等工业学校[1]建筑科。东京高等工业学校成立于1894年，属于实业学堂性质。其中建筑科创办于1903年，1908年开始招生。设立建筑科初时的主旨是培养社会急需的实用型建筑人才。因为此前设立的帝国大学建筑系所培养的是凤毛麟角的高级建筑人才，耗时久，投入大，数量却很少，无法满足社会的大量需要。一些人士意识到日本此时更紧缺的是辅助高级建筑人才的实用型中等技术人员，于是有关部门在东京高等工业学校等一批实业学堂内设立了建筑科。

当时东京高等工业学校性质相当于中国1903年癸卯学制中的高等实业学堂，以及1912～1913年壬子癸丑学制中的专门学校。作为从实业学堂发展而来的学校，它在教学中一直突出实用性和技术性特点。后来该校在1929年时改为东京工业大学，正式成为一所大学，但其基本教学特点在某种程度上一直得到延续。

苏州工业专门学校建筑科的主要教师都来自东京高等工业学校，是与当时中国学生留学状况密切相关的。甲午战争中的日本呈现出短期内迅速强盛的现象。20世纪初，清政府受到这一现象的冲击，提出"学西洋不如东洋"的口号，于是国内掀起赴日本留学的热潮。留日学习建筑的学生毕业高峰期是1919年[2]，因此，中国1920年

---

[1] 东京高等工业学校的前身为明治十九年一月职工徒弟学校，明治二十三年(1890)时改名为职工徒弟讲习所，明治二十四年(1891)时被《建筑杂志》称之为东京工业学校，1894年为东京高等工业学校。参见徐苏斌：《比较·交往·启示——中日近现代建筑史之研究》，天津大学建筑系博士论文，1991，10页。

[2] 徐苏斌：《比较·交往·启示——中日近现代建筑史之研究》，天津大学建筑系博士论文，1991，102页。

代时留学回国的建筑师大多具有日本教育背景。当时中国政府非常重视实用教育，选派留学生尽量让他们去实用性强的学校和学科，于是不少留日学生被送往东京高等工业学校。抗日战争爆发前，139位留日学习建筑的学生中，已知有103位毕业于东京高等工业学校或后来的东京工业大学❶，占了总人数的74%，可见前往该校的学生人数之众。与此趋势一致，苏州工业专门学校的建筑教师队伍几乎完全来自这所学校。

日本东京高等工业学校建筑系的建筑教育对苏州工专建筑科教师的教学实践产生了深远影响。日本对高等实业学堂建筑科的设立目的是"培养在建筑工程中技手、助手及工场事务员（施工监理）"，相对于综合大学建筑系来说更加注重工程技术和实用业务等方面。曾经在该校接受了建筑教育的柳士英等人深受其影响，为苏州工业专门学校建筑科制定了类似的培养目标，"建筑科的目标是培养全面懂得建筑工程的人才，能担负整个工程从设计到施工的全部工作……"❷，延续了东京高等工业学校注重工程技术和实用性的特点。

2. 国民政府教育部制定的教学规程对日本教育体系的参照采用

苏州工业专门学校建筑教学受日本的影响还通过另一途径得以进行，那就是教育部教学规程中对日本教育体系的参照采用。

上一章曾经提及，中国最初整个教育体制直接受日本影响。不但早期的学制如"癸卯学制"和"壬子癸丑学制"都是参照日本学制制定，而且学科及其课程安排也一同进行了参考。苏州工业专门学校建筑课程的安排需要参照当时中国教育部颁发的标准课程，这些标准课程与日本建筑课程安排是一致的。

比较当时的大学规程中建筑课程与日本东京帝国大学建筑科课程（参见表3-2中第一、二栏），二者有着高度的一致性，只在专门针对日本建筑要求设置的一些课程如日本建筑构造、设计以及地震学等方面有一些适应中国国情的调整。大学规程明显是参照日本课程的结果。

考察中国教育部1912年11月2日统一颁布的工业专门学校建筑课程设置（表3-2第四栏），会发现它同时借鉴了日本的大学类（以日本东京帝国大学为例，表3-2第一栏）建筑课程设置，以及高等工业学校类（以1905年东京高等工业学校为例，表3-2第三栏）建筑课程设置。与日本大学类课程相比，它少了一些美学理论及绘图方面课程，艺术性要求有所降低，同时也减少了部分技术基础类课程，增加了部分建筑业务课程，体现出专科学校培养辅助人才的目标；而与高等工业学校课程相比，它在史论、技术、艺术等方面都有所增加，具有偏向大学建筑教育的某种倾向。可以说当时中国教育部对工业专门学校的定位是介于日本的大学和高等工业学校的要求之间的。

---

❶ 徐苏斌：《比较·交往·启示——中国近现代建筑史之研究》，天津大学建筑系博士论文，1991。
❷ 张镛森遗稿，王蕙英整理"关于中大建筑系创建的回忆"，见《建筑师》第12期，1982年10月。

中日大学及专门学校建筑课程比较（课程后括号中为开课学年） 表 3-2

		第一栏	第二栏	第三栏	第四栏	第五栏
		1886后日本东京帝国大学建筑科课程①	1913教育部大学规程中建筑课程②	1905年东京高等工业学校建筑课程③	1912.11.2工业专门学校建筑课程④	苏州工业专门学校(1926)⑤
公共及其他基础课部分		数学(1)	数学 力学	数学 物理学、物理学实验 英语 兵式体操	数学 物理学 外国语	伦理(1, 2, 3)、国文(1, 2, 3)、英文(1)、第二外国语(2, 3)、微积分(1)、高物理(1)、体育(1, 2, 3)
专业课部分	技术及基础	应用力学(1) 应用力学制图及演习(1) 水力学(2) 地质学(1) 热机关(1) 制造冶金学(3) 地震学(3) 建筑材料(1) 测量(1)、测量实习(1) 家屋构造(1) 日本建筑构造(1, 2) 铁骨构造(2)	应用力学 图法力学及演习 水力学 地质学 热机关 冶金制器法 建筑材料学 测量学及实习 房屋构造学 中国建筑构造法 铁筋混凝土构造法	应用力学 建筑用材料 家屋构造	应用力学 水力学 地质学 机械工学大意 建筑材料学 测量及实习 铁筋混凝土构造法 石工学	应用力学(1) 材料力学(2) 地质(1) 金木工实习(1) 建筑材料(2) 测量及实习(2, 3) 洋屋构造(1) 中国营造法(2) 铁骨构架(3) 铁混土(2, 3) 土木工大意(2)
		建筑条例(3) 施工法(2) 卫生工学(2)	工业经济学 建筑法规 施工法 卫生工学	工业经济 工业簿记 工业卫生 施工法 卫生工学	工业经济 工业簿记 工厂管理法 施工法 电气工学大意	经济(3) 簿记 建筑法规与营业(3) 施工法及工程计算(3) 卫生建筑(2)
	绘图	透视图法(1) 应用规矩(1) 制图及透视画法实习(1) 自在画(1, 2, 3) 装饰画(2, 3)	 配景法 制图及配景法实习 自在画 装饰画	 图画	 图画法	投影画(1) 规矩术(2) 美术画(1)
	史论	建筑历史 日本建筑历史 美学(2) 建筑意匠(2)	建筑史 美学 建筑意匠学	建筑沿革	建筑史 中国建筑史 建筑学	西洋建筑史(1, 2, 3) 中国建筑史(3)
	设计	计画及制图(1, 3) 日本建筑计画及制图(2) 装饰法(2)	计画及制图 装饰法	制图及意匠	计画及制图 装饰法	建筑图案(1) 建筑意匠(2, 3) 内部装饰(3) 庭园设计(3) 都市计画(3)
		实地演习(2, 3)	实地练习	工场实修	实习	建筑实习(2, 3)

资料来源：①②③④ 转引自徐苏斌，《比较·交往·启示——中日近现代建筑史之研究》，天津大学建筑系博士论文，1991，8、11页，其中③原引于（日）《建筑杂志》V19.226，1905；④原引于《中国近代学科史料》第三辑；⑤转引自：潘谷西、单踊：《关于苏州工专与中央大学建筑科——中国建筑教育史散论之一》，见《建筑师》第90期，1999年。笔者重新分类。

之所以出现这样的现象，可能是因为当时中国国内建筑人才缺乏，成立正式大学较困难，教育部门希望在相对较易组建的高等工业专门学校内培养的建筑人才能够具有大学建筑人才的部分能力，一定程度上弥补高等建筑人才缺乏的不足，因此，在设置工业专门学校课程时加入了部分大学计划中的课程。

苏州工业专门学校建筑科的课程（表 3-2 第五栏）则综合参考了教育部 1912 年统一颁发的工业专门学校建筑课程（表 3-2 第四栏）和 1913 年颁发的大学规程中建筑科课程。从苏州工专课程与以上两个标准课程的比较中，可以看出综合影响的痕迹，苏州工业专门学校部分借鉴了大学课程，部分借鉴了工业专门学校课程，建筑学科办学具有大学和专科之间的定位。由于日本的大学建筑教育本身以注重技术见长，苏州工业专门学校建筑科大量传承的也主要是两课表中的技术类课程，因此，综合后的课程仍然突出其工程技术和实用性特点。于是，日本的建筑教育通过对中国教育部规定的大学及专门学校标准课程的示范作用，间接影响到苏州工业专门学校的教学，从另一方面推进了其教学特点的形成。

以上两条线索互相结合，彼此强化，使中国此时刚出现的院校建筑教育深受日本教育制度和方法的影响，呈现出日本建筑教育所具有的注重技术和实践的特点。

不过需要指出的是，虽然苏州工业专门学校建筑科具有注重工程技术和实用性的特点，但作为第一个以"建筑"命名的科系，它与中国当时已经为数不少且具有相当发展规模的土木工程系科是有明显区别的。该建筑科在工程技术类教学之外，对形态、美感的培养和表现技能的训练也占有一定分量。这点与东京高等工业学校建筑科的教学情况基本一致。

（三）教学中的现代建筑思想及其学院式的基础模式

1. 教学中的现代建筑思想

苏州工业专门学校的建筑教育，是否曾受到现代主义思想的影响？由于现在尚未发现当时的学生作业等材料作直接证明，而且当事人也大多已经过世，因此，只能根据其他一些材料进行推测。这其中非常重要的是该建筑科主要教师的建筑思想状况。

在苏州工业专门学校的教学中，核心人员无疑是柳士英，这不仅因为他担任科主任一职，而且从主要人员参与教学情况来看，黄祖淼和刘敦桢分别是在 1925 年和 1926 年才来到该科，而朱士圭还要管理沪上事务所工作，因此，他们不大可能是该科教学最核心的人员。而柳士英作为创立者兼科主任，应当是该建筑科教学的主要人员，其建筑思想和教学思想对苏州工业专门学校建筑科的教学具有直接影响。

根据对柳士英的已有研究可以看出，他当时确实已经受到了建筑新思想的影响。1917～1920 年柳士英在东京高等工业学校留学期间，日本建筑界正接受西方新思潮的传入。这些新思想由一些留学欧洲回国的建筑师带入，此时先后影响日本的是欧洲新艺术运动和德国表现主义思想。1920 年时甚至东京帝国大学建筑系毕业生组成了

"分离派建筑会",以示与传统决裂。身处学校之中的柳士英不会不觉察到建筑界新思想的涌动。

另外,柳士英的老师——东京高等工业学校建筑科创始时的重要人物滋贺重列也是他产生新思想的推动力。滋贺重列早年曾留学美国,在伊利诺伊大学获建筑硕士学位❶。伊利诺伊大学是受德国影响较大的一所学校,甚至有些教师就直接来自于德国。滋贺重列在这所学校中接触到了不少发源于欧洲大陆的新建筑运动的早期思想,形成了提倡创新的教学理念。他在东京高等工业学校时期,经常在《建筑杂志》上发表文章,如"新艺术运动的真相"、"我国建筑教育的过去及现在"、"关于工业学校建筑"等。滋贺重列的新思想也影响了他的学生柳士英,引导并推动了后者对清新简洁的建筑形象的追求。

早年回国的柳士英表示出对繁缛装饰十分反对的态度,也因此对中国传统建筑提出批评。他在1924年2月17日上海《申报》中一篇题为"沪华海公司工程师宴客并论建筑"的报告中指出:"……盖一国之建筑,实表现一国之国民性,希腊主优秀,罗马好雄壮,个性之不可消灭,在示人以特长。回顾吾,暮气沉沉,一种颓靡不振之精神,时映现于建筑,画阁雕楼,失诸软弱,金碧辉煌,反形嘈杂,欲求其工,反失其神,只图其表,已忘其实"❷。从这段话中可以看出他对中国建筑趋于颓靡奢华倾向的不满情绪,而且将它的危害提高到影响国民精神面貌的思想道德高度。

他在晚年所写的"我与建筑"和"回忆录提纲"中也曾明确表示他当年"憧憬于西方的近代建筑……只觉得传统式样的束缚力与自己革新愿望不相适应,特别受着世界大战以后对建筑的净化企图的影响,有些厌恶繁琐的装饰与呆板陈规"❸。

柳士英的这些言辞充分反映了他要求简化和净化建筑形式的要求,它们与欧洲早期新建筑运动的某些思想是一致的。

苏州工业专门学校建筑科的教学中,除了注重工程技术和实用性这些特点已经具有了一些现代主义的倾向之外,柳士英对一些课程的创造性开设也反映了他的部分现代思想。

课程设置方面,柳士英根据自己对建筑的理解,在设计类课程中除了原有的设计和内部装饰之外,还新增了庭园设计、都市计划等课。这些设计课程内容将对象扩展到人类生活的物质环境这一更大的范围,其宽泛性具有现代建筑学科的理念。但这些课程在日本大学及专科的建筑学科标准课程设置中都没有,也未见诸于中国教育部规定的课程之中,而且当初制定课程计划时,估计也不太可能有欧美教学计划作为蓝本,因此推测很可能是柳士英个人思想的反映。

考虑到柳士英所受新思想影响的途径,推测苏州工业专门学校建筑课程中设置的

---

❶ 柳肃、[日]土田充义,《柳士英的建筑思想和日本近代建筑的关系》,见《中国近代建筑研究与保护》(二),清华大学出版社,2001年7月,74页。
❷ 赖德霖:《从一篇报导看柳士英的早期建筑思想》,《南方建筑》,1994年3月,23页。
❸ 柳士英:《回忆录提纲》,《南方建筑》,1994年3月,56页。

这几门新课程的来源有两种可能:一是在他就学期间,曾经在具有新思想的教师的指导下,进行过此类专项课程设计,他在制定苏州工专的教学计划时,为强调该类训练而将其单独列出;二是他受到新思想影响,注意到了设计内容应包括多种层次和范围的环境设计,因而在苏州工专的课程计划中增设了这几门设计课程。但无论事实是哪种来源,都说明苏州工专的建筑教学确实已经有了一些现代思想的痕迹。

2. 学院式的教学基础模式

虽然苏州工业专门学校建筑科注重工程技术和实用性的训练,并且也具有一定现代建筑思想的影响,但其教学基本模式,至少在基本形式训练方面,最有可能还是以学院式方法及折衷主义形式为主。

这一方面是因为柳士英等人在日本受的教育仍多以学院式方法为基础。虽然当时新建筑思想已经在日本产生影响,但只是以思潮方式对师生们的创作思想产生影响,还并没有形成相应的一整套教育方法,尤其无法在基础训练方面取代学院式训练方法。因此,柳士英等人建立的教学尝试也只能采用一套他们所熟悉的,并且也是比较成熟的方式,学院式方法不可避免地仍然为基本方式,新建筑的点滴思想只能局部渗入这一体系并产生影响。

另一方面,从柳士英本人的作品来看,体现出分离派和装饰艺术特征的建筑作品是在1930年代以后才大量呈现出来,1920~1930年代(包括苏州工业专门学校期间)时,其风格主要还是西洋古典主义[1],说明他对新思想从产生模糊意识到能够明确将其融入实践之间有一段过渡时期。因此可以推断,他在1920年代教学中的建筑形式训练多半还是以古典和折衷主义为主。

柳士英的建筑思想的阶段性说明他对于建筑除了具有技术性倾向之外,仍然有强烈的艺术性倾向。这在经历过学院式基本教育的人来说,是十分自然的。东京高等工业学校的建筑教学"虽以培养实用型技术人才为重,但仍有相当比重的艺术性课程。在专业课程中除制图及意匠(设计)课以外,占比重最大的就是三年级的工场实习和一年级的图画(美术)课"[2]。由此可见该校在注重工程技术培养的同时,也相当重视艺术性。这种艺术性的基本思想同样也渗入了柳士英的意识之中,因此,他在受到现代思潮影响后,探索的也主要是一种革新的艺术风格。

苏州工业专门学校相应传承了东京高等工业专科学校的教育特点,在重技术训练的同时,也适当兼顾了形式美学方面的培养。因此,虽然它重视工程技术,但是在教学基础方面,学院式的基本方法、美学思想等仍然在起很大作用。

根据以上的研究,我们可以初步整理出中国第一个建筑科——苏州工业专门学校建筑科的教学特点。该建筑科深受日本建筑教学体系的影响,适应自身实业专科学校的定位,发展出一套注重实际工程技术培养,并适当兼顾艺术形式培养的教学方法。

---

[1] 柳肃、[日]土田充义:《柳士英的建筑思想和日本近代建筑的关系》,见《中国近代建筑研究与保护》(二),清华大学出版社,2001年7月,71页。

[2] 同[1],74页。

建筑科在其教师的影响下,已经具有了新建筑的部分思想,但是在基本教学模式和理念方面仍然与"学院式"体系有着千丝万缕的联系。

苏州工业专门学校建筑科的成立,从整体来看,为中国的高等院校建筑教育的产生和发展拉开了序幕;从局部来看,为后来在中国近代建筑教育史上占据重要地位的中央大学建筑系的成立奠定了基础(详情参见第二节)。

第二节 四所综合大学建筑系的出现及其自由探索
(1927~1930 年代初)

1927 年之后,随着南京国民政府的建立,国家长期分裂的局面得以结束,进入了相对平稳和发展的时期。在教育事业逐渐兴盛的总体趋势下,建筑教育出现了正规化、大学院系化的更高层次的兴盛发展。

20 世纪 20 年代末 30 年代初,国内新成立数个综合性大学,这些大学中不少学校都建立了各自的建筑系。由于此时权威尚未形成,各校建筑系在建筑教育方面呈现出自由探索的局面。可以说中国大学建筑教育自诞生之日起,就处于各种思想和方法的综合影响之中。

(一) 综合大学建筑系兴起的背景

中国近代大学建筑系的兴起是和作为其机构基础的综合大学的发展密不可分的。1926 年以前,因为教育经费方面的限制,中国的综合性国立大学数量很少。虽然在教育部的统一系科设置中早已有了建筑工程系的编制和课程标准的制定,但是仅有的一些国立大学由于多方面原因,一直没有设立建筑系。国立大学以外的综合性大学,如教会大学、私立大学等,同样没有单独设置建筑系。中国的建筑院校教育仅存在于工业专门学校中。如前文提及的苏州工业专门学校建筑科。

1926 年北伐成功,1927 年国民政府定都南京,结束了军阀割据的混乱局面。在稳定的形势下,教育事业与其他多项公共事业一起,呈现出蒸蒸日上的局面。此时在高等教育方面,集中合并成立或新建了一批综合性大学。高等教育的发展和完善为建筑系的产生奠定了基础。

国内高等教育发展的同时,留学回国的建筑专业毕业生也形成了一定规模,他们为建筑系的设立提供了必要条件。继 1919 年留学日本学习建筑的回国者达到高潮以后,1920 年代留学欧美的建筑毕业生大批回国。其中除部分留学欧洲之外,大多是"庚款"留美学生。1905 年美国退还了部分庚子赔款,用这些赔款在京成立的"游美学务处"于 1911 年时发展为两年制的留美预备学校——清华学堂,资助中国学生赴美学习。1920 年代留美学生们毕业后陆续回国。大量学成回国的建筑毕业生使国内建筑师人数猛增,为大学建筑系的成立和高等学校建筑教育的兴盛提供了条件。

此时国内局势初定,面临多种建设任务,不少有识之士也认识到了建筑专业教育的重要性。国家整体教育事业的蓬勃发展、留学回国建筑师人数的猛增以及国内有关人士的支持,共同促成了高等院校建筑教育的兴起。20世纪20年代末30年代初的短短几年时间内,中国几个区域的中心城市内迅速兴起了数个大学建筑系。它们分别是:1927年建立在原苏州工业专门学校建筑科基础上的中央大学建筑科(系),1928年成立的东北大学建筑系和北平大学艺术学院建筑系,以及建立在1932年广东省立工业专门学校建筑科基础上的勷勤大学建筑系。

(二)新成立各校建筑系概况

1. 中央大学建筑系

中央大学建筑系的成立与当时蔡元培实施的一系列教学改革直接有关。1927年4月,南京国民政府成立后,蔡元培出任国民政府教育行政委员会委员,开始实施他的一系列发展教育的构想。其中最重要的就是基于"教育独立"思想而进行的大学区制改革。

蔡元培的大学区制改革依照法国大学制为蓝本,其改革的核心是企图"以学术化代替官僚化",要求由学者主持学务,排除行政系统的干预,在教育体制层面实现"教育独立"。具体方案是以新成立的"大学院"取代教育部功能,下设由大学院的正副院长、各国立大学校长、大学院教育行政处主任及专家组成的"大学委员会",主掌教育和学术权力。计划将全国分为若干个大学区,每区设立一所大学,凡是中等及中等以上各专门学校都可设在大学里面。一区以内的中小学校教育,与学校以外的社会教育都由大学办理。大学事务,由大学校组织的委员会支持,教育部不能干涉各大学区的具体事务等等。[1] 这些构想充分显示出蔡元培等一些知识分子对教育自主性、独立性和不受政治控制的追求。1927年6月,蔡元培出任大学院院长,首先在江苏、浙江等省试行大学区制。在江苏省内,以原东南大学为基础,合并省内另八所高等院校组建"国立第四中山大学"[2]。

东南大学是江苏省当时规模较大的一所综合性学校,其历史最早可以追溯到1903年在南京成立的"三江师范学堂"。三江师范学堂为两江总督张之洞创办。在其"中体西用"思想的指导下,该校目的是为苏、皖、赣三省培养中小学教员。1905年,该校升级为培养初级师范和中学教员的高等学堂——"两江师范优级学堂"。辛

---

[1] 杨东平主撰:《艰难的日出——中国现代教育的20世纪》,文汇出版社,2003年8月,59页。

[2] 当时国内有若干所"中山大学",它们的出现有一定原因。1926年国民革命军的势力发展顺利,在教育领域开始收回教会大学教育权的同时,又在各地酿起兴办中山大学的风气。此风气最早出现于广州。1926年广州为纪念孙中山先生,将广东大学改名为"中山大学"。之后各地纷纷仿效,1927年武昌设立武昌中山大学,浙江成立第三中山大学,南京东南大学改组为第四中山大学,其他筹设中山大学的还有河南、安徽、广西、湖南、兰州等。修正大学区组织条例颁布后,仅广州中山大学保留原名,其余大多将名称改为某地大学。参见周予同著,《中国现代教育史》,《民国丛书》第一编,良友图书印刷公司,1934年,227页。

亥革命后，该校曾一度停办。1915年，在原址建成"南京高等师范学校"。第二年，该校突破师范界限，增设了工艺、农业、商业等实业专修科，初具了综合大学的雏形。1921年，在"南京高等师范学校"的基础上成立"国立东南大学"，当时拥有文、理、农、工、商、师范六科（院）三十一系，成为一所综合性大学。❶ 此时的工科学院中，还没有设置建筑科（系）。

1927年实行"大学区制"，江苏省内各高校以东南大学为基础，合并成立"国立第四中山大学"。新成立的大学拥有九院三十六系科，其工学院由河海工科大学（即原东南大学工学院）、南京工业专门学校及苏州工业专门学校合并而成，下设机械、电机、土木、建筑、矿冶、化工、染织诸科❶。其中建筑科（相当于系）即苏州工业专门学校的建筑科并入后，经过重新组建而成。至此，中国第一个大学建筑系正式成立。

第四中山大学于1928年2月改名为"江苏大学"，同年4月再次改名为"国立中央大学"，该校名一直使用至1949年新中国成立。

虽然引发院系重整合并的"大学区制"后来遭到各方反对，并随着1928年8月蔡元培的辞职和10月"大学院"重新恢复为"教育部"而告终止，但在此期间合并形成的几所综合大学却留存下来，并一直得以发展。

对于创立建筑系的原因，第四中山大学建筑科的成立并非只是简单出于苏州工业专门学校已设有建筑科，更重要的是取决于校方和有关人士的主动意识。第四中山大学合并成立时，为组建新系科曾对各校原系科作过较大的调整。其中设置建筑科，是学科战略考虑的结果。1933年8月的《中国建筑》杂志"中央大学建筑工程系小史"一文中曾指出建筑系（科）的创建，"推其原因，实由蔡元培、周子竞两先生，鉴于时代之需要，与夫中国建筑学术之落伍，力主添设"。设立建筑系科完全是专业教育人士经过深思熟虑后主动提出的要求。

另外，新建筑系对任命教师的各方面严格要求，也显示出校方对该系的建设构想以及重视程度。建筑系的教学人员经过了仔细斟酌。系主任的人选，开始时定为毕业于美国康奈尔大学的建筑师吕彦直。他刚刚在中山陵方案竞赛中获头奖，在建筑界及政府部门声名显赫。其十分纯熟的中国传统复兴手法，既符合当时新成立的国民政府急需的促进民族认同的政治要求，也符合自1925年"五卅运动"以来中国民众日益增强的反对帝国主义和要求提升民族性的思想，这些机缘成就了他当时在建筑界相当高的地位。第四中山大学拟定他为建筑系主任，不仅显示了校方对建筑系的重视，而且体现出他们对建筑学人才培养的目标和定位。这其中诚然有着对市场和实践领域需求的满足，但更值得注意的是其对于建设作品思想性的敏感和主动引导的意图。

虽然吕彦直被认为是系主任的首选，但由于他当时正忙于中山陵工程无法分身组织教学工作，于是校方改聘1925年美国俄勒冈大学硕士毕业的刘福泰（图3.2.1）。

---

❶ 潘谷西、单踊：《关于苏州工专与中央大学建筑科——中国建筑教育史散论之一》，见《建筑师》第90期，1999年。

之后建筑系先后聘请了诸多留学回国的建筑人士担任建筑科的老师。如李毅士(留英,图 3.2.3)、卢树森(奉璋,留美,图 3.2.4)、贝寿同(季眉,留德,图 3.2.2)等等。随苏州工业专门学校而来的教师只有刘敦桢,另外还有助教濮齐材(苏州工业专门学校建筑科毕业生)等。根据当时颁布的《大学教员资格条例》,副教授必须是"外国大学研究院毕业若干年,得有博士学位者",教授必须是"副教授完满两年以上之教务,而有特别成绩者"❶。因此,留学欧美的具有硕士学位的几位老师被聘为副教授,刘敦桢由于毕业于高等工业学校,没有大学硕士学位,因此被聘为讲师。可见当时对教师的学历要求是比较高的。

图 3.2.1　刘福泰　　图 3.2.2　贝寿同　　图 3.2.3　李毅士　　图 3.2.4　卢树森

除了重视教师学历之外,教师留学的国别也成为被聘的重要因素之一,高校选择教师时更加倾向于留学欧美国家的毕业生。这与此时中国教育改变持续多年的以日本教育体系为蓝本而重新定向以欧美体系为蓝本的潮流相一致。20 世纪初中国曾经一度掀起赴日本留学的热潮,随着大批学成人员回国,中国的教育体系从制度编制到具体教学方法等多方面都以日本体制为蓝本形成了一套制度。但到了 1920 年代,随着美国庚款留学制度的形成,美国逐渐代替日本成为留学生主要前往的国家,于是美国的教育制度开始得到更多的重视,在中国逐渐成为教育思想和方法的主流。

当时特殊的世界局势也加速了这种转变。1914 年爆发了第一次世界大战,德国等军事专制国家发动的侵略战争给不少国家和民众带来了深重的灾难。长期遭受军事威胁之苦的中国,对此尤为深恶痛绝。受这种意识影响,中国的教育者更能接受英、法、美等国的体现个性自由的教育制度。1918 年,张伯苓❷在美国考察之后,意识到了即便发达国家,也存在不同价值、不同性质的教育制度:"一为英法美之制度;一则日德之制度。前者专为计划个人之发达,后者性近专制,为造就领袖及训练服从者之用(是即服从纪律)。"❸ 中国教育界人士对专制制度和军国主义思想十分反感,如前文所述蔡元培的"教育独立"、"教授治校"等理想均是其对崇尚个人本位和学术自由的教育制度的追

---

❶ 潘谷西、单踊:《关于苏州工专与中央大学建筑科——中国建筑教育史散论之一》,见《建筑师》第 90 期,1999。

❷ 张伯苓,近代著名教育家,1919 年创立天津南开大学。

❸ 杨东平主撰,《艰难的日出——中国现代教育的 20 世纪》,文汇出版社,2003 年 8 月。

求。他们的思想进一步促进了 1920 年代中国教育体系向美国制度的转向。

美国教育体系在中国地位的提高，随着 1919 年杜威的到来而达到了高潮。此时正值中国新文化运动的高峰时期，中国知识界对民主、科学、自由等思想如饥似渴。杜威的到来适逢其时。他在中国进行了百余场演讲，行迹遍及 14 个省市，讲学长达两年，引起了极大的轰动。作为一个民主主义者，杜威强调学校应为民主社会培养新人。他以经验主义、实用主义哲学为基础，提出"儿童为中心"的理论，强调学生的个人自由和完善的发展，注重学生的主动性和创造性。杜威的理论对当时中国教育产生了重要影响。上文曾提及的 1922 年颁布的新学制（壬戌学制，图 3.1.3）便是其成果之一，体现了美国式"六三三"学制等制度和思想的直接影响。❶

以美国教育制度为蓝本的转向，以及 1920 年代大量留美学生回国的事实共同促成了中国教育体制整体向美国的转变。此时，不但教育部门和各所大学的领导核心多为欧美留学生，高等学校聘请系主任和教授也更倾向于这类人士。受此风气影响，第四中山大学（后中央大学）在选择建筑系教师时对其留学国别也比较讲究。

由此可见，第四中山大学在成立建筑科系时，对教师的学历层次和留学国别的背景都非常重视，这个教师班子是经过精心挑选和组构的。因此，该建筑科（系）虽然是以原苏州工业专门学校建筑科为基础建立的，但并不是原系科简单的直接延续，已经成为在另一个层次上的发展或重建。

1927 年成立的中央大学建筑科持续发展了一段时间。1932 年夏，由于学校易长风潮和经费问题一度解散整顿，之后恢复教学时改称为建筑系。1927～1932 年之间的这段时间是该科（系）发展的第一个阶段，其间它初步具备了一定教师阵容并形成一套较完整的教学体系。

2. 东北大学建筑系

继中央大学建筑系后，1928 年 8 月，沈阳的国立东北大学成立了建筑系（图 3.2.5），其主要创办者为从美国宾夕法尼亚大学毕业回国的梁思成和林徽因夫妇（图 3.2.6）。

图 3.2.5　东北大学建筑系教师

图 3.2.6　梁思成与林徽因

---

❶ 杨东平主撰，《艰难的日出——中国现代教育的 20 世纪》，文汇出版社，2003 年 8 月。

当时沈阳的政治局势十分复杂。沈阳地处的满洲原是满族人于1911年结束其统治地位后的保留地,在1928年时仍然属于边疆地区。之前俄国曾经为打开这个地区建造了铁路。1905年日俄战争中俄国失败后,南满的控制权转移到了日本人手中。满洲当时的军阀张作霖依靠日本人的势力进行统治。他不满足于对沈阳的独裁统治,意欲进逼北京,打败华北军阀,重组政府并自任总统。但是以蒋介石为首的南京国民政府派兵北伐,粉碎了他的夺权计划。张作霖于1928年6月3日在日本人密谋的皇姑屯火车爆炸事件中负重伤身亡。

日本人除去了张作霖之后,企图进一步侵吞东北。张作霖的儿子"少帅"张学良很快使满洲和中国的其他部分结成政治联盟,使沈阳暂时有了一些稳定。张学良一直非常积极进取,具有励精图治的精神。他很重视东北的教育事业,支持建立起了规模庞大,系科齐全的东北大学。他不仅高薪聘请专家学者前来大学执教,还派出大量东北弟子出国深造,试图重新振兴东北,与日本人抗衡。梁思成夫妇就是在这段还不太稳定的和平时期进入东北大学的。

东北大学工学院院长高惜冰是比梁思成高几班的清华同学,他打算在工学院中创建建筑系。高惜冰原想请宾夕法尼亚大学建筑系十分出色的毕业生杨廷宝来当系主任,但是当时杨廷宝已接受基泰建筑公司的聘请,他推荐了同窗好友梁思成,认为他是惟一合适的人选。当时梁思成夫妇刚刚毕业,还在欧洲旅行,杨廷宝主动和梁思成的父亲梁启超取得联系,促成了这件事❶。

梁启超原本预备在清华大学替梁思成谋得一个教师的位置,但清华方面一直没有确定。东北大学提供的这个机会在梁启超看来非常好,便替梁思成接受了东北大学的职位。当时基泰建筑公司也曾想聘请梁思成,但是梁思成很想继续他在哈佛大学进行的有关中国建筑史的研究,觉得教学工作比较自由,可以有时间研究古建筑和《营造法式》,实现他的理想,于是便接受了东北大学的职位❶。1928年初夏,高惜冰电请梁思成夫妇尽快回国组建东北大学建筑系,梁夫妇提早匆匆结束了欧洲旅行,于8月取道西伯利亚回国。秋季时他们正式创办了建筑系。建筑系的组织和课程早先已由两人在欧洲归途中讨论草拟完毕,此时经过与高惜冰院长的磋商后正式确定。

建筑系刚刚开始时,教学人员只有梁思成和林徽因两人,1929~1930年,陈植、童寯、蔡方荫等教授逐渐加入教师队伍,建筑系逐渐走上正轨。梁与陈、童三人教设计,林徽因教美术,蔡方荫教结构和画法几何。梁思成还开设了一门把西洋和中国建筑史融为一体的课程。1930年末,林徽因因病离开沈阳,回北京治疗。1931年2月,陈植前往上海与赵深合办建筑事务所,也离开学校。后梁思成赴北平营造学社从事中国建筑历史研究,系中的一切事务都交给了童寯❷。

---

❶ 费蔚梅著,曲莹璞、关超译,《梁思成与林徽因——一对探索中国建筑史的伴侣》,中国文联出版公司,1997。

❷ 赖德霖,《中国近代建筑师的培养途径——中国近代建筑教育的发展》,《中国近代建筑史研究》,清华大学工学博士学位论文,1992年5月,2~22页。

1931年9月18日，日本开始了侵占满洲的军事行动。蒋介石并不打算用他的军队来抵抗日本关东军，张学良也被蒋介石制约，要求不准抵抗，使得日本迅速占领了东三省，并很快建立了以清朝末代皇帝溥仪为傀儡的满洲国。东北的沦陷使东北大学的师生纷纷逃入关内，存在仅仅三年的东北大学建筑系就此夭折。

原建筑系的学生离开东北后逃往了北平。梁思成试图为他们成立东北流亡分校，先将学生安排在清华大学土木系借读。但由于各种原因，复课的计划未成。后至冬天，童寯到达上海，继续安排复课之事。他将原三、四年级学生召集到上海，设法完成他们的学业。由于为学生开设理工课程需要设备，因此由陈植与大夏大学磋商，让学生在土木系借读。专业课程方面，童、陈二人继续教设计，江元仁、郑瀚西教工程，赵深教营业规例合同估价等课。学生毕业时仍发东北大学证书。1932年建筑系学生毕业了9人，1933年毕业了7人。原一、二年级的五名学生张镈、曾子泉、林宣、唐璞、费康则转至中央大学建筑系，插班进入二年级学习。❶

3. 北平大学艺术学院建筑系

北平大学艺术学院于1928年夏成立建筑系，这是中国第一个设立在艺术学院中的建筑系。系主任为法国建筑专科学校毕业工学士汪申（字申伯）。讲师华南圭（字道斋）也是法国留学生，另外还有讲师朱广才、曾书和、张剑锷。❷ 第一批学生共七人，预科生五人。

北平大学也经历了"大学区制"影响下的改建。北平大学的前身是京师大学堂。1912年，京师大学堂更名为北京大学。1917年蔡元培任北京大学校长，在该校建立了以学术研究为中心的现代大学制度。1927年，由于国民政府定都南京，改北京名称为北平，北京大学相应改称为北平大学。1928年，蔡元培试行的"大学区制"也在北平大学区进行，新成立的国立北平大学下属十一所学院，其中艺术学院中（院长为徐悲鸿❸）设置了建筑系，"大学区制"遭到强烈反对而停止后，1929年艺术学院改称"国立北平艺术专科学校"，次年又划归北平大学，仍称艺术学院❹。1934年时建筑系主任为沈理源，同时另有八名教授，在校学生九人。1934年左右该系停办。该系招收过三届共三班学生，第一届学生有后来任教于天津大学的黄庭爵，第二届学生有高公润等。

1937年抗日战争爆发后，北平大学内迁。1938年，华北伪政权借北京大学名义成立国立北京大学，在工学院中重新建立了建筑系。由于该建筑系的不少教师来自原北平大学艺术学院建筑系，因此，新建筑系在一定程度上可看作为原建筑系之延续。

曾为北平大学艺术学院建筑系主任的沈理源（名琛），是当时京津地区实践颇多、

---

❶ 唐璞，《春风化雨忆当年》，见《东南大学建筑系成立七十周年纪念专集》，1927~1997，中国建筑工业出版社，1997年10月，51页。

❷ 赖德霖：《中国近代建筑师的培养途径——中国近代建筑教育的发展》，《中国近代建筑史研究》，清华大学工学博士学位论文，1992年5月，2~22页。

❸ 另一说法为艺术学院院长为留法回国的杨仲子，在他建议下设立建筑系，并于当年开始招生。见于徐苏斌：《比较·交往·启示——中日近现代建筑史之研究》，天津大学建筑博士论文，1991，14页。

❹ 沈振森，《中国近代建筑的先驱者——建筑师沈理源研究》，天津大学硕士学位论文，2002年3月，70页。

很受认可的建筑师,在建筑系的教学中具有核心地位。他1909年入意大利拿坡里大学(今那不勒斯大学)留学,开始时攻读水利工程,但是由于受意大利环境的影响,他对建筑产生了极大的兴趣,后来改学了建筑学❶。1915年沈理源回到中国后,先担任黄河水利委员会工程师,1916年开始转向了建筑设计界,在京、津、沪等地设计完成了一系列重要作品,进入了职业建筑师行列。

在1915～1934年间,他已经设计完成了十几个建筑及规划的项目。他承担的多为北京地区商场、影院、银行、教学楼一类较重要的建筑,其中比较集中的是1931～1934年间清华大学校园中的一批教学楼。清华大学校园建筑曾经历过三次建设高潮,前两次分别是1914～1917年墨飞主持下的第一次建设高潮以及1929～1930年杨廷宝主持下的第二次建设高潮❶。沈理源成为继这两位知名建筑师之后第三位主持清华校园建设的主要建筑师。

在建筑实践领域的成功使他也在教育领域也树立起一定威信,成为建筑系主任。后来他还在1938年成立的北平大学工学院建筑系及1940年天津工商学院建筑系中分别担任系主任,在京津两地为中心的北方建筑教育界具有重要影响。

4. 广东省立工业专科学校和勤勤大学建筑系

随着1920年代末中国中部和北部几个地区相继成立大学建筑系,1930年代初,中国南部城市广州也开始了大学建筑教育的尝试。

1930年代初,广东在国民党元老派人士统治下呈现出一系列近代化的显著变化。有关研究曾对当时的发展状况作了如下归纳:"(1)中心城市的市政改革和城市规划取得突破性进展,一系列城市规划的总体纲要在各中心城市颁布并实施;(2)在陈济棠振兴地方经济的政策督导下,岭南各地经济繁荣,房地产业兴旺发展,市民房屋报建数量逐步递增;(3)以广州西村士敏工厂为核心的近代建筑工业逐步形成规模生产和经营;(4)许多大型公共建筑相继落成,岭南近代建筑进入成熟的发展时期。"❷建设事业的兴旺发达使得相对紧缺的建筑专业人才的培养逐渐得到重视。

此时的广州政府处于与南京国民政府对抗之中。1931年5月中旬以后,与蒋介石有矛盾的国民党内各派系,如汪精卫的改组派,孙科的太子派,李宗仁的新桂系以及古应芬、邓泽如、萧佛成等元老派,邹鲁的西山会议派等国民党派别于广州举行国民党中央执监委员会非常会议,另成立国民政府,与南京的蒋介石政府对抗。这就是民国历史上的"宁粤分裂"事件❷。广州民国政府认为南京政府已成为蒋介石独裁的工具,他违背了国民党和孙中山的理念。同时广州政府认为他们自己才是已经去世的国民党创始人孙中山的正统传承人,并以此身份与蒋介石政府抗争。于是在广州的城市公共建筑中,也出现了一系列与纪念孙中山有关的建筑物,如中山纪念堂,纪念碑等,与南京政府的中山陵争夺正统性形象。

---

❶ 沈振森,《中国近代建筑的先驱者——建筑师沈理源研究》,天津大学硕士学位论文,2002年3月,10、54页。
❷ 彭长歆,广东省编,《勤勤大学建筑工程学系教学体系述评》(未发表)。

1927年陈济棠统一了广东军政，使经济、社会、治安等得到平稳和迅速发展，开创"陈济棠主粤年代"。他在1931年11月广州国民党第四次全国代表大会上，为纪念国民党元老古应芬（别名勷勤）先生的功绩，创建了勷勤大学，校长由广东省长兼任。勷勤大学下辖教育学院、工学院和商学院，其中工学院计划以广东省立工业专科学校为基础进行组建。❶

广东省立工业专科学校的历史可以追溯到民国初年工艺局附设的工艺学校。工艺学校形成一定教育规模后，改为广东省第一甲种工业学校。1924年该校曾一度属于中山大学，为其工专部，后又归省立。1925年2月，学校奉令改称为广东省立工业学校，秋后再招专门学级学生，改称广东省立工业专门学校。1930年奉教育部令改称广东省立工业专科学校❷。当时该校只有土木工程、机械工程、化学工程三科，修业年限为三年，毕业于法国里昂建筑工程学院的建筑师林克明（图3.2.7）在土木工程科任兼职教授。

图3.2.7 林克明

根据1931年国民党第四次全国代表大会组建勷勤大学的决议，1932年7月起，广东省立工专开始着手筹备改组事宜。林克明"鉴于当时建筑设计人才奇缺"，"国内各重点大学，除中央大学建筑系外，其他只有土木系而没有建筑系"❸，向校方建议设立建筑工程系，得到了校方同意，并被任命为建筑工程系教授兼系主任，负责筹备新立的建筑工程系。

对成立建筑系的原因，广东省立工专的校刊上作了进一步具体阐述："建筑工程学系为适应我国社会需要而设，盖建筑土木两种人才在建筑上之需要，均属迫切，按欧西文明国家，此两种人才之数量，颇为均等，我国各大学则以设立土木工程科者为多，其设立建筑工程科者偏少，就本省论，如中大、岭南民大等校，均有土木科设立，且有相当成绩；惟建筑则付阙如。如目前求找建筑人才，仅有海外留学毕业生数十人而已，在此种情况之下，省内求学者即欲研究是科，亦无从学习，而社会上复不明了研究建筑与土木者之各有专长专责，往往以建筑事业委托土木工程师办理，而土木工程之执业者，遂兼为建筑工程之事业，越俎代庖，原非得已。本校感觉此种缺点，故是从根本上补救之也。"❹

1932年秋，省立工专依照大学课程标准，添建建筑工程系，并开始招生。1933年8月，省立工专完成改组，并入勷勤大学成为工学院，下辖机械工程学、建筑工程学、化学工程学三系。由于1932年省立工专组建的建筑系是筹建勷勤大学的准备，

---

❶ 彭长歆，《勷勤大学建筑工程学系与岭南早期现代主义的传播和研究》，见《南方建筑》，2002年。
❷ 勷勤大学编，广东省立勷勤大学概览，1936年。
❸ 林克明，《建筑教育、建筑创作实践六十二年》，见《中国著名建筑师林克明》，科学普及出版社，1991年9月，1页。
❹ 广东省立工专教务处，《广东省立工专校刊》1933年7月。

且完全按大学计划设置,因此可以认为1932年成立的广东省立工专建筑系是继中央大学、东北大学和北平大学后第四个新成立的大学建筑系。

1932年8月省立工专招收建筑工程系第一班学生,录取36名,但由于各种原因,1936年只毕业了10人❶。从1937年的《广东省立勷勤大学概览》中可以看到当时建筑系的规模:四年级24人(1933年入学),三年级27人,二年级27人,一年级30人。1932~1937年间,学校一直比较平稳地发展,以上学生人数也显示出建筑工程系已达到一定规模。1936年、1937年共毕业了两届学生。

1932~1935年间,工学院一直在广州市西村原广东省工业专科学校校园内。1935年,勷勤大学新校址在广州南部松岗落成,学校规划和设计者为林克明。建筑系随工学院一同迁入新校址后,进入一个更加活跃的时期。同年师生们举办了作品展览会并编纂了专辑,1936年又由系中几名学生领头,开始创办《新建筑》杂志,并聘请林克明、胡德元等老师为顾问。

勷勤大学建筑工程系经历了几年的持续发展,不久后抗日战争的爆发使学校的教学中断。在日军的轰炸下,勷勤大学被迫解散,建筑工程系并入广州中山大学,并随之迁移至内地,艰难地延续下来。

(三) 各建筑院系在教学上的自由探索

20世纪20年代末、30年代初期国内四所大学建筑系的建立,标志着中国开创了较为系统全面的高等建筑教育事业。由于该学科教育在中国尚属于首创,并没有一套成熟的方法作为直接指导,因此建筑教育创立者们都在进行各自独立的积极探寻。他们大多直接依照自己曾经接受的建筑教育方法创建各自的教学体系。由于这些创立者们的留学教育背景各不相同,各自的实际执业经验又促成了他们对建筑学科的不同理解,因此初期各校建筑系的教育模式带有彼此不同的鲜明特点。该时期交流渠道的不畅、统一参照系的缺乏也令各个学校建筑教育的探索更加独立和自由。

要深入而系统地理解各个学校的教学方式和特点,必须先剖析组成教学的各类课程之间的相互关系及其对培养设计能力的作用。从当时的情况来看,若将建筑设计人员作为培养目标,建筑教学的专业课程除公共基础课外大致可以分成四类,分别为绘画课程,技术课程,史论课程,以及作为核心的设计课程。绘画、技术和史论,作为支持设计的三大基础板块,各自对设计能力培养产生作用。

(1) 绘画课训练学生对物体的色彩、质感、形体等各种视觉要素的感觉和表达能力,使图形成为学生设计过程中思考和表达的媒介(该部分课程包括基本制图训练和美术训练)。

(2) 技术课作为支持建筑设计的物质要素,其课程培养学生对所设计建筑的物质基

---

❶ 胡德元:《广东省立勷勤大学建筑系创始经过》,见《南方建筑》,1984年4期。

础层面的把握能力。

（3）史论课是培养学生设计构思的理论思想要素，也是启发其设计思想的源泉。其中，理论课对设计引导更加直接一些，而历史课则提供文化背景，作为设计者形成自身设计理论的潜在资源。

（4）设计课程则是将这些基础思维逐渐带入设计之中的训练操作。

当然几个基本板块课程并非是完全独立地产生作用，彼此之间也存在着相互影响（图3.2.8）。例如：绘画课程中对古典形体的精心临摹，会使古典的美学特征影响学生形象思维而使其带有史论课的特点；技术课程对材料科学性能的探索也会对学生产生一定形象思维方面的影响，从而体现出史论类课程的作用；另外，技术课程也可能对制图方法产生影响，引起表达及形象思考方法的变更等等。因此，在具体课程进行中，这三个板块相互交叉作用，并与设计课一起形成一个互相渗透的完整系统，在各校建筑教学方法的不同安排组合下，产生各不相同的效果。

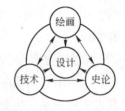

图3.2.8 课程关系图

各校建筑教育各有特点。相比较而言，早期的北平艺术学院和东北大学的建筑教育比较重视艺术设计，东北大学还兼重史论；中央大学兼重艺术、设计、技术和史论，勷勤大学比较重视技术和设计。

1. 东北大学和北平大学艺术学院——重视绘画和艺术课程倾向

东北大学和北平大学艺术学院，两校的共同特点是绘画和艺术课程的分量在整体课程中所占比例很重。

东北大学课程表（课程名称后数字为学分）　　　　　表3-3

公共基础课程部分		一年级	二年级	三年级	四年级（图案组）	四年级（工程组）
公共基础课程部分		国文4、英文6、法文6	法文6			
专业课程部分	设计	建筑图案4	建筑图案14	建筑图案16	建筑图案20	
		阴影法2	透视4			
	绘画	徒手画5	炭画4	水彩画4 炭画4 雕饰4	人体写生4 水彩画4	
	史论	西洋建筑史4	东洋建筑史6	东洋绘画史4 西洋美术史2	东洋雕塑史4	东洋雕塑史4
		建筑理论4				
	技术及业务	建筑则例2 应用力学8	石工、铁工6 图解力学3 应用力学3 材料力学8	木工6 暖气及通风2 装潢排水2	营业规例2 合同估价2	工程设计16 工程理论6 石工基础6 钢筋混凝土6 营业规例2 说明书2
论文					论文6	论文6

资料来源：童寯：《建筑教育》（1944年写于重庆），《童寯文集》（第一卷），中国建筑工业出版社，2000年12月，115页，笔者重新分类。

从东北大学的课程表(参见表3-3)可以看出,建筑设计组的绘画课贯穿了整个四年的课程体系。绘图课程除了阴影法、透视一类属机械作图方面训练之外,设置了徒手画(5学分),炭画(4+4),水彩画(4+4),雕饰(4),人体写生(4)一系列纯美术表现课,而且所占学分比重也很大,占了总专业课学分的18.5%,若连阴影、透视都包括在内则达到22.3%。此外,设计课(建筑图案)比重也十分大,在四年中分别为4、14、16、20学分,学分总数达到了专业课学分比例的34.4%,而技术课所占比例只有28%。

除直接的绘画课外,若同时考虑建筑图案课中学生需要花费大量时间制作渲染图,绘画所占的实际比例还会加大,技术课程更加显得不受重视。对此,1930年东北大学建筑系学生张镈曾回忆:"因为建筑设计课较多,经常日夜在大图房赶图,给技术课留下的自修和复习时间较少,以能及格升班为目标,从一开始就有了重艺术,轻技术的倾向"。同时,老师在指导时,也同在宾夕法尼亚大学一样,"十分重视构图原理,师法'学院派'在比例尺度、对比微差、韵律序列、统一协调、虚实高低、线角石缝、细部放大等方面的基本功训练"❶。学生通过这些训练建立起的形式感多以古典抽象美学规则为基础,技术课程所能培养的以材料、技术、构造的合理表达为基础的形式观念很难在学生思想中根深蒂固。技术课多半成为可有可无的或只能服从于抽象形式的次级课程。

该校建筑教学的另外一个特点是相当注重史论课。课程不仅内容包括建筑理论和历史理论,历史中还进一步细分了西洋建筑史(4学分),东洋建筑史(6学分),西洋美术史(2学分),东洋绘画史(4学分),东洋雕塑史(4学分),涵盖东西方建筑、艺术等各方面,可见该系对培养学生艺术文化修养的重视。不过由于这些历史课程多为古典优秀作品的介绍,且鉴于当时的历史研究水平,介绍多停留在样式、形态方面,因此学生们进一步强化的是他们设计方面的古典艺术性思想。

东北大学建筑教学的特点有其直接的原因。由于创建该系的梁思成、林徽因夫妇刚刚从美国宾夕法尼亚大学毕业,没有受到其他思想的太多影响,因此他们基本照搬了宾大典型的美国学院式教学模式。"所有设备,悉仿美国费城宾夕法尼亚大学建筑科"❷,宾大重绘画、重艺术的思想也在东北大学得到全面的体现。对比宾大与东北大学的课程(参见表3-4),可以看出后者模仿前者的明显痕迹。甚至东北大学还沿袭了宾夕法尼亚大学所盛行的"图案限期交上,集合比赛而各教授甄别给奖"这种颇有巴黎美术学院特点的做法。

注重史论课一方面是美国学院式体系直接影响的结果。当时盛行的新古典主义和折衷主义手法已经将历史建筑作为了新设计的样式库,历史课在建筑教学中具有较高地位,因此东北大学的建筑课程中也给予历史以足够的重视。另一方面,梁思成本人

---

❶ 张镈:《我的建筑创作道路》,中国建筑工业出版社,1997。
❷ 童寯,《东北大学建筑系小史》,见《中国建筑》,1931年第一卷。

第三章 中国现代建筑教育的开端——1952年前院校建筑教育

宾夕法尼亚大学建筑系与东北大学建筑系课程比较　　表 3-4

The Curriculum of U. Penn School of Fine Arts(1927)①	东北大学建筑系课程表(1928)②
Technical subjects：	
Design	图案
Architectural Drawing	图画
Elements of Architecture	
Construction	营造法
Construction	
Mechanics	应用力学
Carpentry；Masonry；Ironwork	铁石式木工
Graphic Static	图式力学
Theory of Construction	营造则例
Sanitation of Building	卫生学
Drawing	
Freehand	炭画
Water Color	水彩
Historic Ornament	雕饰
Graphics：	
Descriptive Geometry	图式几何
Shades & Shadows	阴影
Perspective	透视学
History of Architecture	
Ancient；Medieval；Renaissance；Modern	宫室史(西洋)
	宫室史(中国)
History of Painting and Sculpture	美术史(西洋)
	东洋美术史

资料来源：①②赖德霖，《梁思成建筑教育思想的形成及特色》，见《梁思成学术思想研究论文集》，1946～1996，中国建筑工业出版社，126 页。①转引自：U. Penn：Xu Subin(徐苏斌)："Chinese Foreign Students in Japan and America and the Development of Modern Architectural Education in China"，Newsletter，The Institute of Asian Architecture (Japan)，Vol. 6，No. 1，Dec. 1993；②转引自："东北大学建筑系课程表"，载于《东北大学概览》，1929 年 3 月刊行。②是 1928 年梁思成夫妇刚进大学时草拟的课程表，后来的课程表(表 4-3)推测是他们在此课表基础上的进一步修改后的实施计划。

对于历史研究的兴趣，也是促成他在教学中重视史论课的原因。梁思成在气质上更接近于一个建筑历史学者，他最主要的兴趣在于对中国建筑历史的研究，这里既有个人天生的偏好因素，也是当时中国知识分子普遍心态的反映——要赶在日本人和西方人之前研究出自己国家的建筑历史。所以他在本科毕业后进入哈佛大学攻读历史硕士学位，回国后也一直从事中国建筑历史研究。他所具有的深厚的历史功底使他看待和理解建筑具有独特的视角，与此相应，他在教学中也十分强调史论方面的课程。

但是，由于此时西方建筑历史书籍大多只写到资本主义社会早期，而对于当时已经在欧洲和美国出现的现代主义思潮并没有系统介绍，因此，虽然史论课占有很大的比重，却并未提供系统的有关现代思想的讲解，而是更加增强了古典建筑的分量。

梁思成在组织东北大学建筑系教学的时候，还有一个与众不同的特点。他原计划将学生在四年级时分为图案(设计)和工程两组，各自侧重于不同方向(参见表 3-3)。他为图案组安排了更多的设计和绘画课程，而在工程组第四学年集中设置了多项结构技术类课程，使得工程组四年课程体系中技术课比例大大提升。可见，梁思成心目中培养学生的目标有偏重艺术和偏重工程技术之分。可以认为，他试图将图案组学生培养为具有深厚艺术修养的理想型设计人才，而将工程组学生培养为面对建筑实践市场的精通技术、更趋于实用型的人才。

但是，在实际教学中学生是否曾经分组教学还没有进一步证据说明。由于东北大学不到三年就被迫中断了正常教学，学生人数本来也不多，真正完成全部学业的只有后来去上海的两届学生，因此学生可能大多还是以图案组的方式来进行培养的。虽然这种多方向培养的计划可能未曾实现，但它似乎一直在梁思成的教育思想中有所延续，并反映在后来他参与的教学计划中。

北平大学艺术学院建筑系开始的教学中也明显具有注重艺术绘画课程的特点，这可以从该系当时课程体系中艺术绘画课程的比重上看出（参见表3-5）。

北平大学艺术学院建筑系课程表（1929）　　　　　　　表 3-5

		预　科	一年级	二年级	三年级	四年级
普通基础课		国文、英文、代数、大代数、几何、三角、解析几何	国文、英文、解析几何、微积学分	国文、英文、法文	法文	
其他基础课					经济学 法律学	
专业课	绘图课	用器画 书法 木炭画	测量、投影几何 木炭画 水彩画	制图几何 木炭画 水彩画	木炭画 水彩画	木炭画 水彩画
	设计课	建筑图案	建筑图案	建筑图案	建筑图案	建筑图案 建筑装饰
	史论课	西洋美术史				建筑史
	技术课		建筑工程	材料耐力学	材料耐力学	地质学①

资料来源：转引自赖德霖，《中国近代建筑史研究》，清华大学博士论文，2～23页（参见附录A附表3）。笔者重新分类。

①原资料中地质学课程未列出开课学年，根据上下文暂猜测为四年级，真实情况待考。

从该建筑系1929年的课表来看，贯穿从预科到四年级的书法、绘画课程充分体现了该系位于艺术学院之中的特点。建筑系的教师大多曾留学于法国，其教学方法正如系中第一届学生黄廷爵所言，"多一半学法国的方法"❶。法国是学院式教育的大本营，留学法国的人士深受影响，所以他们安排的课程十分偏重绘画和设计课。

建筑系身处艺术学院，又有如此大量的美术课程，自然其教学特点明显偏重艺术。但是，即使如此，也不能完全否定教学中对技术方面的一定重视，虽然开设技术课程很少，但正因为是在艺术学院中，美术方面课程可完全由其他系的教师承担。因此，建筑系的教师反而常以技术方面见长，多由在事务所中执业的建筑师担任。这多

---

❶ 徐苏斌：《比较·交往·启示——中日近现代建筑史之研究》，天津大学建筑系博士论文，1991，14页。

少也平衡了一些向艺术方面的过度倾斜。同时，也正因为这些建筑教师的执业背景，使得后来的教学方向也逐渐产生了向工程技术方面的偏移，并在某种程度上支持了该系后来中断后、又在工学院复兴的命运。

与其他学校比较，该建筑系课程中除了技术课程比例不高外，史论课也明显很少。除了预备班的西洋美术史之外，只在四年级设置了一门建筑史课。这种缺乏理论和文化背景的设计教育也是法国"画室制度"为基础的艺术院校教育的突出特点之一。在法国学院式建筑教学中，教师们通常教给学生基于固定的几个罗马及文艺复兴建筑杰作之上总结和提炼的抽象构图原则，而并不太欢迎引入历史上其他众多建筑的介绍，害怕由此引起经典构图原则的混乱。这使得历史课直到很晚才引入法国建筑教学之中。类似状况在美国也曾经发生，美国是在折衷主义兴起以后才改变了这一状况。北平艺术学院一方面受法国传统的教学方法影响，另一方面其教师的执业背景使其更注重工程实践，因此，该校在培养建筑师的过程中对于历史和理论等方面的教学并不重视。

虽然东北大学和北平艺术学院在课程上都十分重视艺术绘画课程以及设计课程，但是由于各自教育者的不同背景：一为学者，一为实践者，因而两校的建筑教育仍存在很多不同之处，这在史论课程的重视程度方面表现尤其突出。

2. 早期中央大学建筑系——绘画、技术、史论兼顾

与其他几个大学的建筑系相比较，早期中央大学建筑系的教学对绘画（艺术）、技术、史论三个方面都比较重视。将1928年中央大学建筑科与原苏州工业专门学校建筑科的课程设置（参见表3-6）相比较可以发现，它既继承了原苏州工专建筑科教学注重工程技术的特点，又在此基础上加强了绘画、史论等方面的教学。

苏州工业专门学校、中央大学建筑科教学课程比较

（括号内数字为开设年级，括号外数字为学分） 表3-6

		苏州工业专门学校(1926)[①]	国立中央大学(1928)[②]
公共课部分		伦理(1,2,3)、国文(1,2,3)、英文(1)、第二外国语(2,3)、微积分(1)、高物理(1)、体育(1,2,3)	语言学 Foreign Language(1)，6 微积分 Calculus(1)，6 物理 Physics(1)，8
其他基础课		经济(3) 簿记(3)	经济原理 Principle of Economics(4)，6
专业课部分	技术及基础课	地质(1) 应用力学(1) 材料力学(2)	地质 Geology(1)，1 工程力学 Engineering Mechanics(2)，5 材料力学 Strength of Materials(2)，5
		建筑材料(2) 洋屋构造(1) 中国营造法(2)	构造材料 Materials of Construction(4)，3 营造法 Building Construction(2)，2 中国营造法 Chinese Building Construction(3)，2
		铁骨构架(3) 铁混土(2,3) 土木工学大意(2)	铁筋三合土 Reinforced Concrete(3)，4 结构学 Theory of Structure(3)，2 工程图案 Structural Design(4)，9 土石工 Masonry Construction(4)，3

续表

		苏州工业专门学校(1926)①	国立中央大学(1928)②
专业课部分	技术及基础课	卫生建筑(2)	供热、流通、供水 Heating, Ventilating, Plumbing(3), 1 电光电线 House Wiring & Sighting(3), 1
		测量及实习(2, 3)	测量 Surveying(1), 3
		金木工实习(1)	材料试验 Materials Testing(4), 2
		施工法及工程计算(3) 建筑法规与营业(3)	建筑师职务 Professional Practice(4), 2
	史论课	西洋建筑史(1, 2, 3) 中国建筑史(3)	建筑史 Architectural History(2, 3), 4
			文化史 History of Civilization(1), 1 美术史 History of Painting, Sculpture(4), 1
			建筑组构 Architectural Composition(3), 2 建筑大要 Elements of Architecture(1), 1 古代装饰 Historic Ornaments(2), 2
	绘图课	投影画(1) 规矩术(2)	投影几何 Descriptive Geometry(1), 3 阴影法 Shades & Shadows(1), 2 透视法 Perspective(2), 2
		美术画(1)	西洋绘画 Drawing & Painting(1, 2, 3), 3+6+6 建筑画 Architectural Drawing(1), 2 泥塑术 Clay Moulding(3), 2
	设计课	建筑图案(1) 建筑意匠(2, 3)	初级图案 Elementary Design(1), 2 建筑图案 Architectural Design(2, 3, 4), 12+10+12
		内部装饰(3) 庭园设计(3) 都市计画(3)	内部装饰 Interior Decoration(4), 2 庭园图案 Landscape Design(3), 2 都市计划 City Planning(4), 2
		建筑实习(2, 3)	

资料来源：①潘谷西、单踊：《关于苏州工专与中央大学建筑科——中国建筑教育史散论之一》，见《建筑师》第90期，1999年；②国立中央大学编，《国立中央大学一览》(1928年9月)。

中央大学继承了苏州工专比较全面的技术课程，甚至有些结构课程更加细化。同时它也根据大学不同于大专的培养目标，取消了施工法一类针对施工配合方面适用于监造人员的课程。由此可见作为培养高级设计人才的机构，中央大学针对自身培养目标，给予了工程技术方面足够的重视。

除了关注工程技术教学之外，作为第一个大学建筑系，中央大学建筑系还给予了绘画、史论方面更多的重视，这比起原苏州工业专门学校来说，有着很大的不同，体现了综合性大学的教育特点。

首先，中央大学课表充分显示出它对绘画课程的重视。除了基础的制图课程外，前三年贯穿了包括素描和水彩在内的西洋绘画课程，同时还有单独的建筑画以及泥塑课(参见表3-7)。绘画课程种类的丰富与持续时间的长久，与原苏州工业专门学校相比，明显体现出对绘画表现的高度重视。

1928年中央大学建筑系分年级课程计划(课程名称后数字为学分数)　　表 3-7

		一年级	二年级	三年级	四年级
公共及其他基础课部分		语言学6、物理8 微积分6			经济原理6
专业课部分	设计课	初级图案2	建筑图案12	建筑图案10 庭园图案2	建筑图案12 都市计划2 内部装饰2
	绘图课	阴影法2 投影几何3	透视法2		
		西洋绘画3 建筑画2	西洋绘画6	西洋绘画6 泥塑术2	
	史论课	文化史1	建筑史2 古代装饰2	建筑史4	美术史1
		建筑大要1		建筑组构2	
	技术及业务课	测量3 地质学1	工程力学5 材料力学5 营造法2	结构学2 铁筋三合土4 中国营造法2 供热、通流、供水1 电光电线1	工程图案9 土石工3 构造材料3 材料试验2
					建筑师职务2

资料来源:国立中央大学编辑,《国立中央大学一览》(1928年9月)。

其次,绘画课程分量加重的同时,史论课程也有明显的加重,中大不仅增设了建筑组构一类的设计理论课,还设置了建筑史、文化史、美术史等门类齐全、范围更广的历史课程,使得设计教学建立在更坚实的文化和理论的基础上,突出了综合性大学建筑系注重思想理论性和文化性的教学特点。

此外,作为核心课程的建筑设计课也同样得到了强化。分别贯穿于一、二、三、四学年的初级图案和建筑图案课不仅学分数量多,而且还有建筑大要及建筑组构一类的理论课程对设计加以指导;同时,内部装饰、庭院设计、都市计划这三门相关设计课也都得到了延续。设计课程也与绘画和史论课程一起,在早期中央大学建筑系得到了进一步加强。

早期中央大学对绘画、技术、史论三个方面的同时重视,可以在它和同期中国其他建筑院校的课程类型比较中看出(参见图3.2.9)。对比于东北大学和北平大学艺术学院,中央大学的技术课程明显增多,在课程种类上基本接近了东北大学工程组的技术课程,其近三分之一的比重远远超过了东北大学图案组及北大艺术学院的同类课程。在史论课方面,中央大学和东北大学都给予了足够的重视,课程明显多于北平大学。而在绘画课及作为核心的设计课方面,中央大学与东北大学及北平大学一样,都具有足够的分量。

早期中央大学教学兼顾技术和艺术特点的形成,与教学计划制定者有直接关系。建筑科(系)主任刘福泰为美国俄亥俄州立大学建筑学硕士,他所受到的建筑教育对他

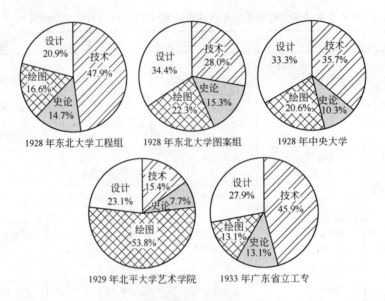

图 3.2.9　各校建筑课程类型总学分比重
注：北平大学艺术学院建筑课程表没有标明学分，因此比例按照课程门数确定。

所制定的课程计划有着直接的影响。在他留学时期，美国建筑教育正由学院式方法占主导地位，这种教学方法对绘画技能及古典美学原则的重视，使得他在制定中央大学教学课程中，加强了绘画课程和相关理论课程的比重。

虽然俄亥俄州立大学建筑系不乏对绘画和古典艺术理论的重视，但是由于该校地处美国中西部地区，相对于东部沿海的一些大学来说，受法国纯正的理想主义艺术学院教学方法的影响要稍微轻一些，该校特点更多具有美国自身教育传统中对技术的重视。刘福泰后来在中国的教育实践中不但受此倾向影响，而且也受到注重技术课程的苏州工业专门学校的教学传统的强化。因此，早期中央大学的课程设置不但具有学院式重视绘图及古典原则培训的特点，也具有重视工程技术的特点。

实际教学中艺术与技术兼顾的特点也有所体现。由苏州工专建筑科转入中央大学的学生张镛森回忆："当时（1927 年）建筑科 4 年，课程设置较重视工程技术，但在设计教学上继承欧美各种学派，可以说是技艺并重、无所偏废……主要仿美伊利诺大学建筑系教学体系"❶。

留学于不同国家，具有不同教育背景的教师们是技艺并重特点的强化者。留学于美国宾夕法尼亚大学的卢树森和系主任刘福泰在教学中体现出美国学院式教学的影响；而曾留学于柏林工业大学的教师贝季眉重视技术构造，被学生誉为"教学上颇有包豪斯之风"。同时，技术类课程由建筑系教师（刘敦桢、卢树森、贝季眉）担任，并非像后来出现的那样常常由土木系教师任教，也会在某种程度上显示该类课程对于专业

---

❶ 张镛森遗稿，王蕙英整理，《关于中大建筑系创建的回忆》，《东南大学建筑系成立七十周年纪念专集》，1927～1997，中国建筑工业出版社，1997 年 10 月，225 页。

教育的重要性。张镈在《我的建筑之路》中曾指出过中央大学早期教学的自由和多样化："……中大师资更多、更广、更强，但是没有形成团结一致的核心，各自为政。"他的这段评述，粗略看来似乎有些贬义，但恰好从侧面展示了早期中央大学建筑教学的自由多样性。这种自由和多样性确保了该系对技术、绘画、史论等各个方面的兼顾。

3. 广东省立勷勤大学——重视技术和实践

广东省立勷勤大学与前三个学校比较，具有明显的重视技术和实践的倾向。这一点，从它的课程设置之中可以看出来。

由于1933年的广东省立工业专科学校建筑系为组建勷勤大学建筑系作全面准备，课程完全按照大学建筑系要求设置，因此，可以认为此时的建筑课程基本上就是勷勤大学建筑系初期的课程安排。

从广东省立工业专科学校建筑系1933年课程设置（参见表3-8，即勷勤大学建筑系的初期课程）来看，绘图课程的比重明显低于同时期的其他几所学校。绘图类课程除作图课程外，只有在一年级的图案画、自在画和模型，以后长达三年的时间中都一直没有美术课程。可见该系只把美术绘画当作入门阶段的基础训练，并不特别强调。

1933年广东省立工业专科学校建筑课程计划（课程名称后数字为学分数）　　表3-8

		一年级	二年级	三年级	四年级
公共及其他基础课部分		英文 4 数学 4、物理 4	英文 4 微积分 4	英文 4	英文 4
专业课部分	设计课	建筑图案设计 3 建筑及图案 3	建筑图案设计 8	建筑图案设计 8	建筑图案设计 8 都市设计 4
	绘图课	画法几何 4 阴影学 1 图案画 4 自在画 3 模型 2	透视学 2		
	史论课	建筑学原理 4 建筑学史 2	建筑学原理 6 建筑学史 4		
	技术及业务课	材料强弱学 2	材料强弱学 4 应用力学 4 测量 4	建筑构造 8 建筑材料及试验 4 构造分析 4 构造详细制图 4 钢筋三合土 4	钢筋三合土学 6 构造详细制图 4 水道学概要 2 估价 2 建筑管理法 2 建筑师执业概要 2

资料来源：广东省立工专教务处，《广东省立工专校刊》1933年7月，笔者重新分类。

同样，史论课的比重也比较低。除了对设计密切相关的理论课——建筑学原理还有一定的重视，分别在第一二年中给予了4学分和6学分的相对较高的分数外，对历史课不太重视。该系只在第一二年中分别设置了2学分4学分的建筑学史课，历史课程学分只占到专业课总学分的 4.9%。其他几个学校的该项比例分别为：中央大学 7.9%，东北大学图案组 12.7%、工程组 12.3%。由此可见，相对于其他学校广东省立工业专科学校建筑系对历史教学的重视程度很低。

在对绘画和史论课不太看重的同时，该校将绝大部分注意力集中在了技术课程以及核心课程——设计课上。这两门的总分分别占据了专业课程的 45.9% 和 27.9%。如果将直接指导设计的建筑学原理也看成是设计课的一部分，后者的比例将达到 36.0%，而技术和设计课两者之和将达到 81.9%，占了课程的绝大多数。由此，该校课程重视技术和实践的特点得到了清楚的体现。

勤勤大学重视技术和工程实践的倾向是和他的教师队伍的特点密切相关的。建筑系最初成立时（广东省立工业专科学校时期），教师队伍主要来自原土木工程系教师，建筑科出生的教师仅林克明、胡德元两位教授，其余教师大多为土木科出身（参见表 3-9）。因此，林克明与胡德元的教育背景和建筑思想对教学体系的形成产生了重要影响。

1933 广东省立工业专科学校土木工程学系教师组成 表 3-9

	姓名	学 历	履 历
土木科教授	林克明（系主任）	法国里昂建筑工程学院建筑科	法国里昂大学建筑学院建筑工程科建筑师，曾任汕头市政府工程科长，广州市工务局建筑股主任兼技士，中山纪念堂顾问，改建黄花岗建筑委员
	胡德元	日本东京工业大学建筑科毕业	日本东京清水组现场监督
	麦蕴瑜	上海同济医工大学土木工程师、德国工科大学土木工程师	广东省公路处工程点，广州市公务局建筑课课长，广东省建设厅南路公路处处长
	陈崑	唐山交通大学土木科	广西建设厅技士，镇南区公路总局工程师，荔修路公路公处主任，广东西村土敏土厂工程师，工务局技士
土木科讲师	陈良士	美国康奈尔大学土木工程师，市政工程硕士	上海复旦大学、东华大学、北平大学等校教授，京海铁路工程师，汕头市代工务局长，广州自来水管理委员会工程课课长
	潘绍宪	美国奥华（俄亥俄）省大学工科博士，美国米西干（密歇根）省大学工科硕士	
	李文邦	—	
	沈祥虎	美国伦敦大学矿科工学士	农专高师等校教员，广东大学、中大及民大教授
	陈锡钧	美国美术学校，意国美术学校	曾在美国担任雕刻教授，广州市美术学校雕刻教授
	梁文翰	不 详	
图案画讲师	楼子尘	日本粟木图案馆分馆毕业	曾任浙江省立第一中学艺术科主任，上海三余工业社图案技师，广州市美术学校图案系主任兼市立工科高级中学教员

第三章 中国现代建筑教育的开端——1952年前院校建筑教育　61

续表

	姓名	学　历	履　历
自在画讲师	王昌	上海美术专门学校	武昌美术专门学校
土木科教员	温其濬	天津北洋大学高等科毕业，美国华毡尼亚大学土木科毕业	江苏省铁路学校教务长，上海工业专门学校土木科主任教员，粤汉铁路工程师，广东工务局工务课长，湖南公立工专土木科教员，广东铁路专门学校校长，建设厅韶坪公路技士，岭南大学、国民大学教授
	李达勋	上海复旦工科学士	广州市建筑工程师
	唐锡畴	国立同济大学土木学院毕业	曾任广东省建设厅及工务局技士，工务局修缮股主任

资料来源：广东省立工专教务处，《广东省立工专校刊》1933年7月；彭长歆，《广东省立勤勤大学建筑工程学系教学体系评述》（未发表），华南理工大学，2004年1月。

　　林克明毕业于法国里昂建筑工程学院。"这所学校是学院派建筑教育的大本营，巴黎高等美术学院建筑科设在里昂的分院……设计教学仍承延着学院派的折衷主义。"❶当时任课的教师都是具有学院派思想的建筑师，治学严谨。"林克明所师从的正是里昂一位具有类似特点的总建筑师Tony Garnier，他深受其老师的影响。

　　虽然林克明有着深厚的学院式教育背景，但是在他求学之时，巴黎已经开始有了现代建筑思想的萌芽。即使这时的现代思想还大多只是停留在简化装饰或以几何图案装饰的层面，但新风潮已经深刻影响了林克明等正在求学的建筑系学生。同时他在回国后，又有着长期担任工务局设计课（科）技士的经历，曾协助和主持了不少实际工程，这些经历促使他比较注重实用人才的培养。而原广东工专土木科的教学经历也进一步强化了这种重工程技术和实践的倾向。因此，具有学院式教育背景的他转向注重实践的教学方法也能够得到理解。

　　除了林克明自身的转变，勤勤大学建筑系另一位重要的建筑教师，1929年毕业于日本东京工业大学建筑科的胡德元，也是促进这种转向的重要推动因素之一。胡德元就读建筑专业时，日本已经受到了现代建筑思潮的影响（参见第二章第一节）。东京工业大学（原东京高等工业学校）注重工程技术的传统特点也对胡德元的建筑思想产生了重要作用。加之他曾在日本东京清水组任职❶等工作经历，使得他在协助建立勤勤大学的建筑教学体系中，十分注重技术和实践方面的教学，令该建筑系具有十分鲜明的特点。

　　除了林克明和胡德元的建筑和教育思想以外，勤勤大学建筑系由广东省立工业专科学校土木系改组而成的客观情况也是课程偏重技术的重要原因。当初组建省立工专建筑系时，完全依靠原土木科的师资基础，就连林克明和胡德元也是原土本科教师。新建筑系成立时吸收了原土木科大多数教师，却由于种种原因，并没有新增建筑专业

---

❶　彭长歆：《广东省立勤勤大学建筑工程学系教学体系评述》（未发表），华南理工大学，2004年1月。

出身的教师，只增加了一些美术教师。因此该系的土木技术基础十分强大。这一客观因素的存在，也促使教学体系具有更强的技术性特征。

(四) 实用型学院式教学基础模式

以上几所学校的教学有着各自不同的倾向和侧重点，但是基本上还是建立在学院式基本教学方法的基础上，这是因为早期几所学校建筑教育创建者都有着学院式教育背景。东北大学梁思成、林徽因留学的宾夕法尼亚大学是美国学院式教育的颠峰学校；中央大学刘福泰留学的美国俄亥俄大学当时也是以学院式教学方法为基础的，即使它并没有宾夕法尼亚大学那样纯正；北平大学艺术学院曾经留学法国的建筑教师们毫无疑问都有学院式的坚实根基，更不用说该系还设立在留法的美术家开办的艺术学院中；甚至在十分重视技术和实践的勷勤大学中，系主任林克明严格的法国学院式功底也会让他的教学或多或少带上一些此类方法的影子，例如该系课程中的建筑原理课讲授的仍是学院派的设计法则，其核心内容是 Architectural Composition 等等。

鉴于法国学院式建筑教育体制是世界上第一个大规模培养建筑人才的规范化制度，它在世界各国具有广泛的影响（尤其是与此时中国建筑界密切相关的美、法等国），中国建筑教育具有这样的基础并不奇怪。

源自于巴黎美术学院、并经过美国一些院校发展的学院式教学方法，其突出特点是建立在古典美学原则基础上，通过绘画、设计、历史、技术等多方面一系列课程，训练学生运用这些原则进行具有某些使用功能的建筑设计。纯正的学院式教学，着重于古典美学原则的训练以及相关表现和鉴赏能力的培养，让学生的设计作品达到某种艺术上的完美。在这一过程中，功能是次要的，它要服从于完美形式；技术则基本不予以考虑，教师们甚至反对学生在进行设计训练时，考虑技术该如何进行处理。后期经过美国发展的学院式教育，则在工程技术方面有所转变，适当予以重视。不过这种重视也因学校不同而程度不等。

古典美学原则的掌握和运用，作为学院式教育的核心，是通过基础训练、设计练习、绘图训练、历史课程、技术课程等一系列教学过程展开的。

首先，入门的"基础训练"是古典美学原则培养的第一步。这一训练通常在初级图案课程中进行，有的学校还会同时结合一些构图理论课程，多数学校则通过不经讲解的绘图操作进行训练。古典"五柱式"的线描和渲染通常是第一步。学生花费数月的时间和精力，绘制精美绝伦的古典建筑构件图案。他们通过对描绘对象的专注观察和揣摩，体会经典的比例、尺度等美学要素，将其内化为自己心中的美学要素，建立起古典美学感。继构件渲染图之后，学生要进行组合各种古典构件的"大构图训练"。该训练要求学生在掌握基本构件的基础上，通过构图组合，进一步运用古典美学要素，进行简单形体的设计练习，如凯旋门、纪念塔、中式园林小建筑等（如图 3.2.10、图

3.2.11)。通过以上一系列训练过程，老师让学生逐渐认识并掌握这些古代建筑经典的美学原则，为他们今后能够将这些原则运用于设计作好准备。一些学校在绘图练习的同时还加入了一些理论课程，进一步从理性认识方面清晰并强化学生已初步领悟的这些古典美学原则。

图 3.2.10　学生构图渲染作业一

基础训练之后的一系列设计练习，是将所掌握的美学原则引入建筑设计过程中的实际操作训练。当然，牵涉到建筑，必须要考虑到实用方面。因此，如何在满足使用功能的情况下，达到美学方面的完美，便是这一训练着重要解决的问题。在设计过程中，教师对学生进行的指导，也在不断地帮助学生强化这些经典美学原则意识，协助学生解决它们与功能之间的矛盾。学生通过这些经验的积累，培养出和老师同样的能力。

其他几种类型的课程，也从各方面促使学生形成并运用古典美学思想。绘图课程，除了基本制图练习以外，大量的美术课程充分体现了"建筑是艺术"这一学院式基本观点，从思想上给学生们输入美学原理相对于建筑的首要地位。大量的传统美术训练又同时建立了"古典"的正统地位。古典美学原

图 3.2.11　学生构图渲染作业二

则就在这样的练习过程中，潜移默化地在学生心目中巩固起来。当然，美术课还产生了其他一些作用，例如训练学生对形象、材质等物体视觉要素的敏感性和把握能力，但这也是从属并服务于古典原则基础的。

历史课程作为对历史上重要作品的介绍，虽然有时也有对建筑产生背景的介绍，但更多介绍的是被誉为经典的作品，着重让学生了解和熟悉这些建筑。具有学院式教育背景的教师们通常也会提高古希腊、罗马、文艺复兴时代建筑作品的地位。于是学生们在历史课程的熏陶中，进一步培养了古典美学修养，并以历史文化为这一素养奠定了深厚而坚实的基础。

技术课程，由于不和设计直接挂钩，通常只占据从属地位，学生们只需大致了解有关知识。技术与设计的结合多被延迟到毕业后的实习中进行。技术教学的远期目标是作为物质基础，配合和支持塑造理想的建筑形式。因此在学院式教学思想中，技术通常从属于设计，它的课程也是相对独立的，在学科体系中并没有主体地位。

由此可见，学院式教学体系的各类课程训练组成一个有机的整体，其目标在于培养学生以古典美学原则设计各种用途建筑的能力。

中国早期四所学校虽然各自教学特点并不相同，但是都有学院式方法的影子，其美学基础都是古典美学。只是在经过实践和现代思想的冲击后，究竟是美学基础培养更重要，还是实际支持建筑建造的实用技术更重要，在这一方面各学校之间存在着分歧。

对于古典主义美学原理，即使在十分重视技术和实践的勷勤大学，也没有证据表明其完全摒弃了这一基础。勷勤大学教学中，林克明所受的严格的古典训练多少在他的讲课和指导设计时会表现出来；而对于曾就读于东京工业大学的胡德元来说，虽然当时日本建筑界已受现代主义思想影响，但院校建筑教育的学院式方法并未受到根本冲击，至少在基础训练部分和美学原则方面并不会立刻有彻底的改变，这一点必定也会影响勷勤大学的教学。因此，学院式方法中古典美学原则的培养的核心思想同样存在于勷勤大学教学中。

最接近于纯正学院式教学体系的要算东北大学了。该系教学安排了大量基础课程，对绘图能力和掌握古典柱式的要求极高（参见图3.2.12、图3.2.13），同时相关理论、历史、绘画课程对学生培养古典美学观念也有多方协同作用，几位宾夕法尼亚大学毕业的教师在设计指导时贯彻古典美学原则更是十分严格。这些特点足以使该校与欧美正宗学院式教学体系的要求不相上下。

但是，此时中国的建筑教育也并非是纯粹的学院式教育，不少学校的教育都带入了一些实用性色彩，学生在后期的设计练习通常与现实社会需求相联系，也比较重视技术方面的知识，因此可以称之为"实用型学院式"教育，其中比较明显的是中央大学和勷勤大学。而即使是处于艺术学院之中的北平大学艺术学院建筑系也不乏这种类型的部分特征。

图3.2.12　东北大学构图渲染作业一

中央大学教师们具有多种不同教育背景，他们的教学体系除了注重古典美学原则训练，注重美术、史论之外，也有着完整而强大的技术课程的支持；勷勤大学虽然也有学院式的影子，但是由于该系对技术和实践的极端重视，使得它与其他几个学校比起来，相对离学院式体系最为遥远。这突出表现在它美术课程和历

图3.2.13　东北大学构图渲染作业二

史课程[1]学分比重很低，而技术课程比重较高的事实上；北平大学艺术学院虽然也注重绘画训练以及古典美学原则的培养，但是教师们丰富的实践经验使得他们在教学中，同时关注如何利用技术手段实现具有这些美学原则的建筑方案，这与纯学院式方法相比有所不同。

由此可见，中国早期四所大学建筑系在建立之初的教学仍旧建立在学院式基本模式的基础上，由于受到实用性和技术性的影响大小不同，呈现出在艺术和技术之间的不同定位。一些学校由于对技术的偏重，使其教学在学院式模式基础上带有实用性色彩，形成实用型学院式模式。

（五）教学中的民族复古主义思想与现代建筑思想

中国早期四所大学建筑系教学体系建立在西方古典建筑美学思想及学院式模式基础上。与此同时，建筑实践领域的一股强大的思想，中国古典建筑复兴思想（或民族复古主义思想）也对学生的建筑思想产生直接影响。该思潮与学院式思想的某种一致性使它们紧密结合起来。

民族复古主义思想在中国的兴盛具有深刻的社会根源。1920年代末期，中国经过长期的战乱，人心动荡，社会缺乏统一的思想基础和精神支柱，无法应对此时存在的各种急迫的问题。北伐的胜利使中国暂时得到统一，新建立的国民政府急需统一民族思想，以民族和国家概念的强化来团结国民，树立他们的信心，鼓舞斗志，完成未尽的各项事业。

政府为迅速建立新权威，以填补清朝政府倒台以后出现的权力真空，不惜倾尽全力，甚至后来采取了军国主义的极端手段，以求加快统治进程。与这种潮流相一致，政府急需鼓励各种中国传统的复兴，以"民族性"统一国民思想。这其中，他们认为以中国传统建筑形式来进行城市建设是教育民众、加强他们的民族认同感的极其有效的途径，因而大力推广。无论是南京政府，还是与之对抗的广州国民政府都积极采用中国传统建筑形式，配合富有纪念性的西方古典式宏伟规划，全力打造新城市形象。而宁、粤两个处于对抗之中的政府对正统统治地位的争夺则更加强化了此类建设思想。

除了政府方面的需求外，对于同属知识分子的当时的建筑师来说，积贫积弱、百孔千疮的祖国的统一富强同样是他们所追求的目标。这些人都对中国传统文化和艺术具有深厚的感情，将其复兴繁荣与发扬光大看成自己不可推卸的责任。作为兼具中西文化背景的人，他们借鉴中国已有的部分教会建筑的做法，运用西方学院式教育的深厚功底，提炼出中国建筑艺术的特点，将其和西方古典美学思想及新功能相结合，创造符合现代使用要求的带有传统样式的建筑，以满足社会的需求。他们的理想恰好顺

---

[1] 在此时学院式体系下，历史课多半成为古典艺术原则绝对地位的坚实基础。

应了政府的要求，促成了中国复古建筑的盛行。这股风气在政治性建筑中尤为兴盛。中山陵、广州中山纪念馆（图3.2.14）、广州市政府（图3.2.15）、上海市政府等建筑都是其中杰出的代表。在政府的意识形态左右下，这些早期具有政治意义的建筑都是比较彻底的复古，以复杂的大屋顶、斗拱、丰富的彩画等为其主要特点。

图3.2.14　广州中山纪念堂　　　　　　　图3.2.15　广州市政府

各校建筑系的教师们此时当然也同样具有民族复古主义思想。东北大学的梁思成本身就是一个痴迷于研究中国建筑史的学者型人物。他早在美国留学时就立志于斯，选取了中国建筑史的论文研究课题。回国后之所以选择教学工作，也是希望有时间继续此类研究。之后梁思成在营造学社全力投入建筑史研究工作，作出的很多相关研究成果，从侧面推动了实践领域中国传统建筑样式的大量采用；中央大学的刘福泰也参加过北京国立图书馆等方案竞赛，设计了具有中国传统建筑特点的方案；而勷勤大学的林克明除协助完成广州的中山纪念堂外，后来又设计建造了中山图书馆，广州市政府等建筑，均是纯正的中国古典式样。教师们所具有的民族复古建筑思想，不免会对学生产生直接影响。

虽然民族复古主义建筑思想的影响很大，但是此时在中国的建筑界也越来越多地出现另一种建筑思想的影子，这就是当时在西方已经逐渐开始兴盛的现代主义思想。

其实作为现代主义核心思想之一的科学、实用思想远在现代建筑开始盛行之前就已经影响中国的建筑了。一些经济比较发达的城市中，大量拥有财富和地位的中国人都要求建造西方样式的房子，特别是与生活最密切相关的住宅，其重要原因就在于这类建筑的舒适、卫生等实用方面。因此，科学和实用思想已经被作为先进思想而广为接受，即使在中国式复古建筑中，也处处体现着科学观和实用观，也可以说它们是科学实用化的复古式建筑。

与之前的变化相比较，此时开始出现的现代主义思潮已不再满足于用传统的形式掩藏起科学和实用，而进一步要求将这些顺应时代的特点直接反映在建筑外观上，借助美学观念的转变，造成整个建筑体系的变革。这种变革思想更为彻底，基础也更加全面。

新思潮对中国建筑界的影响是由表及里逐渐深入的。虽然在受欧洲现代主义思想影响的1925年巴黎"现代装饰工业艺术国际博览会"上，大量出现的还只是折衷后的现代风格的装饰,却已经给中国带来了一丝新建筑的气息。受此风气影响,中国出现了不少装饰艺术风格的新建筑。例如上海 1929 年左右建成的沙逊大厦等等。这股风气作为现代建筑的前奏或浅层表现,在 1930 年代的中国达到了鼎盛,在某种程度上对抗或补充着建筑界已经强盛的复古思想。

在法国这股风气影响中国之前,留学欧美的建筑师已经在国外接触到了一些现代主义的思想。这些建筑师中当然也包括几位建筑系的创造者。1926 年回国的林克明曾在法国接触到了一些现代思想自不必说,即使曾接受过最为正统的学院式教育的梁思成,由于 1927 年才回国,在美国时也已经碰上了新建筑思潮的逐渐兴起。当时在美国校园中建筑系学生已经对新建筑产生了很大的热情,因此,梁思成不仅对起源于欧洲的现代主义思想已经有不少了解,甚至对其中不少观点也极为赞同。

梁思成回国早期的作品中有不少现代建筑特点的体现(参见图 3.2.16、图 3.2.17),比如简洁、实用等等。他在 1927 年的《天津特别市物质建设方案》中曾指出重要公共建筑除市政中心区有特殊原因外,均应尽量采用简单壮丽,摒除一切无谓装饰的新倾向之形势与布置。他在 1930 年为天津市设计的几个重要公共建筑之中,除了行政中心(图 3.2.18)由于具有政治性要求而采用了比较复杂的有着多重屋顶的中国复古形式之外,对于相对自由一些的美术馆,图书馆等建筑,均采用了简化中国古典的手法(图 3.2.19、图 3.2.20)。高亦兰老师曾将梁思成心目中的城市建筑理想蓝图概括为:"一般性建筑基本是现代建筑风格,但应符合中国人民生活和国情之要求;较重要公共建筑应有简化传统式符号作为装饰;而最重要的一些公共建筑可冠之以大屋顶。"❶

图 3.2.16　吉林大学女生宿舍

图 3.2.17　东北大学教学楼

图 3.2.18　1930 年天津市计划中行政中心

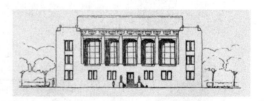

图 3.2.19　1930 年天津市计划中图书馆

---

❶ 2003 年 10 月 30 日笔者访谈高亦兰老师。

由以上情况推测东北大学早期教学中,学生在经过初步课程和构图的严格训练之后,正式的设计练习中可以根据题目的实用性程度而采取一些简洁或简化古典形式。在一些实用性较强的商业性和居住建筑上,甚至可以采用非常现代的形式。这一点,虽无早期(1932年之前)的学生作业加以证明,但根据梁思成当时的建筑实践来看是成立的。

图3.2.20　1930年天津市计划中美术馆

东北大学后期时,三、四年级学生在上海继续完成其学业。由于此时设计教师多为执业建筑师,加之上海更加开放的环境以及建筑界中更为强盛的现代思想的影响,学生进行设计作业训练时,在一些商业或住宅等实用型项目上采用更加简化和现代的建筑形式。

当然,这种现代通常仍然停留在以简洁几何装饰为特征的"装饰艺术风格"。这从1932年左右学生刘鸿典的中央试验所(图3.2.21)、郭毓麟的海滨旅馆(图3.2.22、图3.2.23、图3.2.24)、丁凤翎的医院,以及石麟炳的汽油站(图3.2.25、图3.2.26)等设计作业可以看出。虽然这些作品仍无法摆脱古典美学原则的影子,如立面和平面的对称、比例、均衡等特点,折射出学院式教学的潜在影响,但它们已经明显具有现代建筑的部分特征,有些作品甚至采用了不对称的构图手法。

图3.2.21　刘鸿典设计作业——中央试验所立面

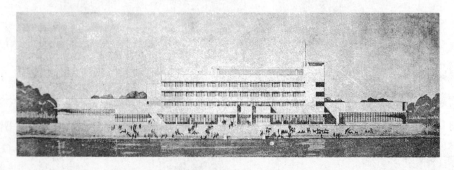

图3.2.22　郭毓麟设计作业——海滨旅馆立面

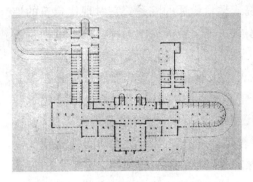
图 3.2.23　海滨旅馆一层平面

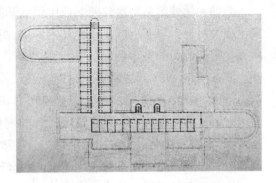
图 3.2.24　海滨旅馆二层平面

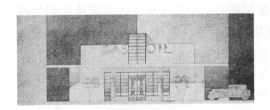
图 3.2.25　石麟炳设计作业——汽油站立面

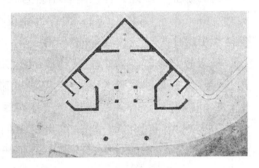
图 3.2.26　石麟炳设计作业——汽油站平面

东北大学这样严格采用学院式教学方法的学校中都有现代建筑思想的渗透，在相对来说实用技术性更强的一些学校，如早期中央大学，更加会受现代思想的影响。中央大学注重技术的教学特点已经使它偏离了纯正的学院式方法，留学各国的教师们因为没有太多的纯学院式教育背景也使教学更自由，甚至系中也有像贝季眉那样"教学颇有包豪斯作风"的老师。在这样的情况下，现代建筑思想很容易在教学中有所出现。中央大学1929年建成的建筑系教学楼采用的装饰艺术手法(图3.2.27)，在实物方面反映出其新建筑的思想。

图 3.2.27　1929年中央大学建筑系教学楼

勷勤大学建筑系是这几所学校中偏离学院式教育最远的院系。它对现代建筑的追求也最为明显。该系重视实用性技术课程，不太重视渲染等绘图训练，也不重视与古典美学密切相关的美术课和历史课的特点，已经使它具有部分现代主义的倾向。另外，该系早在1933年省立工专时期，就已经表现出对现代主义的强烈兴趣和积极主动的追求。1933年的广东省立工专校刊中刊登了林克明的文章"什么是摩登建筑"，系统介绍了他称之为"摩登建筑运动"的现代建筑运动的原因，以及现代建筑（摩登建筑）的本质和特点。同时，系中另一位主要教师胡德元，由于留日期间受到现代建筑思潮的影响，也为该系对现代建筑的积极探求起到推波助澜的作用。

早期出现的四所大学建筑系开始了中国正规化的高等院校建筑教育。由于这是一项全新的事业，因此，各校呈现出各自自由探索的局面。总体看来，他们的教育仍然受到学院式基本模式的影响，但各自在技术、艺术和史论方面有不同的倾向，一些学校体现出实用型学院式教育的特点。

基于教学基本模式之上，各校的建筑教学思想则受到建筑实践领域的影响比较大。建筑界兴盛的民族复古主义思潮和随后的现代主义思潮是当时两种主要的思想，它们彼此对抗补充，错综交织地对学校建筑教育产生影响。虽然此时的现代理念大多表现为简化和净化建筑的思想下的装饰艺术风格的流行，不过仍有部分学校受技术和新思想影响较大，出现了对现代建筑的更加深刻的理解和向往。

第三节 中央大学建筑系学院式教学思想的提升及其核心地位的形成

早期中央大学建筑系由于教师背景的不同，同时受到建筑实践领域的影响，具有艺术、技术、史论兼顾的特点。但随着后来发展过程中两次大规模教师人员调整，注重艺术及古典美学训练的学院式教学思想一步步得到提升，并达到相当高的程度。中央大学逐渐取代原东北大学建筑系成为中国学院式建筑教育的坚实阵地。

中央大学建筑系在确立其学院式教育思想的同时，在教育界的地位也越来越高。该系的几次跳跃式发展给它带来了与日俱增的兴盛。它与中国当时主流建筑师群体的密切关系及其所具有的其他有利条件相互结合，逐渐成就了该系在教育领域的核心地位。

(一) 中央大学学院式教学思想的提升

中央大学建筑系学院式教学思想的提升与它连续两次教师队伍的变化直接相关。
1. 第一次教师队伍的变化及其对教学的影响

1931年爆发的"九一八"事变使日本侵略中国的野心昭然于天下，激起中国国民的抗战激情。由于南京政府采取了消极抗日的政策，引起了青年学生们的极大不满。1932 年 8 月 11 日，因政府欠发学校经费以及学生举行反日游行等问题，中央大学师生与当局产生激烈冲突，学校陷于一片混乱。由东北大学转入中央大学的学生张镈清楚地记得当时的情景："东北沦陷而国民政府消极抗日，引起青年学生的极大愤慨，掀起学潮，在北平、南京游行，要求政府抗日……南京的外交部长被中大女生投砚击面。教育部副部长到中央大学调解，被愤怒之极的学生把一辆敞篷汽车砸得粉碎。中大校内群情激愤，互相呼应"❶。在这样的局面下，学校数次更换校长，之后甚至学校被当局宣布整顿，直至 8 月下旬才恢复正常秩序。

受到动荡局面的影响，1932 年度中央大学停止招生，建筑系的教师也有所变动。刘敦桢应中国营造学社朱启钤之邀赴北平任该社文献部主任，卢树森去北平铁道部任校正，贝季眉也离开了建筑系。❷ 由于秩序的一度混乱和几位主要教授的离校，中央大学建筑系发展陷入了第一次低潮。

这次低潮期并没有持续太长时间。随着系中陆续新聘的几位教师的到来，局面逐渐得到了稳定。1932～1934 年该系增聘了鲍鼎（美国伊里诺大学毕业）、谭垣（美国宾夕法尼亚大学建筑系毕业）、虞炳烈（1933 年法国里昂建筑学校毕业）、陈裕华（伊利诺大学建筑系本科，康乃尔大学土木工程系硕士❸）、刘既漂（法国巴黎美术学院毕业）、朱神康（美国密歇根大学建筑工程系毕业）等教授专任或兼职建筑教师❹。这些人员的加入迅速填补了几位离去教师的空白，使建筑系重新恢复了正常的教学秩序。

自新教师队伍形成时起，到 1937 年抗日战争爆发之前的这段时期，国内的局势比较稳定，中央大学建筑系得到了很好的发展，学生规模也逐渐扩大起来。至 1937 年，毕业学生总数已达 42 人，另外还有在读的至少 30 人左右❺。

经过 1932 年前后的这次教师调整，新教师队伍几乎都是清一色的留学美、法的建筑师，使得这两个国家十分盛行的学院式教学方法在教学中得到了强化，一定程度上改变了该系原来多方面兼重的教学格局。

从东北大学转来的学生张镈此时对中央大学一些新教师的教学方法十分熟悉，他认为宾夕法尼亚大学毕业的谭垣等教授"功底都很深，教学、改图与东北大学相似，颇有陈植老师的作风"❻。

---

❶ 张镈：《我的建筑创作之路》，中国建筑工业出版社，9 页。
❷ 单踊：《东南大学建筑系大事记》，见《东南大学建筑系成立七十周年纪念专集》，中国建筑工业出版社，1997 年 10 月。
❸ 赖德霖主编，王浩娱、袁雪平、司春娟合编，《中国近代时期重要建筑家》，见《世界建筑》2004 年 5 期。
❹ 张镈森遗稿，王惠英整理，《关于中大建筑系创建的回忆》，见《东南大学建筑系成立七十周年纪念专集》，中国建筑工业出版社，1997 年 10 月，42 页。
❺ 《东南大学建筑系成立七十周年纪念专集》，中国建筑工业出版社，1997 年 10 月，267 页。
❻ 唐璞，《春风化雨忆当年》，《东南大学建筑系成立七十周年纪念专集》，1927～1997，中国建筑工业出版社，1997 年 10 月，51 页。

而中央大学另一位学生唐璞也觉得谭师的耳提面命使他收获颇多❶。设计教师的指导给学生们留下深刻记忆的，大多是学院式教学方法，可见这一思想对他们的影响之深。

学院式风气的强盛是由教师和学生双方面共同促成的。一方面，此时具有学院教育背景的教师们强化了这种教育方法，"各位老师对启蒙教育十分认真，他们非常重视学生的基本功，认为没有扎实的基本功，就不可能作出好设计。如在初学时严格要求把Vignola(内容包括五柱式)的这本书❷精益求精地学好"❶；另一方面，1931年从东北大学转来的学生也同时带来了原东北大学严谨的学院式风气，"东大作风已由我们五人带到中大，起了一定作用，设计课从此紧张起来"❶。因此，从教师和学生两方面，共同提升了该系教学中注重基本功训练、注重图面表现技巧和古典美学修养的风气。

从1929年与1933年中央大学建筑系课程(参见表3-7、表3-10)比较中也可以看出后者向学院式方法偏移的倾向。从设计、绘画、历史、技术四个部分来考察1933年发生的变化，从学分比重看来，绘画和历史课的比重有了增加，而技术、设计课比重下降。

1933年中央大学建筑系分年级课程计划(课程名称后数字为学分数)　　表3-10

		一年级	二年级	三年级	四年级
公共及其他基础课部分		国文6，党义2，英文4，物理8，微积分6			
专业课部分	设计课	初级图案2	建筑图案7	建筑图案10 内部装饰4	建筑图案12 都市计划0 庭院学2
	绘图课	投影几何2 透视画2 徒手画2 模型素描2 建筑初则及建筑画4	阴影法2 水彩画2 模型素描4	水彩画4	水彩画4
	史论课		西洋建筑史4	西洋建筑史2 中国建筑史2 中国营造法2 美术史1	中国建筑史2
	技术及业务课		应用力学5 材料力学5 营造法6	钢筋混凝土4 钢筋混凝土及计划2 图解力学2	钢骨构造2 暖房及通风1 电炽学1 给水排水1 测量2
					建筑组织1 建筑师职责及法令1 施工估价1

资料来源：《中国建筑》，1933年8月。

---

❶ 张镈：《我的建筑创作道路》，中国建筑工业出版社，1994。
❷ 即维尼奥拉的《五种柱式规范》。该书约1562年首次印刷出版，一直是学院式建筑学教科书的范式。

绘图课中,若不计入几何制图,美术练习学分总数占专业课学分总数比例从原来的15%上升到19.6%,时间从原来的三年,延续到四年的整个过程,其重要性明显增强。

纯历史课总分比重从原来的9.5%上升到11.6%,而且文化史被取消,重心更集中于中外建筑史。这说明对相关社会、经济、文化史背景的要求降低,而将教学重点放在不同时代建筑样式历史之上。后者在教学中有效地支撑了古典建筑美学无法动摇的牢固地位。

与上述两部分比例上升相对应的是技术和设计课比重的下降。技术课的比重从34.1%下降到30.4%,其下降幅度与美术课上升幅度都同样较大,达到4个百分点,显示出逐渐重视艺术轻视技术的微妙变化。

设计课比重虽然从35.7%下降到33%,但是首先取消了两门理论课程,应该是结合进了基础训练和具体设计指导之中,因此,单看设计练习其比重差不多。另外,1933年课程中虽仍有城市规划课程,但不占学分,其重要性也有所降低。

通过以上这些课程的变化,可以明显看出1933年后的中央大学建筑系中,重视艺术表现、重视单体设计、轻视技术训练的学院式教学思想有所加强。

2. 第二次教师队伍的变化及其对教学的影响

1937年起日本开始发动全面侵华战争,阻碍了中央大学建筑系的进一步发展。战争期间,日军对国内的高等学校和文化机构进行了有计划、有系统的破坏,造成了中华文化的一场浩劫。继北平、天津很快被日军占领后,首都南京成为被轰炸的重点。在系列破坏中,很多大学校舍都被炸毁。为保存高校实力,避免落入日军手中或被摧毁,大批高校着手内迁至中国西南部地区。师生们辗转迁徙,艰难度日。虽然当时对日作战形势非常紧急,但国民政府一方面从培养国家人才的长远利益打算,另一方面出于在国共两党对抗局面下控制青年学生的需要,以补贴资助等方法努力维持了学校的教学秩序。

在高校迁徙的浪潮中,中央大学西迁至重庆沙坪坝地区。虽然学校在重庆很快复课,但是教学工作还是受到不少影响。由于交通不便,许多同学都未能从原居住地设法赶来入学上课,致使学生数量大量减少。同时一些老师也因各种原因纷纷离校。系中只剩下为数不多的几位老师如谭垣(图3.3.1)、鲍鼎(图3.3.2)等人艰难支撑教学。1940年时系主任刘福泰也因故离开,建筑系再次陷入低谷。

中央大学建筑系处于第二次低潮时,在学生和校方共同推动下,鲍鼎继任系主任。之后,建筑系度过低潮期,又迎来了一个新的高潮。此时,除了伊利诺伊大学硕士毕业的原中央大学毕业生徐中已于1939年来系任教外,又请来知名建筑师哈雄文、杨廷宝(图3.3.3)、陆谦受和李惠伯任兼职教授;之后又聘到早年曾留学法、英,后任重庆国立艺术专科学校西洋画系主任的李汝骅(剑晨)来系教美术课程。1943年,刘敦桢也回建筑系担任教授。随着这批知名建筑师及画家、学者的到来,建筑系的状况迅速兴盛起来。

1944年，刘敦桢继任系主任，同年童寯也来到系中任兼职教授。至此当时被誉为中国建筑界"四大名旦"的著名建筑师杨廷宝（图3.3.4）、陆谦受、李惠伯都汇集在中央大学建筑系任教，中央大学建筑系也由此达到了有史以来的颠峰状态。这一时期被师生们称为"兴旺繁荣的沙坪坝时代"或"沙坪坝黄金时代"。这段高潮时期基本奠定了中央大学建筑系稳定发展的基础。杨廷宝、童寯、刘敦桢自此一直留在系中任教，对该系教学体系的形成和发展产生了重要作用。

图3.3.1 谭垣　　　图3.3.2 鲍鼎　　　图3.3.3 杨廷宝　　　图3.3.4 童寯

中央大学建筑系教师队伍的强大使得建筑教学更为严格和规范起来。虽然这一阶段的课程设置仍沿用了1933年的计划[1]，但是系中几位具有深厚学院功底的教师，如杨廷宝、童寯、徐中、谭垣等，更加强化了教学工作的学院式特点，同时也围绕这个特点集中统一了整个教学体系。

首先，培养学生形成西方古典美学感觉的一年级基础训练，此时得到了进一步加强。这些对于学生颇具影响力的老师们极为重视基本功训练。虽然他们在自己的设计中已经出现了不少现代的倾向，但是他们从来不否认绘图基本功作为入门训练的必要性和有效性。他们要求学生严格掌握古典五柱式的模数制，做到能背、能画、能默，要使古典美学特点在学生心中扎根，成为他们进行形态设计的基础。

曾于1932年左右在中央大学接受过严格基本功训练的徐中，此时承担了一年级基础课程的教学工作。作为学生的建筑启蒙老师，他十分强调扎实的基本功基础。虽然他1935年毕业于中央大学后曾去美国伊利诺伊大学攻读硕士学位，并于1937年毕业，但是美国当时学生攻读硕士的主要内容，通常是在教师的一定指导下参与一些实际工程项目，并不涉及包括基础训练在内的整套教育。因此，新的教育经历并没有改变徐中对学院式基础教育的重视，相反，对培养古典美学感和绘画表现能力的基本功训练的重视，一直是他教学中的特点，也是他作为建筑教育者一贯的基本思想。

---

[1] 根据童寯1944年写于重庆的《建筑教育》一文内容，可知当时中央大学采用的仍是1933年公布的课程计划。

在基本功训练之后一系列设计课程的展开，也不断强化了学院式教学思想的重要特点。老师在教设计课和为学生改图时，十分重视构图原理的运用和讲解，常常花费大量时间精心教学生如何推敲方案，掌握良好的比例、尺度，以及追求建筑的特性等，使得经典比例、构图原则成为学生进行设计的重要依据。

同时，系中十分强调绘画技能的培养。李剑晨教授的美术课范围从素描、石膏到人体，要求甚高。对于素描、水彩技法等，他每样都给学生作示范，十分认真。为进一步激发学生绘图的激情，设计教师杨廷宝自己捐钱设奖，使系里水彩画风气大盛❶。有时，杨廷宝会兴致大发，在学生的图纸上表演水彩画的配景，让学生羡慕不已。此外，童寯用粗铅笔作的快速表现、李惠伯用细而尖的活动铅笔画出的精致图面，也都令学生们叹为观止。对老师的钦佩和仰慕使学生们十分执着于绘画技能的提高。他们常常到位于隔壁教室的中央大学艺术系去观看徐悲鸿、吴作人、傅抱石等教授的作画示范❶，有时甚至直接讨教。

绘画也引发了同学们对其他相关艺术的兴趣，他们时常聚在一起听西方古典音乐。因此，当时建筑系中的艺术气氛十分浓厚。不过从艺术类别来看，学生们所接触的多为古典艺术领域的方方面面，因此，古典艺术对学生美学观形成具有决定性的作用。伴随着学生绘画表现能力的增强的同时，这些多方面艺术的熏陶也深深强化了学生心中的古典美学理念。

（二）中央大学建筑教学核心地位的形成

中央大学建筑系伴随着1933年左右和1940年代初期两次教学人员队伍的调整，出现了两次发展高潮，也由此逐渐提高了自身在建筑教育界的地位，成为当时教育界最具权威性的建筑系。地位提高的同时，中央大学建筑系所采用的教学方法也成为了正统方法，对整个中国的建筑教育产生重要影响。

1. 中央大学建筑系第一次发展高潮中地位的提升

1933年左右中央大学建筑系出现的第一个发展高潮，已经使该系在全国建筑界的地位有所提高。在中国早期的四所大学建筑系中，国民政府教育部比较重视原东北大学和中央大学建筑系。1928年时，教育部为整顿统一全国大学课程，曾请中央大学、东北大学两校建筑系主任刘福泰、梁思成以及基泰工程司的关颂声三人共同参加工学院分系科目表的起草和审查❷，参与制定审计也有这两个学校。这一事实说明中央大学和东北大学在建筑教育界有着较高的地位，至少比较受到官方的承认。

之所以东北、中央大学这两校建筑系较受政府当局承认，与其教师所属的建筑师

---

❶ 吴良镛，《烽火连天 弦歌中辍——追忆1940～1944年中央大学建筑系，缅怀恩师与学长》，见《东南大学建筑系成立七十周年纪念专集》，中国建筑工业出版社，1997年10月，61页。

❷ 赖德霖，《中国近代建筑师的培养途径——中国近代建筑教育的发展》，见《中国近代建筑史研究》，清华大学工学博士学位论文，1992年5月。

团体在中国的地位有关。两系开创者均为留美回国人士，他们与沪、宁一带同样留美为主的大量执业建筑师有着密切的来往，这些人共同形成了一个相对集中的团体。由于这个团体的建筑师都受过良好的专业教育，具备很好的实践工作能力，其中部分人还与政府机构人员有密切的关系，因此，他们迅速得到政府认可，承担了大量政府项目。他们能够高质量地顺利完成这些项目，以及能够充分满足政府在建筑使用和形象等方面要求的事实，进一步奠定了这个团体成员在政府心目中的地位。政府有关部门对他们的信任也由建筑实践领域延伸到建筑教育领域。例如作为首都大学的中央大学原定系主任吕彦直和后确定的系主任刘福泰，都是这个沪、宁建筑师团体的成员，也同时都是众多政府建设项目的参与者。而东北大学梁思成等教师都毕业于美国宾夕法尼亚大学这个当时中国建筑专业留学生最为集中的学校，他们与沪、宁一带建筑师团体也有着十分密切的联系，甚至也可以认为就是其中成员，更不用说梁思成本身还有着显赫的家庭背景。所以官方比较认可中央大学和东北大学的建筑系。

相比较之下其他两个大学建筑系则没有如此的运气。勷勤大学建筑系的教师多为留法、日人士，与沪宁建筑师团体没有太多交往，而且该校又处于与南京政府相对抗的广州政府的统治之下，是为国民党元老成立的学校，自然难以得到南京政府的认可。从专业角度看，即使系主任林克明曾协助中山纪念馆的完成，并承担了中山图书馆、市府合署等大量重要纪念性建筑，但因为留学国别以及为广州政府任职等原因，无法受到沪宁建筑师团体的承认，更不用说得到南京政府的认可了。林克明在近代一直没有成为中国建筑师协会的成员这个事实，也在某种程度上证明了这一点。

北平大学艺术学院建筑系的教师多为留法人士，他们也同样与居于主体地位的沪宁地区建筑师团体几乎没有多少来往，很难承接到南京政府的项目，也不受南京政府的重视。而且他们中大多数人的土木工程背景，也令他们无法得到更加强调建筑艺术性的沪宁建筑师团体的认同。

因为以上这些原因，中国早期的四所大学建筑系中，以中央大学与东北大学在建筑教育界的影响比较大，地位也比较高。

"九一八"事变之后东北大学建筑系的中止，使得中央大学建筑系成为惟一受官方认可的建筑系。之后它的地位随着一系列过程的展开而一步步提高，逐渐在建筑教育领域占据了核心地位。

中国建筑师学会的成立，首先在一定程度上巩固了中央大学建筑系的地位。1927年国内部分建筑师在沪上成立了上海建筑师学会，1928年改名为中国建筑师学会。从1931年中国建筑师学会会员名录来看，其成员多为留美学生❶，也就是上文所说的沪宁一带建筑师群体。建筑师学会的正式成立，使这一群体在中国建筑界的地位日益加强。建筑师学会于1932年创办了中国第一份建筑学专业杂志《中国建筑》，杂志的发行更为这一建筑师团体在业内扩大了影响，树立了他们在建筑界的权威形

---

❶ 参见伍江，《上海百年建筑史》，同济大学出版社，1997年，163页。

象。而与这个团体有密切关系的中央大学建筑系也通过这份杂志的宣传作用，建立了它在教育界的地位。《中国建筑》刊登了大量篇幅的中央大学和原东北大学的学生作业及教学内容，无形中在建筑和教育界起到了引导作用。1933年刊登的中央大学建筑系课程表，更是成为不少建筑院系的教学参照。虽然现在很难确切断定这份课程表的刊登是否影响或者在多大程度上影响了其他院系的建筑教育，但是在当时不同学校、地区及建筑师群体彼此之间隔绝现象较严重，没有其他更多途径进行交流的情况下，这份刊登的课程表的示范作用是不容怀疑的，至少各个地区的建筑师都能看到它。

2. 全国统一科目表颁布下中央大学建筑系地位的再次提升

如果说建筑师学会的成立和《中国建筑》杂志的发行使中央大学建筑系的地位有所提高，那么1939年南京国民政府教育部在后方重庆颁布的新的全国统一科目表，则使中央大学的建筑教学内容开始直接地对国内各校建筑教学产生影响。中央大学建筑系在教育界的重要地位更加显著。

上文曾提到，1903年的《奏定学堂章程》和1913年的《大学规程》分别是清政府和民国政府颁布的全国统一科目表。但是后来中国高等教育学习美国的选课制，大学各系的课程由各个学校的教师根据各自需要自行确定，因此学校之间差别很大。南京政府成立时，试图统一全国各系的课程设置，以统一标准，规范教学。1928年有关部门曾召开第一次全国教育会议，准备成立委员会，起草统一课表。其中工学院分系科目表的制定者指定为刘福泰、梁思成、关颂声三人。经过一段时间的准备后，于1939年颁布了新制定的全国统一科目表。这是继1903年和1913年之后第三个全国统一科目表。

在这次统一建筑系科目表中，能够明显看到制定者所在大学的建筑课程体系的影子。可以说，刘福泰和梁思成综合了各自学校的建筑教学课程，共同组成了新的统一科目表。

从课表比较(参见表3-11)中可以看出，统一课表将中央大学课表中部分技术类课程列为选修课，同时也将东北大学图案组部分美术类课程列为选修课，使得统一课表兼具两校的特点。该课表可以适合从重视技术实践到重视艺术和理论之间的跨度内多种侧重倾向的教学工作，因此其他学校参照使用时，可以根据他们自己的情况灵活运用。

东北大学、中央大学建筑系、1939年全国统一课程比较 （*为选修课） 表3-11

		东北大学(1928~1931)[①]	国立中央大学(1933)[②]	1939年全国统一课程[③]
公共课部分		国文(1)、英文(1)、法文(1, 2)	国文(1)、党义(1)、英文(1)、微积分(1)、物理(1)	算学、物理学
专业课部分	技术基础课	应用力学(1, 2) 材料力学(2) 图解力学(2)	应用力学(2) 材料力学(2) 图解力学(3)	应用力学(1) 材料力学(1) *图解力学(3)

续表

		东北大学(1928~1931)①	国立中央大学(1933)②	1939年全国统一课程③
专业课部分	技术课	建筑则例(1)	营造法(2)	营造法(2)
		石工、铁工(2) 木工(3)	钢筋混凝土(3) 钢筋混凝土及计划(3) 钢骨构造(4)	钢筋混凝土(3) 木工(1) *铁骨构造(3) *材料试验(3)
				*结构学(4)
		暖气及通风(3) 装潢排水(3)	暖房及通风(4) 给水排水(4) 电炟学(4)	*暖气及通风(4) *房屋给水及排水(4) *电炟学(4)
		营业规例(4) 合同估价(4)	建筑组织(4) 建筑师职责及法令(4) 施工估价(4)	经济学(1) 建筑师法令及职务(4) 施工及估价(4)
			测量(4)	测量(4)
	史论课	西洋建筑史(1) 东洋建筑史(2)	西洋建筑史(2,3) 中国建筑史(3,4) 中国营造法(3)	建筑史(2) *中国建筑史(2) *中国营造法(3)
		西洋美术史(3) 东洋绘画史(3) 东洋雕塑史(4)	美术史(3)	美术史(2) *古典装饰(3) *壁画
		建筑理论(1)		建筑图案论(4)
	图艺课	阴影法(1) 透视(2)	投影几何(1) 阴影法(2) 透视画(1)	投影几何(1) 阴影法(1) 透视法(2)
		徒手画(1) 炭画(2,3) 水彩画(3,4)	建筑初则及建筑画(1) 徒手画(1) 模型素描(1,2) 水彩画(2,3,4)	徒手画(1) 模型素描(2,3) 单色水彩(2) 水彩画(一)(2,3) *水彩画(二)(3) *木刻(3)
		雕饰(3) 人体写生(4)		*雕塑及泥塑(3) *人体写生(4)
	设计规划课	建筑图案(1,2,3,4)	初级图案(1) 建筑图案(2,3,4)	初级图案(1) 建筑图案(2,3,4)
			内部装饰(3)	*内部装饰(4)
			庭园学(4)	*庭园(4)
			都市计划(4)	*都市计划(4)
				毕业论文(4)

资料来源：①同表3-3；②同表3-10；③教育部编《大学科目表》，正中书局印行，民国三十六年六月(1947年6月)沪八版。

课程设置的灵活性和兼顾性是梁思成一贯的观点，这在他原来东北大学建筑系课程设置中已经有所体现。当时，梁思成为建筑教学制定了两个发展方向。学生经过三年的共同课程后,在第四年被分为图案组和工程组,分别以着重技术实践及艺术设计的不同目标加以培养,以适应将来不同的需要。他认为社会需要的建筑人才可以有不同的特点,艺术性人才和技术性人才应该互补。从新统一科目表来看,他的这种思想始终没有改变。不过从他的教学实践来说,他的个人偏好仍然倾向于艺术和历史文化方面,对于技术型人才的培养,他多寄托希望在其他学校或者建筑师的身上。

但是,大多数学校建筑系的实际教学情况都与梁思成的偏好有所偏差。虽然1939年全国统一课表中体现了教学既可以偏重艺术,也可以偏重技术的灵活思想,可是不少学校都更加倾向于实用性。它们并没有采用原东北大学大量的美术选修课程,而是采用了偏重技术的一类选修课程。甚至中央大学也没有采用新加入的美术课程,而是基本沿用了原来的课表。由于课表中必修课加上技术类选修课,基本上就是原中央大学的建筑课程,因此,从实际效果来说,可以说是中央大学建筑系的课程在某种程度上成为了全国统一课程。这无形中使得中央大学的实际地位在建筑教育界又更加提高。它的课程作为实施的标准,从此对其他学校的教学直接产生影响。

当然,课表中增加的大量美术选修课也并非没有作用,它毕竟传达出一个信息,那就是建筑师必须有良好的美术功底和艺术修养。虽然中央大学建筑系的教学基本沿用了原来的课表,但是系中具有类似观点的教师们在教学实践中同时也贯彻了这一思想。由此可以想像其他学校或多或少也会受到这一信息的触动。

(三) 建筑教学中的现代主义思想倾向

中央大学建筑系在教学中虽然严格贯彻了学院式的方法,对基础训练,如柱式、构图、渲染及绘画要求越来越高,但是在一系列设计练习中,仍然能够明显看出现代建筑思想的影响。这一方面由于建筑教育最终要面向实践市场,其作品自然不免受当时建筑界的影响;另一方面也因为指导教师多为建筑实践者,其思想与建筑界的潮流是合拍的。

中国建筑早在1920年代末期,已有了现代风格的零星表现。到了1930年代后,以装饰艺术为主要手法的新风格在经济较发达的城市迅速蔓延开来。它以简洁明快的样式和经济适用等特点日益受到人们的青睐。在建筑业发达、风气开化的上海,建筑摩登化现象已经十分普遍。

甚至在首都城市南京,非政治性建筑诸如商场、住宅和学校等建筑中也出现了新风格的气象。国内有关建筑的报纸和杂志陆续开始介绍世界上的新建筑倾向,一些新近回国或来到中国的中外建筑师也将国外最新建筑信息带回国内。于是,西方的现代主义运动思潮通过各种渠道影响中国建筑界,使之掀起新建筑的浪潮。

受这种大气候的影响,即使具有重大政治意义的官式建筑也开始发生变化。政府开始不再耗费巨资追求纯正的中国古典样式,而是在建筑师的建议下转向采用"简朴实用式略带中国色彩"的风格。其特点是"用中国传统建筑的局部构件、装饰纹样代替对'中国固有式'建筑整体上的模仿"❶。基泰事务所设计的"中央医院"(图 3.3.5)、华盖事务所的外交部大楼等都是这类建筑的代表。不过需要指出的是这些具有现代特征的建筑中古典建筑美学特点仍然十分显著。

图 3.3.5　南京中央医院

这一时期,学生所进行的建筑设计练习也同样受到了建筑界思潮的影响。作为没有任何思想包袱的朝气蓬勃的年轻人,他们更容易接受新思想。此时的学生设计出现了不少现代倾向,如中央大学学生的都市住宅设计、乡村学校、办公楼、唐璞的小车站(图 3.3.6～图 3.3.11)等等。还有学生在杂志上撰文系统介绍现代建筑,如何立蒸在《中国建筑》上刊登了《现代建筑概览》一文。现代建筑思想在院校中的盛行可见一斑。

在现代建筑思想上升时期,作为另一重要倾向的民族性要求也并没有在学生的思想及作品中消失。在有些设计练习中,学生会由于题目的政治文化特性而采用一些古典样式,或是将简化后的装饰构件或纹样结合在具有现代特点的建筑主要形体上。

图 3.3.6　学生设计作品——都市住宅立面及入口

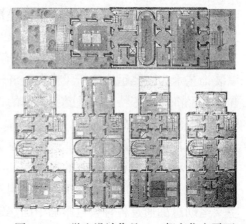

图 3.3.7　学生设计作品——都市住宅平面

---

❶ 赖德霖,《"科学性与民族性"——近代中国的建筑价值观》,见《中国近代建筑史研究》,清华大学工学博士学位论文,1992年5月,3～31页。

图 3.3.8　学生设计作品——乡村学校透视

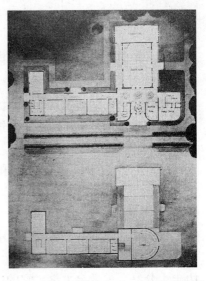

图 3.3.10　学生设计作品——小车站立面　　图 3.3.9　学生设计作品——乡村学校平面

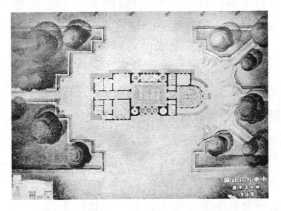

图 3.3.11　学生设计作品——小车站平面

图 3.3.12 及图 3.3.13 所示的学生作品天文台方案，便是在建筑形体上局部采用了中国传统建筑构件作为装饰。

图 3.3.12　学生设计作品——天文台立面　　图 3.3.13　学生设计作品——天文台平面

第四节　中央大学影响下其他学校的教学探索

随着中央大学建筑系地位的提高，它的影响力也在不断增加。其他建筑院校相继受到中央大学的示范作用，在建筑教学中或多或少地体现出中央大学建筑系的影响。

(一) 学院式教学模式影响下的之江大学建筑系

1. 概况

新成立的建筑系中，最接近中央大学模式的是 1940 年成立的之江大学建筑系。之江大学位于浙江杭州钱塘江畔，是一所历史十分悠久的教会大学。它的历史可以上溯到 1845 年美国长老会在宁波设立的崇信义塾。在建筑师陈植（图 3.4.1）的倡导下，该校于 1938 年起在土木系中开始筹办建筑系。

陈植曾在东北大学任教，1931 年离校来到上海与赵深组建事务所。1934 年时，曾参与了上海沪江大学建筑科（1934～1945 年，专科，两年制夜校，概况和课表参见附录 B）的筹建工作。

图 3.4.1　陈植

1938 年时，他和廖慰慈先生❶商议准备在之江大学土木工程系基础上筹建建筑系。其创办初期，"由陈植、廖慰慈先生厘定学程，筹购书籍器具"❷。1939 年度，聘请当时沪江大学建筑科主任王华彬兼任系主任，另聘陈裕华为教授。1940 年左右建筑系在上海正式成立。1941 年秋，学生人数增至十四人❷。

1941 年冬天，由于太平洋战争爆发，英、美等国家卷入了战争，原来尚属安全的教会学校此时也无法自保。于是，之江大学内迁至云南。学校考虑到建筑系的人数不多，而且内地的建筑师资较难保证，不易设系，因此特许建筑系留在上海，在慈淑大楼内上课。旧生在系主任王华彬的领导下，以补习形式继续完成学习并毕业。建筑类课程由王华彬及一些沪上建筑师负责讲授，土木类课程则在土木补习班及华东其他学校补足。自 1941 年下学期至 1945 年，共毕业学生约 40 余人。

1945 年抗日战争胜利后，之江大学迁回杭州。云南分校所招建筑系学生与上海分校所招新生合并，一、二年级共有学生 50 人。他们开始时都在杭州校区上课，待升至三、四年级时，转到上海校区——慈淑大楼内继续学习。这样的做法一直延续到 1952 年全国高等院系调整之江大学建筑系并入同济大学建筑系之时。

曾在建筑系任教的教师有：陈植、王华彬（图 3.4.2）、颜文樑、罗邦杰（图

---

❶ 后任之江大学工学院院长。
❷ 之江大学编，《之江校刊》，胜利（1949 年）后第五期。1941 年学生人数原著"七二人"，推测为十四人。

3.4.4),后来还有黄家骅(图 3.4.3)、谭垣、汪定曾(图 3.4.5)、张充仁(图 3.4.6)、吴景祥、陈从周,以及先后本系毕业留校的助教吴一清(图 3.4.7,1941 年毕业)、许保和(1942 年毕业)、李正(图 3.4.9,1948 年毕业)、黄毓麟(图 3.4.8,1948 年毕业)、叶谋方(1950 年毕业),大同大学毕业的杨公侠等❶(表 3-12)。各位教师经历如下:

图 3.4.2　王华彬　　　图 3.4.3　黄家骅　　　图 3.4.4　罗邦杰　　　图 3.4.5　汪定曾

图 3.4.6　张充仁　　　图 3.4.7　吴一清　　　图 3.4.8　黄毓麟　　　图 3.4.9　李正

之江大学教师成员表　　　　　　　　　　　　　　　　　　　　　表 3-12

姓　名	主　要　经　历	任　课
王华彬	清华学校毕业,美国宾夕法尼亚大学建筑学士,美国费城土立建筑公司建筑师,沪江大学城中区建筑科主任	建筑图案
陈　植		建筑图案
颜文樑		水彩画、木炭画
汪定曾	美国伊利诺伊大学建筑工程学士及硕士,中央大学、重庆大学建筑系教授	音波学、建筑图案
吴景祥	清华大学土木系毕业,法国巴黎建筑学院建筑系学士,海关总税务司公署主任	建筑图案论 建筑图案
张充仁	比京(比利时)皇家美术学院毕业	水彩画、木炭画
黄家骅	清华大学毕业,美国麻省理工大学建筑学院学士,美国芝加哥威尔墨芝建筑师事务所设计员,沪江大学、中央大学教授	城乡设计、城乡设计论 建筑史、营造法

---

❶　之江大学建筑系档案。

续表

姓　名	主要经历	任　课
罗邦杰	美国密西根矿务学校工学士，米尼索达大学建筑学士，麻省工程大学工硕士，哈佛大学工硕士，清华大学、北洋大学教授，交通大学讲师	房屋构造 钢筋混凝土
谭　垣	原在中央大学任教，1946年到之江大学建筑系	建筑图案
陈从周	兼在上海圣约翰大学建筑系任教	中国建筑史
吴一清	之江大学建筑系毕业	阴影法、徒手画、初级图案、水彩画
许保和	之江大学建筑系毕业	初级图案、营造法、水彩画
李　正	之江大学建筑系毕业	
黄毓麟	之江大学建筑系毕业	
叶谋方	之江大学建筑系毕业	
杨公侠	大同大学毕业	

资料来源：之江大学建筑系档案，1949年。

2. 学院式的教学特点

由于该系创办者陈植、系主任王华彬都是美国宾夕法尼亚大学的毕业生，教师群体也多为中国建筑师学会的成员，此时又有中央大学教学上的示范作用，因此，之江大学的建筑教学一开始就带有学院式的特点。

有关该系的创办初期的课程，可惜只找到1940年第二学期的课程表（参见表3-13）。从该表中已经能够看出以中央大学课程为基础的统一课程影响的痕迹以及学院式教学的特点。例如一年级的专业课很少，这与统一课表要求第一年不分系、进行各院统一基础课教学，各系只设少量初级课程是一致的。此外贯穿三年美术课程的特点也类似。

1940年第二学期之江大学建筑系教师分年级授课计划（课程名称后数字为学分数）

表3-13

		一年级	二年级	三年级	四年级
专业课部分	设计课		建筑图案4	建筑图案6	建筑图案8
	绘图课	机械画2	阴与影2 铅笔画1 徒手画2	木炭画1	水彩画
	史论课		建筑理论2	建筑史2	建筑史2
	技术及业务课		应用力学2 房屋结构2 木工试验1	结构学2 钢筋混凝土3 钢筋混凝土设计2 平面测量学2 测量实习1	建筑机械设备2 业务实习

资料来源：之江大学建筑系档案，1940年。

如果说课程表的不完整还难以清晰地反映建筑系开始教学中的学院式特点，那么1940年各年级课程教学大纲则表现得非常清楚。其中，建筑理论课主要包括有"建筑物各组成部分结构及设计原则"、"艺术之原理"、"审美之方法"、"建筑图案结构之原理"等等与古典建筑美学原理直接相关的内容；建筑图案课在开始时要讲解"建筑图案结构之基本原则"、"古典柱梁方式"、"研究图案结构方法及原则"，要"绘制（古典）建筑物局部详图"，并根据这些设计简单建筑物或部分建筑物；而美术课程的要求也非常高，木炭画课程要从基本使用法开始，涉及头像、胸像、人体实习直至群像实习，水彩画也要从基本用法、单色表现、色彩研究、静物、风景直至构图实习和建筑图案表现实习。这些教学内容，充分体现了学院式的特点。1939~1940年的学生作业也对这一特点有所展现。（图3.4.10、图3.4.11）

图3.4.10 之江建筑系学生构图渲染一

图3.4.11 之江建筑系学生构图渲染二

之江大学建筑系的后期教学中，受到中央大学及全国统一计划的影响更为明显。在该系1950年档案中所整理的一份前几年建筑系开设课程表中（参见附录A表A1），可以发现大量建筑系所开设课程与1939年全国统一课表是完全一致的。虽然这份表格不能反映学生所学习的所有课程，也没有标明必修和选修课的类别，但是，建筑系开设的这些课程，大多数都是与全国统一课表相一致的，其参照的痕迹十分明显。

3. 现代思想影响下从古典到现代过渡的教学方法

虽然之江大学建筑系保持了学院式教育严谨的基本功训练，并将古典美学思想的培养和运用作为重点贯穿于建筑教学之中，但是面对此时建筑界日益高涨的新建筑思潮，建筑教学也受到影响，其教学安排了从古典到实用创新的一系列过程。

建筑教学在基础训练方面仍然保持了一贯的严格要求。因为教师们坚信基本功的训练是学生入门的基础。他们认为学生无论在以后的设计中如何发挥，如何创新，基本美学感觉的培养是不能缺少的，是任何创新的基础。以下一段之江大学初级图案课程的教学大纲充分体现了这种学院式教学核心方法的贯彻。

本学程（初级图案，下）系七个星期之连续学程，一年级下半年开始，采取个别教授。学生在每一题目出后即在一定之时间内做徒手草图,先生根据学生每人不同草图,启发他们自己的思想,并修减、指导及讲解。且每次修正时先生绘一草图与学生,学生根据此草图绘正图案,待下次上课再修减。学生根据先生草图而绘就之图案。如此工作约有四星期之久,然后作最后表示图案,用墨色渲染。(吴一清)

设计题目标明专门为古典式之训练的题目分别为:1. 甲组:凯旋门,乙组:纪念馆;2. 甲组:休息厅,乙组:公园大门;3. 小住宅。

资料来源:之江大学建筑系教学档案,1950年。

从这一段介绍当中,可以总结出该课程的如下一些特点:其一,设计仍以古典形式构图为主要训练目标;其二,学生刚开始接受题目时,必须做一个快速草图用以表现初步想法,以后的设计深化不能偏离原来的初步构想;其三,教师辅导学生设计主要通过改图,而且是按照学生初步设想直接给学生改好方案,学生只要将此方案表现出来;其四,表现方案的图纸须经过精心的墨色渲染。这一系列要求都极富学院式色彩。可见之江大学在基础训练方面对于"正轨方法"的严格遵循。

之江大学建筑系在基础训练完成之后展开设计课程,其设计内容和要求体现出从严谨的古典训练向实用建筑设计及自由创造发挥阶段的过渡。二年级设计课要求学生做的三个设计分别是(1)古典形式及民族形式建筑构图;(2)近代形式建筑物构图;(3)实用房屋设计❶。在第(2)个作业中,老师已经要求学生"采取近代形式自由构图设计,不受古典规格之约束,以启发学生之创造能力"❶。第(3)个题目则更加不论风格,而"注重实际效用"。从这一系列练习题目中,可以看出设计教学安排是从古典训练向现代、实用过渡的系列过程。对于这一特点,有关教学目的解释得非常清楚:"二年级设计图案以贯穿较深之古典形式构图技术为目的,但同时亦将采取初步之自由形式设计以启发学生不同之各(个)性及创造才能……渐渐侧重于实际效用之房屋设计"❶。也就是说,二年级的设计为初步过渡,此后三、四年级的设计则要求更加综合考虑功能、技术等实际问题。

虽然设计课程中部分题目如"近代建筑构图"仍然是从"构图",即"形式"的角度来理解现代建筑,同时展开创造过程,并没有根本脱离学院思想重视建筑形象的基础,但毕竟已经开始显示了部分新思想的影响。

随着后来一些新教师的加入,之江大学建筑系的教学在现代建筑思想方面更加有所加强。1937年毕业于美国伊利诺伊大学建筑系的建筑师汪定曾,在其求学期间已经接触了不少现代思想。他进入之江大学建筑系,负责二年级设计教学时,其教学大纲颇具现代特点。大纲内容如下:

二年级设计教学大纲:

(1) 通过设计习题使学生了解及获得建筑设计的基本技能;

(2) 根据实际问题沟通现代建筑设计的趋势和出发点,注重结构与设计的关系;

---

❶ 之江大学建筑系教学档案,1950年。

(3) 鼓励学生养成研究及判断的能力;

(4) 设计习题力求结合现实,避免纯艺术的追求;

(5) 利用模型制造使同学对一建筑物有整体观点;

(6) 图案的表现,力求真实,尽可能减少过分渲染,遮盖建筑物本身设计的缺点。

资料来源:之江大学建筑系教学档案,1951年。

汪定曾所制定的教学大纲和要求体现了现代建筑教育的很多思想,如注重实际问题和技术问题,避免为艺术而艺术;培养学生主动创造力;采用模型作为辅助思考手段;建筑表现不纯粹追求图面效果,以表达清楚设计建筑为目的等等。这些思想,已经超过了仅仅在建筑形体方面对现代式样的追求,而具有了更为深层的内涵。

在现代思想已经广泛影响建筑师和建筑作品时,即使有着深厚学院功底的陈植、谭垣、吴景祥等教师,在高年级的建筑图案课中也并不以风格对学生进行过多限制,而是由学生自己进行选择。学生受当时国外杂志和建筑界实践状况的影响,往往设计作品多为现代样式,特别是在商业住宅等功能、时尚性较强的建筑类型之中(图 3.4.12~图 3.4.17)。处在上海这个近代商业大都市,学生们设计思想更加开放,自由性和灵活性得到了充分的展现。

图 3.4.12 之江建筑系作业一

图 3.4.13 之江建筑系作业二

图 3.4.14 之江建筑系作业三

图 3.4.15　之江建筑系作业四

图 3.4.16　之江建筑系作业五

图 3.4.17　之江建筑系作业六

（二）实用化与技术化的学院式教学方法——天津工商学院建筑系等

与之江大学不同，一些院校建筑系也受到了中央大学教学方法的影响，但由于距离、教师的教育背景等原因，受中央大学的影响并不是很大，而更体现出应对执业市场需求，注重实用技术等方面的特点。1937年成立的天津工商学院建筑系便是这类建筑系的代表之一。

天津工商学院前身天津工商大学是一所教会学校，由法国天主教会与罗马教廷于1921年创立于天津。1927年之后，南京国民政府发起收回教会学校教育权的运动，要求教会学校必须向教育部申报注册立案。1933年天津工商大学申报立案时，因为不满足三院或九系以上的要求，于是改称为天津工商学院。根据当时教会大学立案须由华籍人士主掌之规定，学院聘请了著名工程师华南圭为院长❶。华南圭曾在原北平大学艺术学院建筑系担任过教师。

1937年，天津工商学院下属的工科改称工学院，并开始设置建筑工程系。第一班学生由部分原土木工程系三年级的学生组成。首任系主任为陈炎仲，他曾于1923～1928年留学英国，就读于英国伦敦建筑师协会建筑学院（Architectural Association, London），毕业回国后就职于阎子亨经营的天津中国工程司。陈炎仲于1940年去世，有关记载很少。继他之后任建筑系主任的是沈理源❶（图3.4.18）。

---

❶ 温玉清："桃李不言　下自成蹊——天津工商学院建筑系及其教学体系述评（1937～1952）"，见《2002年中国近代建筑史国际研讨会论文集》。

沈理源曾担任过北平大学艺术学院建筑系教师及系主任。天津工商学院建筑系与北平大学艺术学院类似，其教师大多为平津地区的开业建筑师。因此，这两所学校建筑系之间多少有一些联系。除了一些教师同时都在这两个学校任过教之外，有些北平大学艺术学院建筑系毕业的学生后来担任了天津工商学院建筑系的教师。因此，在建筑教学方面，这两所学校具有一定的传承性。但是，由于新建筑系设立于工学院中，而不同于北平大学建筑系处于艺术学院的背景，因此，在教学方面天津工商学院建筑系对艺术绘画方面的要求大为降低。

图 3.4.18 沈理源

任教于天津工商学院建筑系的还有中国工程司的张镈（1932 年毕业于中央大学）、基泰事务所的杨宽麟、法商永和工程司的 P. 慕乐、谭真工程司的谭真等等。这些教师（参见表 3-14）多为执业者，且不少人具有土木工学教育背景，因此，他们对建筑设计人才的培养比较侧重于技术工艺、工程实践方面。这使得天津工商学院建筑系在工程技术方面的训练十分突出。

天津工商学院建筑系教师表　　　　　　　　　　表 3-14

姓　名	经　历	任　课
陈炎仲 ？～1940	北京交通大学铁路管理系毕业，1923～1928 年就读于英国伦敦建筑师协会建筑学院(A. A.)，获硕士学位，曾就职于天津中国工程司	
沈理源 1890～1950	1908 入意大利那不勒斯大学攻读土木与水利工程，后自学建筑设计。1938～1950 任北平(京)大学工学院建筑工程系教授；1937～1950 任天津工商学院(津沽大学)建筑系教授、系主任	建筑设计、西洋建筑史
阎子亨 1891～1973	香港大学土木工程系毕业。历任直隶省河务局防汛委员、绥远实业处技士、陆军部建筑科办事。1928 年在天津经营中国工程司，任总工程师兼经理。同时兼任北洋大学、天津工商学院建筑系教授	建筑构造、建筑技术
谭　真 1898～1976	1917 毕业于交通大学唐山工学院土木工程系，后留学美国，1919 年麻省理工学院水利工程系毕业，硕士学位。回国后，任运河工程总局副工程师；1921 年任天津允光公司经理；1928 年兼任北洋大学教授；1929 年任海河水利委员会工程师；1930 年任天津荣华工程司总工程师；1931～1932 兼任交通大学唐山工学院教授；1935 年创办谭真工程司；1940 年起兼任天津工商学院教授；1946 年任交通部塘沽新港工程局总工程师	
华南圭 1876～？	1910 年毕业于法国工程专门学校。归国后历任京汉铁路公务处长、铁路技术委员会工务股主任、京汉路黄河铁桥设计审查会副会长、北京交通大学校长、北平特别市工务局长、天津工商学院工学院院长、中国工程师学会天津分会会长	
高镜莹 1901～？	1925 毕业于美国密执安大学，工程学硕士。天津工商学院工学院土木工程系主任、主要课程主讲教授	

续表

姓 名	经 历	任 课
王华棠	1926年唐山交通大学铁路工程系毕业。1927毕业于美国康耐尔大学铁路及水利工程系，硕士学位。曾在纽约公路局、普通信号公司实习	
张镈	1930年入东北大学建筑系，1931年"九一八"事变后，转入中央大学建筑系，1934年毕业，任职于基泰工程司。1940~1946年兼天津工商学院建筑系教授	建筑理论、中国建筑构造、建筑设计
P. 幕乐	法国人，曾与赫琴(Hunke)合作在天津开设法商永和工程司	室内装饰学
杜齐礼		微积分、透视投影学
邓光华		测量学、工程估计学
谭璟		都市计划、公路工程学
伍克潜		工程地质学
王守忱		铁道曲线、铁路工程学
冯建逵	1938年入北京大学建筑工程系，1942年毕业，1942~1952在北京大学工学院建筑工程系、天津工商学院(津沽大学)建筑系任教，并任天津华信工程司建筑师，曾基泰工程司测绘技师，参与张镈领导的故宫建筑测绘工程	中国水彩画、徒手画
黄廷爵	1932年毕业于北平大学艺术学院建筑系，1937年在天津成立建筑设计事务所，并兼任天津工商学院(津沽大学)建筑系教授	

其他教师还有：杨学智、宋秉泽、石承露、林世铭、沈韵梅、陈淑琴等

资料来源：温玉清，《桃李不言 下自成蹊——天津工商学院建筑系及其教学体系述评(1937~1952)》，见《2002年中国近代建筑史国际研讨会论文集》。

  将天津工商学院建筑系1939年左右的课程表与1933年中央大学建筑系的课表及1939年全国统一科目表比较(参见附录A表A2)，可以发现前者受后两者影响的痕迹，不少课程都有一致之处，但是天津工商学院明显具有更多的技术课程，而美术课程则要少得多。这反映了该系相对重视技术而轻视艺术绘画的思想，体现了天津工商学院的教学目的是培养学生成为职业建筑师，强调培养实用型人才的特点。

  虽然天津工商学院的教学注重工程技术和设计实践，并不非常重视学生的绘图技能培养，具有实用性的特点，但是在教学中的建筑思想方面，占据主导地位的仍然是古典和折衷主义。这与主要设计教师的建筑思想是密切相关的。

  设计教学的核心教师，系主任沈理源早年攻读的是水利专业，并未接受正规的学院式建筑教育，而是出于个人兴趣才转向建筑方面。意大利浓厚的古典建筑氛围深切地感染了他，对他建筑思想的形成产生了重要的作用，因此，他的建筑思想总的来说属于古典和折衷主义思想。沈振森在其硕士论文《中国近代建筑的先驱者——建筑师

沈理源研究》中就曾经指出:"擅长西洋古典是沈理源先生作品的最大的特点。"❶ 这一特点从沈理源大量实践作品均为古典风格中也可以看出来。出于对古典建筑的兴趣,他还自己编译了 Fletcher 的著作《西洋建筑史》,并准备编写有关设计理论方面的教材。"沈着手以讲义为蓝本,编一本诸如'建筑原理'方面的教科书,以西方古典建筑的五柱式以及比例尺度、构图原理等为基本内容,融入现代建筑的设计原理、设计步骤等内容,它是讲综合设计概念的一部教材……"❶。这里,他的建筑思想是非常明显的。

但是,在教学中沈理源并没有完全采用学院式的严格训练方法,并不强调水墨渲染、绘画技巧的训练。他指导的学生作业大多是"各种古典建筑精细的大比例节点详图以及工艺做法"❷。他习惯用清晰明确的构造图纸来让学生掌握西洋古典建筑的模数制、范式以及具体做法,让学生掌握古典建筑的比例尺度、色彩质感、工艺技巧等,养成基本素养。产生这种情况可能有多种原因,或许是因为沈理源并未经过学院式科班训练;或者因为大多具有法国留学背景的教师们 1920 年代在法国时,学院式教学体系已受到了现代主义思想的冲击和批评;也可能是因为不少教师的执业背景或者土木工程背景使得他们在教学之中更多地倾向于技术构造方面等等。

由于该校建筑教育仍建立在西洋古典建筑美学的基础上,古典形式原则仍然在训练中贯穿始终,因此教学仍体现出学院式的一些特点。但是,该系教学又更加注重技术、构造等方面,而不太注重渲染等艺术表现课程,造成了学院式教学方法实用化和技术化的倾向。这一点在平津地区几个具有类似师资背景的建筑系中都有所体现。

与天津工商学院同处于平津地区的国立北京大学工学院建筑系(沈理源曾任系主任)与前者在教学方面十分类似,其中部分原因也在于主要设计教师也是沈理源。"在北大工学院,朱兆雪、沈理源、钟森是建筑系三个影响较大的人物,朱兆雪留学比利时,偏重于钢筋混凝土,钟森较偏重于工程,如材料、结构等,沈理源则擅长于建筑艺术,……"❷教学人员结构的近似使这些院系在教学思想和方法等方面存在不少一致性。同样的情况也见诸 1946~1949 年的国立北洋大学建筑系(沈理源任北平部建筑教师)等一些学校。

(三) 现代主义教育思想的短期探索——重庆大学建筑系

中央大学地位的提高及其学院式教学方法正统地位的确立不仅使一些学校成为其追随者,也对另一些学校所探索的现代建筑教育方法造成了冲击。后者最具代表性的是 1930 年代末、1940 年代初期与中央大学同处一地的重庆大学建筑系。

1940 年,重庆大学成立了建筑系,系主任为 1939 年德国柏林大学毕业的陈伯齐

---

❶ 沈振森:《中国近代建筑的先驱者——建筑师沈理源研究》,天津大学硕士论文,32 页。
❷ 温玉清:《桃李不言 下自成蹊——天津工商学院建筑系及其教学体系述评》,见《2002 年中国近代建筑史国际研讨会论文集》,224 页。

(图 3.4.19)。建筑系教师除陈伯齐外，另外还有留德的夏昌世(图 3.4.20)，1931 年毕业于东京工业大学的龙庆忠(图 3.4.21)、盛承彦等。由于该系教师大多具有日、德留学背景，因此，日德建筑教育体系中重视技术且深受现代建筑思想影响的特点也在他们的教学中体现出来。尤其是夏昌世、陈伯齐二人，他们在留德期间，正是德国现代主义运动蓬勃兴盛时期，他们深受新思想和新理念的影响。当他们回国后在重庆大学进行教育实践时，基于已经形成的现代建筑思想，并没有采用当时同处一地的中央大学的学院式体系，而是在教学中注重建筑的功能、实用、经济和技术因素，并且提倡现代风格。

图 3.4.19　陈伯齐　　　图 3.4.20　夏昌世　　　图 3.4.21　龙庆忠

重庆大学建筑系中，夏昌世主要教设计课程。他 1928 年毕业于德国卡尔斯鲁厄工业大学建筑系，曾在德国一家建筑公司工作一段时间，后考入蒂宾根大学艺术史研究所，于 1932 年获博士学位。同年回国后，他先在铁道部、交通部任职，后在国立艺专任教。❶

夏昌世是一个颇具现代主义思想的老师，他对建筑教学中现代特色的形成具有重要作用。当年的学生回忆他在担任高年级设计课时，"在设计课教学中就十分强调建筑的实用功能，强调建筑构成的合理性，他对当时在一年级的教学中花很长时间去渲染希腊、罗马的五个柱式和过分讲求画面构图的教学内容和方法持不同意见，认为学生初进建筑系，应该多学点实际的知识和技能"❷。他还认为不应过分崇拜死守巴黎美术学院一套纯艺术的教学观点。他觉得"建筑的美不仅在外部包装，而且在舒适和本身的合理结构与布局……"❸ 这些观点，充分体现了他的现代建筑思想，他在指导设计时，也往往从技术、功能着手。例如辅导学生进行图书馆设计时，他曾抱来了几厚本大书，内容都是关于图书馆设计中一些技术用房功能的数据规范和布局图例。他着重讲解这些技术用房的使用要求，分析书库的作用和图书的运输布局方式对图书馆

---

❶ 杨永生主编：《中国四代建筑师》，中国建筑工业出版社，2002 年 1 月，33 页。
❷ 汪国瑜：《怀念夏昌世老师，建筑百家言》，中国建筑工业出版社，2000 年 12 月。
❸ 汪国瑜："夏昌世教授的思想和作品"，见《汪国瑜文集》，清华大学出版社，2003 年 9 月，179、181 页。

设计的影响,以及其他内外用房的相互关系等问题。这与学院式教育过分关心建筑形象与构图,强调美观的思想完全不同。

但是,重庆大学建筑系教学中的现代探索并没有能够顺利进行下去。当时的重庆大学和内迁的中央大学同处一地,都在沙坪坝地区。两校师生间的交流十分频繁,教师多为互聘兼任,学生更是来往密切。由于当时崇尚美国制度的社会风气十分兴盛,中央大学建筑系具有美国特点的建筑教育方法受到了大家的广泛欢迎。随着中央大学主体地位的日渐形成,重庆大学建筑系的教学方法及其相关教师开始遭受校内外两系一些师生的非议和责难。一些人将他们的教学思想与德、日等法西斯轴心国联系起来,进行批判。国际政治、军事的对立此时被延伸到了学术上,"一时间流言四起"❶。重庆大学一些学生纷纷表示不满,要求采用与中央大学一样的教学方式。于是1943年夏昌世、陈伯齐以及其他一些曾留学德、日的老师一气之下,毅然拂袖而去。此举宣告了早期重庆大学建筑系短暂的教学新探索的终结。之后,重庆大学从系主任到教师都改为由留美建筑师担任,教程也变得与中央大学几乎相同。1943年之后,重庆大学成为继之江大学之后又一个深受学院式教学体系影响的建筑系。

那一批被迫离开重庆大学的教师们后来陆续来到了广州中山大学建筑系(其前身即为上文提及的勷勤大学建筑系)继续任教,他们又在新的建筑系中继续自己的教学探索。其详细发展情况将在下一部分具体展开。

从以上重庆大学建筑系的命运中我们可以发现,在亲英美、反日德的国家政治形势和社会观念影响下,学院式教学方法的势力极为强大,它对日德等国传来的具有现代倾向的教育方法产生了强烈的冲击和阻碍。独特的政治和社会背景使得学院式教学方法始终处于正统地位而难以动摇。

(四) 勷勤大学——中山大学建筑系对现代建筑教学思想的进一步探索

1. 勷勤大学建筑系阶段

上文曾经说明,中国早期的四所建筑院校中,相对而言勷勤大学建筑系的教学最重视技术和实践,在设计方面中,也充满了对现代建筑的追求。在1930年代的这段时期,勷勤大学建筑系自身的特点一直得以延续。

首先,勷勤大学建筑系在课程安排方面延续了注重工程技术的特点。1933年中央大学建筑系的课程在当时中国建筑界的重要杂志《中国建筑》上的发表,使它的影响迅速遍及全国。地处广州的勷勤大学建筑系的教师们,也同样看到了这份杂志。但是这份课表并没有对勷勤大学的建筑教学产生太大的影响。

比较1937年勷勤大学建筑课程(参见表3-15及附录A表A4)与1933年广东省

---

❶ 汪国瑜:"夏昌世教授的思想和作品",见《汪国瑜文集》,清华大学出版社,2003年9月,179、181页。

立工专时期课表及1933年中央大学课表，我们可以发现1937年的课表基本延续了原省立工专的课程设置特点。此时的建筑系虽然也增加了一些美术课的种类，但大多列为选修课，且没有学分，与中央大学重视美术训练的做法不同，勤勤大学反而将美术课程由9分降低到必修2分；同时技术、设计课程的绝对优势仍然得到了体现，若将建筑原理课作为设计的一部分，则技术、设计课程分别占据专业学分的45.4%和43.5%。

1937年勤勤大学建筑系课程（课程名称后数字为学分数） 表3-15

		一年级	二年级	三年级	四年级
公共及其他基础课部分		国文2、英文8、数学8、物理2、化学2	数学4		
专业课部分	设计课	建筑图案2 建筑图案设计0	建筑图案设计8	建筑图案设计8	建筑图案设计8 都市设计6 室内装饰4
	绘图课	画法几何4 阴影学1 自在画2 图案画(选)0 模型(选)0	透视学2 阴影学2 水彩画(选)2 建筑配景画(选)		
	史论课	建筑学原理4	建筑学原理6 外国建筑史4	中国建筑史2	
	技术及业务课		力学及材料强弱8 测量4	钢筋混凝土原理4 建筑构造学8 建筑材料及试验4 钢骨构造4 地基学4 工程地质学(选)0 建筑管理2	应用物理学4 钢筋混凝土构造6 渠道学概要2 工程地质学(选)0 施工及估价2 建筑师业务概要2

资料来源：广东省立勤勤大学教务处，《广东省立勤勤大学概览》，民国二十六年三月，笔者重新分类。

勤勤大学建筑之所以保持了这样特点，有以下三方面原因：一是因为中央大学的课程设置还没有成为全国统一的课程标准，勤勤大学可以根据自身的情况决定是否将其作为参考；二是勤勤大学的教师队伍的学科背景决定了它注重工程技术的特点；三是该校和南京距离的遥远以及"宁粤政府对抗"的政治环境也使它可以不太受南京政府的中央大学影响，探索自己的道路。

勤勤大学不仅在课程设置方面中延续了自身特色，在对现代建筑的追求方面也有了进一步发展。1934年之后，随着勤勤大学建筑系的规模进一步扩大，陆续又有一些建筑师加入教学队伍。1934～1935年之间，设计教师过元熙和谭天宋以及土木技

第三章 中国现代建筑教育的开端——1952年前院校建筑教育

术教师罗明燏❶来到了系中任教。其中前两位都是受到现代主义思想影响的建筑师。

过元熙是美国宾夕法尼亚大学的建筑学士,麻省理工学院建筑硕士,曾任芝加哥万国博览会监造。他此时已经体现出对复古主义以及中国"固有式"的反思,他在《中国建筑》1934年第二期"博览会陈列各馆营造设计之考虑"一文中指出:"故我国专馆之设计营造,自然该用20世纪科学构造方法,而其式样,当以代表我国文化百年进步为旨意,以显示我国革命以来之新思潮及新艺术为骨干,断不能再用过渡之皇宫城墙或庙塔来代表我国之精神。故其设计方法,当先洞悉该博览会之性质宗旨,而用现代之思想,实力发挥之,可使观众得良好之印象也。"这些观点体现了他对中国复古建筑的反对和对现代建筑的追求。在此思想之下,他在勷勤大学的教学中也十分提倡现代建筑思想。

另一位教师谭天宋曾就读于美国北卡罗来纳州大学建筑系,之后1925年去哈佛设计研究生院建筑学专业进修。关于他的设计思想,有关研究曾经指出:"他的设计注重平面功能,提倡现代主义简洁明快的创作风格,反对模仿西化,反对复古,是一位现代主义的坚定支持者"❶,这一点通过他后来的作品也可以看出。

1937年之后,建筑专业教员又增添了杨金(1928东京高等工业学校毕业)、刘英智(东京工业大学毕业)、陈逢荣(美国芝加哥麻省理工大学毕业)、谭允赐(美国加州大学毕业)、朱绍基、金泽光(1932年法国巴黎土木工程大学毕业)、陈荣枝(1926年美国米西根大学毕业)等等。这些新来的建筑教师大多深受现代建筑思想的影响,加之勷勤大学原来注重工程技术和实践的传统,致使建筑系中对现代建筑的追求一时蔚然成风。

1930年代以来,带有现代建筑倾向的建筑"摩登化"运动已经广泛地影响了包括广东在内的中国建筑界。作为勷勤大学建筑系主任的林克明也受到了这一思想极大影响。他在1934年为勷勤大学在广州河南石榴岗地区的新校区设计的多所教学楼(图3.4.22~图3.4.25)已采用了简洁明快的风格。建筑强调体积组合,挺直而流畅的线条,无装饰的墙面,横向、竖向带形窗等手法,

图3.4.22 勷勤大学教学楼一

体现出了现代建筑的特征。虽然从这些建筑中,仍能看到明显的古典建筑美学要素,诸如对称、比例、中心突出、主从关系、均衡等原则,反映了林克明深厚的学院功底对他设计的潜在影响,但在此时他已明显地具有追求现代建筑的倾向。

---

❶ 彭长歆:《广东省立勷勤大学建筑工程学系教学体系述评》(未发表),2004年。

图3.4.23 勤勤大学教学楼二

图3.4.24 勤勤大学教学楼三

图3.4.25 勤勤大学教学楼群

不过需要指出的是，林克明的现代倾向大多表现在政治影响较弱、功能性要求较强的建筑中。特殊情况下他仍会采用一些古典的形式。他早在1928～1929期间曾设计了中国复古风格的广州中山图书馆和广州市府合署，而在1933～1935年设计与勤勤大学同期建设的石牌中山大学校园建筑时，他又采用了中国古典形式。这一方面是为了和校园中原杨锡宗设计的中国复古形式建筑统一，另一方面也多少因为中山大学具有一定的政治象征意义。不过即使他在一些政治性建筑中采用了中国复古形式，但是在其他类型建筑中的新倾向却是显而易见的。

勤勤大学建筑系中，曾经历过严格的学院式教育、且在广州做过不少中国固有式风格的政府建筑的林克明，内心已经产生对现代建筑的追求，而其他一些本来就没有受过正统学院式教育以及已经具有现代主义思想的教师们，则更加推动了该系追求现代建筑的风气。

1935年3月勤勤大学建筑工程系举办了教学成果展览会，并发行了《广东省勤勤大学工学院建筑图案设计展览会特刊》。在该校刊中，林克明明确指出这次展览会的目的是为了"鼓励同学之努力，及引起社会人士对于新建筑事业之注视耳"[1]。勤勤大学的师生们在特刊中也纷纷对现代建筑进行了全面的讨论和积极的倡导。

---

[1] 林克明：《此次展览会的目的》，见《广东省勤勤大学工学院建筑图案设计展览会特刊》，1935年。

特刊中除了林克明著"此次展览的意义"、胡德元著"建筑之三位"之外，几位高年级的学生也写了文章，如郑祖良著"新兴建筑在中国"，裘同怡著"建筑的时代性"，杨蔚然著"住宅的摩登化"等等。彭长歆博士在"勷勤大学建筑工程学系与岭南早期现代主义的传播和研究"一文中，将这些研究分为三种趋势：第一种趋势是以郑祖良"新兴建筑在中国"一文为代表，"将现代主义与科学精神联系在一起，将新兴建筑作为新时代的物化象征来看待"的思想，认为"旧的建筑样式达到了给人们目为偶像、虚伪、陈腐而不能表（达）理（性）时代精神的时候，新的建筑样式便挟了革新的要求，自然而然地产生出来"；第二种趋势是以裘同怡的"建筑的时代性"为代表，认为历史上每个时代都有其对应的建筑艺术形式，现代建筑是时代发展的必然，"因为他（现代建筑）能以单纯的线条、经济的费用而建筑成一种有同等价值的记载"；第三种倾向是以杨蔚然的"住宅的摩登化"、胡德元"建筑之三位"为代表的，着重对现代化建筑的设计方法论作出的探讨。杨蔚然提出了摩登住宅"经济、实用、合理化"的原则，胡德元提出了现代建筑应包含三个要素：用途、材料和艺术思想"，三者应为一体，并且认为"在20世纪之今日，当建筑设计离开用途与材料，而专注其形式与样式，此实为不揣本而齐其末之事也"。[1]

从专刊上的这些文章中，可以非常深切地感受到现代建筑思想已经成为师生们的主导思想，而且大家对于现代主义思想的理解已经完全超越了"摩登形式"的初浅认识，达到了一定的深刻程度。

十分遗憾的是在该刊物中并没有刊登相应的学生展览作业，我们无法印证并考察实际的教学效果，无法了解学生将现代建筑思想用于实践的程度、以及此时学生所体现出的建筑美学观等。但是从师生们的文章来看，他们已经具有了比较深刻的现代建筑思想。

1936年，勷勤大学建筑系部分毕业班学生创办了建筑杂志——《新建筑》。该杂志延续了1935年展览会特刊的特点，或许可能正是在展览会特刊对同学的激励和影响下创办的。这份刊物成为学生们宣传现代建筑的阵地。它旗帜鲜明地要求"反抗现存因袭的建筑样式，创造适合于机能性、目的性的新建筑"。该刊物在1936年、1937年陆续出版了几期后，由于抗日战争爆发一度停顿，又于1940年5月在重庆复刊。黎抡杰、郑祖良时任主编，聘请了他们原来的老师林克明、胡德元为编辑顾问。后来杂志又一度停刊，于1947年起再次复刊。这份杂志中充满了提倡新建筑思想的论著，包括黎抡杰的"现代建筑"（1941）、"构成主义的理论与基础"、"国际的新建筑运动论"（1943）、"新建筑造型理论的基础"（1943年）、"目的建筑"等，郑祖良的"到新建筑之路（译著）"、"新建筑之起源"以及郑祖良与黎抡杰合著

---

[1] 彭长歆：《勷勤大学建筑工程学系与岭南早期现代主义的传播和研究》，见《南方建筑》，2002年。

的"苏联新建筑"、郑祖良与霍云鹤合著"现代建筑论丛"等等❶。虽然期刊文章很多是学生毕业后所写，但从中能够看出勷勤大学建筑系给学生奠定了坚实的现代建筑思想的基础。

2. 中山大学建筑系阶段

1937年抗日战争爆发，广州地区也遭到了日军飞机的狂轰乱炸，勷勤大学被迫迁往广东云浮县。部分教师及学生没有一同前往，系主任林克明也离系。胡德元继任系主任，在混乱的局势下中维持教学工作。继前两个班学生顺利毕业后，1938年第三个班毕业。此时，日军猛攻广州，当局决定停办勷勤大学，各院系并入当地其他大学。原勷勤大学工学院并入国立中山大学工学院，并随该校一同内迁至云南省徵江县继续上课。建筑系一年级30名学生、二年级35名学生、三年级34名学生与一些教师一同并入中山大学工学院，在工学院成立建筑系。胡德元仍为系主任，勷勤大学建筑系基本人员结构由此保存下来。

胡德元从1938～1941年上半年任系主任。此间刘英智等教师继续留在系中，另外胡德元又陆续聘请了一些建筑师前来担任建筑系教师，包括虞炳烈（留法，曾为中央大学教师）、黄玉瑜（美国麻省理工大学毕业）、黄适（美国俄亥俄州立大学建筑科毕业）、胡兆辉、吕少怀（东京工业大学建筑科毕业）、黄维敬（美国密西根大学土木工程硕士）、黄宝勋（天津工商学院工学士，曾任巴黎E. T. P工程师）以及美术教师丁纪凌（德国柏林大学美术院毕业）等等❷。

1941年底胡德元因故离校，由技术课程教师卫梓松继任系主任至1945年。该段时期内建筑系又聘任过李学海、钱乃仁、黄培芬等担任设计及技术课程教师，并聘任符罗飞（留学意大利回国）作美术教师❸。动荡的战争局势使学校几经搬迁，系主任想尽办法将所碰到的为数不多的建筑师都网罗前来任教。虽然形势十分不稳定，但学生和教师都尽可能按教学计划认真教学。1940年、1941年毕业了两班学生共64人，之后陆续又有几班学生毕业。抗战胜利后，师生们回到了广州石牌中山大学原校址，建筑系也随之前往，之后一直属于中山大学工学院。

尽管中山大学此间地处岭南，且十分动荡，但1939年教育部在重庆颁布的全国统一课程设置仍然对其有所影响，将该系1938年、1939年、1943年已知开设的一些课程与1939年统一课程相比较（参见表3-16），可以看到中山大学课程逐渐趋于全国统一课程的倾向。虽然有些课程的改变是与教师人员变动直接相关的，可能并非完全是计划制定者刻意安排的结果，但是从一些课程的名称的改变以及选择教师、增设课程的主动性来说，仍然可以认为这种影响的存在。

---

❶ 赖德霖：《"科学性与民族性"——近代中国的建筑价值观》，见《中国近代建筑史研究》，清华大学工学博士学位论文，1992年5月，3～47页。
❷ 彭长歆：《广东省立勷勤大学建筑工程学系教学体系述评》（未发表），2004年。
❸ 《国立中山大学校友通讯》，1943年12月15日。

中山大学1938年、1939年、1943年部分课程与1939年全国统一科目表比较　　　表 3-16

		1938年中山大学	1939年中山大学	1943年中山大学	1939年全国统一课程
公共课部分					算学、物理学
专业课部分	技术基础课	材料强弱学		应用力学 材料力学 图解力学	应用力学(1) 材料力学(1) *图解力学(3)
	技术课	钢筋混凝土理论 钢筋混凝土构造 钢铁构造 房屋建筑 建筑构造学 工场建筑 构造学演习	钢筋混凝土原理 钢筋混凝土构造 钢骨构造 建筑材料 房屋建筑学 钢筋混凝土设计	钢筋混凝土 钢筋混凝土设计 钢骨构造 建筑材料 房屋建筑学 结构学	钢筋混凝土(3) 木工(1) *铁骨构造(3) *材料试验(3) 营造法(2) *结构学(4)
		建筑设备	暖房及通风 房屋给水及排水	房屋给水及排水 声音及日照学	*暖房及通风(4) *房屋给水及排水(4) *电烛学(4)
		建筑施工法 建筑估价	施工及估价	建筑师法令及职务 施工及估价	经济学(1) 建筑师法令及职务(4) 施工及估价(4)
				测量	测量(4)
	史论课	外国建筑史 中国建筑 近代建筑	外国建筑史 中国建筑史 中国营造学 近代建筑史	外国建筑史	建筑史(2) *中国建筑史(2) *中国营造法(3)
					美术史(2) *古典装饰(3) *壁画
		建筑计划特论	工厂建筑 建筑原理	建筑图案论	建筑图案论(4)
	图艺课	投影几何 阴影学 透视学	投影几何 阴影学 透视学	投影几何 阴影学	投影几何(1) 阴影法1) 透视法(2)
		建筑美术	建筑初则及建筑画 徒手画 水彩画 雕刻 模型设计	建筑初则及建筑画 徒手画 模型素描 单色水彩 水彩画	（中大有建筑初则及建筑画课） 徒手画(1) 模型素描(2, 3) 单色水彩(2) 水彩画(一)(2, 3) *水彩画(二)(3) *木刻(3) *雕塑及泥塑(3) *人体写生(4)

续表

专业课部分	设计规划课	1938年中山大学	1939年中山大学	1943年中山大学	1939年全国统一课程
		建筑计划 建筑图案设计	建筑计划 建筑图案设计	建筑计划 建筑图案设计	初级图案(1) 建筑图案(2,3,4)
		室内设计		室内装饰	*内部装饰(4)
					*庭园(4)
			都市计划	都市计划	*都市计划(4)
					毕业论文(4)

资料来源：根据中山大学档案内中山大学教师任课单(参见附录A表A6)整理而成。

虽然中山大学建筑系的课程受到了中央大学的影响，但是在实际教学过程中，仍然保持了它的特点。在抗战时期，由于建筑系的教师队伍中仍有原勷勤大学建筑系教学核心人物如胡德元、刘英智等，他们都是现代建筑的积极倡导者；同时此间加入建筑系的教师，也大多具有现代建筑教育背景、或已深受现代建筑思想影响，因此，这一阶段的教学基本延续了原勷勤大学注重实用、技术的倾向，也继续提倡新建筑。

1945年抗日战争胜利后，中山大学建筑系随学校一起回到广州原中山大学校址。随着夏世昌、陈伯齐等教师的陆续加入，中山大学又迎来了一个新的高峰时期。

上文曾经提到，重庆大学建筑系教师夏世昌、陈伯齐、龙庆忠等因留学日德背景而遭受非议，离开了重庆大学。1945年，夏世昌应邀来到中山大学建筑系任教并兼系主任，龙庆忠和林克明于1946年、陈伯齐于1947年也陆续来到建筑系中任教。这些具有现代建筑思想的教师们在中山大学已有的现代主义思想基础上，充分发挥自己的才能，更自由地实施自己的教学方法，使该系得到了进一步发展。

考察此时的课程设置(参见附录A表A5)，可以看到统一教学计划影响的痕迹，这可能是由于全国统一要求执行计划的缘故。但是中山大学具体的教学中并没有受学院式方法太多影响。据1948届毕业生金振声回忆，"建筑初步课程中并没有大量的渲染构图练习，只是画过柱式的线条图，培养墨线线条绘图的能力。在设计课程中，老师们也并不是最看重形体，而是更注重实用功能的安排，技术手段的综合考虑"[1]。在1948年的建工系教师课程安排(参见附录A表A10)中，我们也可以看到任设计课的几位老师都是现代建筑倡导者。其中，陈伯齐专门开设了"都市计划"课程，林克明开设了"现代建筑"课程，这些都是现代建筑思想在教育中的充分体现。

在1920～1940年代，随着中央大学学院式教学方法的巩固和该系在中国教育界主体地位的形成，其建筑教育对其他学校建筑系广泛产生影响。其他学校将这种教育思想与自身教师情况相结合，形成了类似或改进的学院式教育方式。同时，在中央大学的强大势力下，一些学校开始进行的新建筑教育尝试受到了极大冲击；另外也有一些距离较远、相对受影响较小的学校，继续进行了偏重实用和技术的具有现代倾向的教育探索。

---

[1] 2004年1月12日笔者访谈金振声先生。

虽然这些学校有着不同的倾向,但它们还没有从整个完整的教学体系上达到现代建筑思想的培养要求。从作为教育基础的入门初步课程来说,它们多采用了线条制图和渲染表现等训练,只是在重要性方面各自有所侧重。这些方法从开启学生的创造潜能这一现代建筑教育核心来说,并没有起到太多的作用。教学之中对于现代建筑的重要组成因素——现代美学思想的培养,也没有充分体现和强化。学生们理解现代建筑,大多依靠设计教学之中教师的改图以及建筑杂志的感性经验。由于没有系统化的教学,他们只能自己领悟现代美学。而通过这些经验的方法和有限的范围,他们所能领悟的并不是完整的现代美学,仅为其中机械技术美学等有限的方面。这便形成了学生对现代建筑理解的片面,通常认为只要去掉古典装饰花纹或以线条等简洁装饰代替即可。从整个形体的特征来说,往往仍以古典美学为基础,在形态方面缺乏对现代美学的系统训练和关注,这使对现代建筑的教学仍缺乏全面性。

尽管如此,此时在建筑实践领域的影响下,现代建筑的实用、功能、技术经济性等特点已经在学生的设计思想中有所反映,并且少数受学院式方法影响较弱的学校中,现代建筑的思想已经在设计教学中较深入地得到贯彻。从这一方面来说,现代主义理念已经在建筑教学领域得到了一定发展。

第五节 现代建筑教育的兴起

1940年代以来,现代建筑思想已经在中国建筑界广泛产生影响。此时西方的现代建筑运动也有了更高层次的发展。一些新近在国外受到现代建筑教育思想及方法影响的建筑人士回到国内后,开始了更为系统彻底的有关现代建筑教育的尝试。

(一) 带有"包豪斯"教学特点的上海圣约翰大学建筑系

1942年,毕业于美国哈佛大学研究生院建筑系的黄作燊(图3.5.1)在上海圣约翰大学工学院创建建筑系。黄作燊曾师从现代建筑大师格罗皮乌斯,追随他从伦敦建筑学会学校(A. A. School of Architecture, London)至哈佛大学设计研究生院,成为格罗皮乌斯第一个中国学生(在他之后还有贝聿铭、王大闳等)。黄作燊在哈佛大学接受了现代主义建筑教育思想。回国后,他将这些新理念引入建筑教育实践,在圣约翰大学建筑系中进行了现代建筑教育的新探索。

1. 圣约翰大学建筑系概况

圣约翰大学是中国近代历史上最早成立的教会学校。1879年美国圣工会将培雅书院(Baird Hall)和度恩书院(Duane Hall)这两所监督会(又称"圣公会")所设立的寄宿学校合并,成立圣约翰书院。1890年增设大学部,以后逐渐发展为圣约翰大学。

圣约翰大学很早就已经设立了土木工程系,并逐渐发展成土木工程学院。1942年,黄作燊(图3.5.1)应当时土木工程学院院长兼土木系主任杨宽麟(图3.5.2)邀请,在土木系高年级成立了建筑组,后来建筑组发展为独立的建筑系,黄作燊一直担任系主任。

开始时,教员只有黄作燊一人。第一届学生也只有5个人,都是从土木系转来的。后来黄作燊陆续聘请了更多的教师,参与系的教学工作,学生数量也逐渐增多。教师中有不少人为外籍,来自俄罗斯、德国、英国等国家。其中有一位很重要的教师鲍立克(Richard Paulick,图3.5.3),曾就读于德国德累斯顿工程高等学院,是格罗皮乌斯在德国德绍时的设计事务所重要设计人员,曾参加了德骚包豪斯校舍的建设工作❶。第二次世界大战时,因为他的夫人是犹太人而一家遭到纳粹的迫害。包豪斯被迫解散后,他们来到了上海。鲍立克约在1945年左右来到圣约翰建筑系任设计老师。在上海期间鲍立克留下了不少作品。他曾为沙逊大厦设计了新艺术运动风格的室内装饰,并在战后开办了"鲍立克建筑事务所"(Paulick and Paulick, Architects and Engineers, Shanghai)和"时代室内设计公司"(Modern Homes, Interior designers)。圣约翰的一些毕业生如李德华、王吉螽、程观尧等曾经随他一起工作,设计了姚有德住宅室内(图3.5.6、图3.5.7)等富有现代特色的作品。当时黄作燊教设计和理论课,鲍立克教规划、设计以及室内设计等课程。同时在圣约翰任教的还有英国人 A·J·Brandt(图3.5.5,教构造),机械工程师 Willinton Sun 和 Nelson Sun 两兄弟(教设计)、水彩画家程及(教美术课)、Hajek(图3.5.4,教建筑历史)、程世抚(教园林设计)、钟耀华、陈占祥(教规划)、王大闳、郑观宣、陆谦受等等。

图3.5.1 黄作燊

图3.5.2 杨宽麟

图3.5.3 Richard Paulick

图3.5.4 Hajek

图3.5.5 A·J·Brandt

---

❶ 罗小未、李德华:《原圣约翰大学的建筑工程系》,1942~1952,《时代建筑》2004年6期。

第三章　中国现代建筑教育的开端——1952年前院校建筑教育

图3.5.6　姚有德住宅

图3.5.7　姚有德住宅室内

1949年新中国成立之后，外籍教师相继回国，其他一些教师也因各种建设需要而离开，黄作燊重新增聘了部分教师。他聘请了周方白（曾在法国巴黎美术学院及比利时皇家美术学院学习）教美术课程、陈从周（原在该建筑系教国画）教中国建筑历史，还先后聘请了钟耀华、陈业勋（美国密歇根大学建筑学硕士）、陆谦受（A. A. School, London毕业）为兼职副教授；美国轻士工专建筑硕士王雪勤为讲师；以及美国密歇根大学建筑硕士、新华顾问工程师事务所林相如为兼任教员。❶

圣约翰大学培养了不少具有现代思想的建筑师（参见附录C中毕业生档案），他们在各个方面作出了各自的贡献。其中1945年毕业生李滢❷，经黄作燊介绍，1946年前往美国留学，先后获得麻省理工学院和哈佛大学两校建筑硕士，并在1946年10月至1951年1月跟随阿尔瓦·阿尔托（Alvar Alto）和布劳耶（Marcel Breuer）等大师实地工作。她当年的外国同学们对她评价甚高，公认她是一位"天才学生"，说她当时的成绩"甚至比后来一位蜚声国际的建筑师还好"❸。

除了李滢之外，另一位毕业生张肇康1946年毕业后，于1948年也前往美国留学。他在伊利诺伊工学院建筑系攻读建筑设计，同时在麻省理工学院（M.I.T.）建筑系副修都市设计、视觉设计，之后又在哈佛大学设计研究院学习，获建筑硕士学位。他在伊利诺伊工学院时曾遇到了毕·富勒；而在哈佛大学学习时，又曾经受到格罗皮乌斯直接指导，在现代建筑方面造诣颇深。

1955年他与贝聿铭、陈其宽等建筑师合作完成了台湾东海大学校园规划以及学校部分建筑，1963年又设计了台湾大学农展馆。王维仁在"20世纪中国现代建筑概述，台湾、香港和澳门地区"一文中评价该作品"具有王大闳❹早期作品相似的手

---

❶　圣约翰大学建筑系1949年档案；其中档案中记载教师有林相如，但建筑系学生对此人并无记忆，推测为原计划聘请该教师，但实际中由于某种原因并未来系任教。

❷　圣约翰大学档案中为"李莹"。

❸　转引自赖德霖，《为了记忆的回忆》，见《建筑百家回忆录》，中国建筑工业出版社，2000年12月。

❹　王大闳，美国哈佛大学设计研究院毕业，1945年曾与黄作燊、陆谦受、陈占祥、郑观宣共同组建"五联营建计划所"。解放后王大闳前往台湾，是探索中国建筑现代化的重要先驱者，为台湾"元老建筑师"之一，影响很大。

法，表现出隐壁墙，光墙混凝土框架和以当地产的天青石砖为填充墙的三段划分式立面，它也是把密斯的平面和勒·柯布西耶的细部与中国传统的庙宇组合原理巧妙地融合为一体的杰出范例。"❶ 并认为他的实践在台湾现代建筑的发展史上具有重要的地位。陈迈也在"台湾50年以来建筑发展的回顾与展望"一文中指出张肇康等这几位建筑师为台湾建筑教育所作出的贡献："贝（聿铭）、张（肇康）、王（大闳）这几位都是美国哈佛大学建筑教育家格罗皮乌斯（Gropious）的门生，深受德国包豪斯（BAUHAUS）工艺建筑教育的影响，将现代主义建筑教育思潮及美国开放式建筑教育方式带进了台湾……"❷

张肇康在美国的设计作品"汽车酒吧"（AUTOPUB，图3.5.8、图3.5.9）十分具有创意，曾被《纽约室内设计杂志》评为纽约室内设计1970年首奖，在当地产生了不小的影响。1972～1975年他在纽约自设事务所期间，设计作品中国饭店"长寿宫"（Longevity Palace）被《纽约室内设计杂志》评为纽约室内设计1973年首奖。❸

图3.5.8 汽车酒吧一

图3.5.9 汽车酒吧二

张肇康取得如此的成就不仅与他后来在美国深造有关，也得益于他在圣约翰大学时打下的良好基础。他本人曾经表示出非常感谢在圣约翰建筑系时所接受的启蒙教育，并称赞黄作燊"是一个伟大的老师"❹。

圣约翰的不少早期毕业生后来成为该系的助教，协助黄作燊共同发展教育事业。这些人包括李德华、王吉螽、白德懋、罗小未、樊书培、翁致祥、王轸福等，李滢也在1951年回国后在建筑系任教一年。黄作燊很想自己培养一支完善的教学队伍，因

---

❶ 龙炳颐、王维仁：《20世纪中国现代建筑概述》第二部分：台湾、香港和澳门地区，见《20世纪世界建筑精品集锦（东亚卷）》，中国建筑工业出版社。
❷ 陈迈，"台湾50年以来建筑发展的回顾与展望"，《中国建筑学会2000年学术年会——会议报告文集》。
❸ Wei Ming Chang et al. (edit)：*Chang Chao Kang 1922～1992* (Committee for the Chang Chao Kang Memorial Exhibit, c1993).
❹ 根据张肇康的妹妹，圣约翰大学建筑系1950年毕业生张抱极回忆。

为他在圣约翰开创的是一项全新的尝试,此时中国与他学术思想完全一致而又能专心于教育事业的合作伙伴很难找到。他所聘请的不少教师大都是兼职,他们大多数精力还是放在自己的建筑业务之中,很难全心全意地投入教学。因此,黄作燊必须培养一支比较稳定的师资队伍,共同实现他的理想。1949年不少教师的离开以及此时招生规模的扩大导致师资紧缺,这一情况加快促成了新教学队伍的成型,不少毕业生回到系中承担起教学工作。在实践中,圣约翰的这些毕业生确实为探索新教育之路作出了很多贡献(图3.5.10、图3.5.11、图3.5.12)。

图3.5.10　圣约翰大学建筑系师生在自己设计的旗杆前

图3.5.11　圣约翰大学建筑系教室内

图3.5.12　圣约翰大学建筑系学生郊游路上

圣约翰大学建筑系一直延续到1952年全国高等院系调整,之后该系并入同济大学建筑系,不少教师随系一同前往,在传承和发展现代主义建筑思想方面继续发挥作用。在十年期间，圣约翰建筑系培养了不少具有现代思想的建筑人才。该系教学思想的开放，涉及范围的广阔，使得学生们根据各自的兴趣爱好在不同的方面有所建树。他们在自身发展的同时，也将现代主义思想带进了各个领域。

2. 从早期教学课程看圣约翰大学的建筑教学思想及特点

由于圣约翰大学建筑系是一项全新的教学尝试，因此该系的教学一直处于探索之中，内容十分灵活。学生和老师人数的不多也确保了这种探索和灵活性的实现。学生们回忆"每个学期，每个老师的课都在不断地变化，基本上都不做同样的事情"。虽然课程具体内容有所不同，但是该系的根本教学思想以及基本方法始终是一致的。它的教学思想在其课程设置中体现，并显示出受到包豪斯和哈佛大学教学特点影响的痕迹。

为了便于与原来其他几个建筑院校教学相比较，这里仍然将圣约翰建筑课程分为技术、绘图、历史、设计四个方面加以考察。这几部分课程的基本内容和教学重点与以往相比有很大的不同（参见表 3-17）。

圣约翰大学建筑系课程与 1939 年全国统一课程比较　　　表 3-17

		圣约翰大学建筑系	1939 年全国统一课程
公共课部分		国文、英文、物理、化学、数学、经济、体育、宗教	算学、物理学、经济学(1)
专业课部分	技术基础课	应用力学 材料力学 图解力学	应用力学(1) 材料力学(1) *图解力学(3)
	技术课	房屋构造学 钢筋混凝土 高级钢筋混凝土计划 钢铁计划 材料实验 结构学 结构设计	营造法(2) 钢筋混凝土(3) 木工(1) *铁骨构造(3) *材料试验(3) *结构学(4)
		电线水管计划	*暖房及通风(4) *房屋给水及排水(4) *电焊学(4)
			建筑师法令及职务(4) 施工及估价(4)
		平面测量	测量(4)
	史论课	建筑历史	建筑史(2) *中国建筑史(2) *中国营造法(3)
			美术史(2) *古典装饰(3) *壁画
		建筑原理	建筑图案论(4)

第三章　中国现代建筑教育的开端——1952年前院校建筑教育

续表

		圣约翰大学建筑系	1939年全国统一课程
专业课部分	图艺课	投影几何 机械绘图	投影几何(1) 阴影法(1) 透视法(2)
		建筑绘画 铅笔及木炭画 水彩画	徒手画(1) 模型素描(2,3) 单色水彩(2) 水彩画(一)(2,3) *水彩画(二)(3) *木刻(3) *雕塑及泥塑(3)
		模型学	*人体写生(4)
	设计规划课	建筑设计	初级图案(1) 建筑图案(2,3,4)
		内部建筑设计	*内部装饰(4)
		园艺建筑	*庭园(4)
		都市计划 都市计划及论文	*都市计划(4)
		毕业论文 职业实习	毕业论文(4)

资料来源：圣约翰大学建筑系课程根据樊书培1943~1947所修课程整理，其中部分是选修课。

（1）圣约翰大学建筑系与其他学校最为相似的是技术类课程，这一方面是因为部分技术课通常由学生与土木系学生同时上课，而各校土木系的课程基本类似；另一方面因为建筑系教师开设的构造、设备等技术课程也大多采用相对固定的教学模式及内容，因此该类课程与其他学校差别不大。但是圣约翰建筑系也有独特之处，它在这类课程开始之前安排了初级入门准备教学内容，这在其他学校中并不存在的，因而颇具特色。下文中将进一步对此进行介绍。

（2）从绘图课程来看，除了基本机械制图外，纯美术课程的比重比学院式体系中低得多。从学生樊书培所修的科目来看，素描和水彩画总学分只占专业课总学分的3.8%，远远低于中央大学19.6%的美术学分比例。同时，美术课程的严格程度也远不及学院式教育要求之高，学生们回忆中"素描的过程很快，主要画一些形体、桌椅等，水彩画静物、风景，常常在街边和公园写生"。黄作燊之所以要进行该项练习，其目的主要是为了培养学生对形体一定的分析表达能力，而不在于纯粹训练学生的绘画表现能力。他设置的美术课程让学生学会观察和捕捉，并通过绘画与观察产生互动，从而培养对形体的敏锐的感觉。对于最后绘画的图面效果他并不是十分强调，更侧重于学生在练习过程中的提高。另外，在绘画过程中，圣约翰也没有像学院式体系那样花费大量时间进行严格细致的渲染练习。

除了纯美术课程的差异外，圣约翰建筑系在绘画类课程中还增加了一门"建筑绘画"课，与以往的绘画课有所不同，这门课的要求是"培养学生之想像力及创造力，用绘画或其他可应用之工具以表现其思想"❶。从对创造力的培养这个核心目标来看，这一课程应该源自包豪斯的十分重要的"基础课程"（Vorkurs）（这门"建筑绘画"课即是后来圣约翰建筑系进一步发展的"初步课程"的前身）。

"基础课程"是包豪斯学校最具有独创性和影响力的一门课程，它对于之后很多国家的建筑和艺术教学向现代方向的转型产生了重要作用。在包豪斯学校，学生进入各个工作室学习核心课程之前，都必须用6个月时间学习该课程。课上约翰·伊顿（Johannes Itten）让学生们通过动手操作（图 3.5.13、图 3.5.14），熟悉各类质感、图形、颜色与色调。学生还要进行平面和立体的构成练习，并学会用韵律线来分析优秀的艺术作品，将原作品抽象成基本构图方式，领会新型艺术和传统艺术之间的关系。这门课程为学生们打开创造能力作了准备工作。

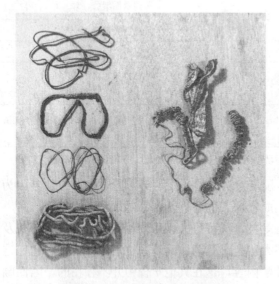

图 3.5.13　包豪斯基础课程作业　　图 3.5.14　包豪斯基础课程作业

格罗皮乌斯来到哈佛大学后，在教学中沿用了"基础课程"的教学内容。他和其他包豪斯学校的教员一样，认为这一课程是培养建筑师创造力的理想方法。他让学生学会用线、面、体块、空间和构成来研究空间表达的多种可能性，研究各种材料，启发学生，让他们释放自身的创造潜能。

黄作燊在哈佛学习时，深受这一课程的影响和启发。回国后，他将此类训练引入了圣约翰建筑系的教学。在初级训练中，他让学生通过操作不同材质来体会形式和质感的本质关系。他曾布置过一个作业，让学生用任意材料在 A3 的图纸上表现"pattern & Texture"。围绕这个题目，有的学生将带有裂纹的中药切片排列好贴在

---

❶　转引自：阿瑟·艾夫兰著，邢莉、常宁生译，《西方艺术教育史》，四川人民出版社。

纸上；有的学生用粉和胶水混合，在纸上绕成一个个卷涡形，大家各显其能，想尽了办法来完成这个十分有趣的作业。通过这样的练习，黄作燊引导学生自己认识和操作材料，启发他们利用材料特性进行形式创作的能力，从而使他们在以后的建筑设计中能够摆脱模仿古典样式，根据建筑材料的特性进行建筑形式和空间创新探索。

另外，在美术课程中，他还增加了一门模型课。在具体操作中，该课程结合建筑设计进行。学生的设计过程及成果都要求用模型来探讨和表现，以充分考虑建筑的三维形体以及各种围合的空间效果（图3.5.15、图3.5.16）。通过这种方法，学生能够更加直观地进行创作，并杜绝"美术建筑"或"纸上建筑"的学院倾向。

图 3.5.15　学生作业模型（一）

图 3.5.16　学生作业模型（二）

（3）历史课程方面，早期圣约翰教学内容与其他的院校有着根本区别。这门课最早由黄作燊讲授，开始时几乎讲授范围都在近现代建筑之内，没有像其他学校常见的那样从古代希腊一直讲到文艺复兴。这是由于黄作燊担心过早地将古代建筑历史教授给建筑观还不太成熟的学生，他们会很容易受到传统建筑形式的影响。因此，他的历史课大多是介绍现代建筑产生的历史及其经济、社会背景等，这使得该课程带有建筑理论课的特点。

后来，黄作燊认识到一定的建筑历史和文化背景对于全面培养建筑师来说仍然具有重要作用。于是，他将历史课内容扩展至整个西方建筑史，他曾聘请过 Hajek 和 Paulick 讲授这门课程。传统的建筑历史课通常只是介绍各个时代的建筑样式。与之不同，圣约翰的建筑历史课重点讲解什么时代、什么社会经济条件下产生什么样的建筑。黄作燊更注重对历史上建筑产生背景的理性分析，这也是与现代建筑创作思想相一致的。

（4）从作为核心课程的设计课来看，圣约翰大学也与其他建筑院系有着不同。首先，设计课十分强调建筑理论课（即课表中的"建筑原理"课程）的同步进行，以此作为设计思想和方法的引导；该理论课与学院式教学体系中理论课将构图、比例等美学原则作为核心内容不同，着重于讲解现代建筑的理论，建筑和时代、生活、环境等等的关系。这从以下建筑理论课程的教学大纲中可以看出：

圣约翰大学"建筑理论课"课程大纲

- 建筑理论大纲(七)
  1. 概论：建筑与科学、技术、艺术
  2. 史论：建筑与时代背景、历史对建筑学的价值
  3. 时代与生活：机械论
  4. 时代与建筑：时代艺术观
  5. 建筑与环境，都市计划与环境

(一下) 讲解新建筑的原理，从历史背景、社会经济基础出发，讲述新建筑基本上关于美观、适用、结构上各问题的条件，以及新建筑的目标。

(二上) 新建筑实例底(的)批判（criticism，"评论"的意思，引者注）
新建筑家底(的)介绍和批判

- 该课程的参考书籍有：Architecture For Children，Advanture of Building，Le Corbusier 著 Toward a new Architecture，F. L. Wright 著 "on Architecture"，F. R. S. york 著 A key to Modern Architecture，S. Gideon 著 "Space，Time and Architecture"

资料来源：圣约翰大学建筑系档案，1949 年。

作为理论课程的一部分，初级理论课是圣约翰大学重要的教学创新。黄作燊针对刚入门的学生对建筑缺乏整体认识的状况，向学生介绍建筑的基本特点，用浅显易懂的方法让学生对建筑有一个比较全面而准确的把握，以利于将下一阶段展开各部分的教学内容。学生心中对此有基本的认识构架后，可以在形成自己关于建筑学科的知识网，同时他们也会对现代建筑的设计方法形成基本认识。

将圣约翰建筑系初级理论课的内容与同时期较典型的学院式教学体系中建筑理论课程内容相比较，可以发现二者之间具有很大的区别。现将同时期采用学院式教学方法的之江大学建筑理论课程大纲列举如下：

之江大学"建筑图案论"课程大纲

1. 建筑定义 Difinition of Architecture	10. 平面的构图 Composition of Plan
2. 设计之统一性 Consideration of Unity	11. 平面与立面的图案 Relation between Plan and Elevation
3. 主体的组合 Composition of Work	12. 效用的表现 Expression of Function
4. 反衬的元素 Elements of Contrast	13. 效用设计的观点 Functional Design
5. 形式与主体的衬托 Contrasting Forms and Mains	14. 阳光与窗户 Sunlight and Benestration
6. 次级的原理 Seecondary Principles	15. 地形与环境 Site and Environment
7. 细节的比例 Proportion in Detail	16. 居住房屋之设计 Domestic Building
8. 各性的表现 Expression of Character	17. 学校之设计 School Design
9. 比例的尺度 Scale	18. 公共建筑物之设计 Public Buildings

本学程之内容以分析建筑设计原理及指示设计要点为目的，于讲授原理时拟将世界各建筑物用图片或幻灯映出举例，以使学生于明了设计原理之前，用并对于世界古今各名建筑物之优点及充分了解之机会向之学习，以补充今日学生不能实地参观之困难，令学生于设计习题时将有所标榜而不致发生严重之偏差。

资料来源：之江大学建筑系档案。

从之江大学建筑理论课程的大纲中能明显看到以形式美学作为建筑入门教育的学院式的特点。虽然教学后期也有关于使用功能等内容的加入，但是其以美学原则为基

础的根本出发点并没有动摇。同时该课程中对于世界经典建筑的形式借鉴也某种程度上巩固了建筑根本在于"样式"的观点。而圣约翰建筑系的理论课程并没有将注意力集中在经典"样式"或"美学原则"等方面，而是强调建筑与人的生活以及时代等方面的关系，从现代建筑本质意义上启发学生。从二者的对比中，可以看出圣约翰建筑系教学完全不同于学院式方法，充分贯彻了现代主义思想。

其次，从设计课的具体训练来看，圣约翰建筑系与传统的学院式方法也有很大差别，分别表现在以下三个方面：

设计内容方面，圣约翰教学强调设计从生活出发。教师要求学生先学会分析和解决房屋与生活间的直接关系，进而将关注点扩展到结构与技术方面。设计题从简单过渡到复杂：从单体小型住宅，到设计稍大一些的建筑（如制造厂等），再发展到结合生活、结构、建筑为一体的更为复杂的公共建筑（如商场及医院等）。教师选择的题目都十分贴近生活，具有实用性、科学性的特征。这种选题本身就能够影响学生的设计方法。圣约翰建筑系的设计题目注重实用性的特点与学院式体系中设计题关注古典艺术修养培养（尤其低年级设计题）的特点形成明显的对照。

设计方法方面，圣约翰建筑系在现代主义理论指导下的设计练习要求学生从实用功能和技术出发，以关怀使用者、满足使用者需求为根本出发点，创造性地运用新技术和材料，采用灵活多变的形式来完成建筑创作。这与学院式教学中以古典美学原则的实现为重点，约束使用者的需求的方法截然不同。

引导学生方法方面，圣约翰也有着独特之处，黄作燊受哈佛大学时期的格罗皮乌斯的影响❶，将设计的过程看作一个不断发现问题，不断解决问题的过程。他在进行设计教学时，也将这一方法引入对学生的培养之中。格罗皮乌斯面对美国诸多冲突的社会状况和多方面的合作要求，重视研究具体问题以及如何协调解决这些问题。受他的影响，黄作燊在教学中，也将解决"问题"看成一系列设计过程的线索，引导学生以理性的方法来完成创作。在教学中他往往引导学生自己独立思考，自己提出问题和解决问题，并不给予现成的答案或让学生简单照搬现实中的答案。他常常要求学生们自己去摸索各类建筑的不同要求。

例如，他布置的作业"周末别墅"要求学生自己提出该建筑的各种特殊要求，如安全问题，设施问题等等。他布置的"产科医院"设计题，除了请产科医生给大家讲解医院内部运作关系之外，还要求每个学生去医院作调查，并各自在不同的岗位上实习半天，回来后相互讨论交流，共同完成医院的设计要求，并以此为依据，进行设计。为培养学生的独立思考能力，他甚至尽量找一些现实中不常见的建筑类型给学生进行设计练习，如当时还很少见的幼儿园等，让学生自己提出设计要求，自己设计，以避免日常所见的建筑形式对学生思想的禁锢，使他们能够充分发挥自己的独

---

❶ 格罗皮乌斯来到美国后，并没有直接延续他在包豪斯的实验，而是针对美国的现状发展出一套应对实际情况的设计思想方法。

创性。❶

　　从问题出发的引导方法除了体现在物质和精神等多种建筑功能要求方面，还体现在充分挖掘建筑材料特性方面，这也是促发创造力的重要源泉之一。建筑材料的特性如何在建筑的结构和形式方面充分发挥作用，是黄作燊要求学生去思考和研究的重要问题。黄作燊十分反对用固定僵化的古典美学原则束缚学生对建筑形态的塑造能力。他认为形式的产生是具有特性和质感的建筑材料被有意识组合的结果，因此他很强调学生把握材料的特性。他十分欣赏阿尔瓦·阿尔托的作品，赞赏他对不同质感材料的出色把握和组合能力。黄作燊除了在初步课程中启发学生领悟材料和质感的关系外，在设计中也不忘贯彻和强化这一思想。他曾给学生布置过一个设计作业——荒岛小屋，要求在与外界无法联系的情况下，于荒岛就地取材，设计可供居住的小屋。这就促使学生完全从原始材料出发，脱离一切既有样式的束缚，采用材料最为本真的形式进行设计创作。他们在此过程中可以体悟到建筑的本质。黄作燊以这种方法来避免"美术建筑"的影响而突出"建构建筑"的特质，在引导学生方面产生了很好的效果。

　　黄作燊引导学生从"问题"出发的教学方法，与传统学院式以古典美学原则的样式、构图为核心的方法有着根本的不同。学院式通常采用经验式的教学方法，教师通过直观的改图让学生自己"悟"出如何进行设计。而从"问题"出发的方法可以启发学生进行理性思考。理性的引入使原本比较模糊的设计学习过程更为清晰，从而消除或淡化了学生对设计的神秘感，使他们更加容易地把握学习过程。

　　根据上面的分析，圣约翰的课程与以往学院式体系课程相比具有类似的结构，都是以技术、绘画、历史三个部分围绕作为中心的设计课程。但是从具体内容来看，圣约翰课程有一个突出的特征，就是更加强调了入门的基础课程。基础课程以绘画课中的"建筑画"和低年级的"建筑理论"课两者为代表相互结合而成，分别从理论和实践两方面对学生建立现代建筑思想进行了启蒙和引导。这两门课一是包豪斯学校教学影响下的产物，一是应对中国学生思想状况结合现代建筑思想教学的创造性尝试，具有重要的开拓意义。此后这两门课程分别发展成"建筑初步"和"建筑概论"课，成为基础教育的核心组成部分。从这种角度考察，可将原学院式教学模式与圣约翰的新模式制成下图(图3.5.17)相比较：

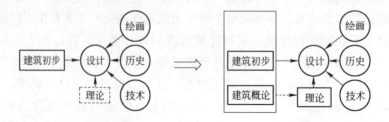

图 3.5.17　课程结构模式图

---

❶　笔者访谈李德华先生。

需要进一步说明的是，传统学院式教学体系也有初步一类的训练，即建筑初则及建筑画课程，其主要内容是柱式描绘和渲染等，培养学生的绘图能力和古典美学素养。这与圣约翰的初步课程有很大的区别。

另外，建筑概论课是传统学院式教学中所未见的。即使有些学校也有理论课程，但是并不在入门时讲授，而大多在三、四年级时讲授。同时由于理论课程在全国统一科目表中只是选修课，很多学校中并不一定开设，因此建筑理论课也成为圣约翰建筑系教学中的特色所在。圣约翰开始的建筑概论类课程，突破了传统学院式教学方法以渲染绘图为入门，不加任何解释的经验型训练方法，改变了学生绘图时往往不知其所以然的状况，使他们在学习过程不再处于完全被动状态，而是处于理论指导下的主动状态。

3. 圣约翰建筑系后期教学调整和发展

1949年新中国成立后，包括外籍教师在内一些教师离开了圣约翰建筑系。与此同时，全国统一和新政权建立的局面下，国家教育部门要求扩大各高校招生规模，以满足大量建设任务对于人才的急切需求。圣约翰建筑系招生规模从原来的每年几个人扩展到三四十人。学生规模的迅速扩大更突出了师资不足的问题。于是，黄作燊动员了不少圣约翰建筑系早期毕业生参与到教学工作之中，使建筑系过渡到第二发展阶段（参见表3-18）。此时原来动荡混乱的政局已经结束，建筑系教学工作在举国上下一片欢腾的新生气氛中进一步得到发展。

1949～1952圣约翰建筑系教师任课表　　　　　　表3-18

教师	任课	教师	任课
黄作燊	建筑理论、设计	*李德华	建筑声学、建筑理论、建筑设计
周方白	素描、水彩画、法文	*王吉螽	表现画、房屋建造
陈业勋	建筑设计	*翁致祥	房屋建造、建筑设计
钟耀华	都市计划讲授	*白德懋	建筑史、专题研究、建筑设计
王雪勤	建筑设计、专题研究	*樊书培	建筑理论、建筑设计
陈从周	中国建筑史、新艺学	*罗小未	建筑设计、建筑史
林相如	房屋建筑	*王轸福	建筑设计
*李滢	建筑设计、建筑理论（一上）		

注：带有"*"为原圣约翰建筑系毕业生。
资料来源：圣约翰大学建筑系档案。

在这一阶段，圣约翰建筑系继续发展了前一阶段的几类课程，同时有些作了相应调整。

（1）作为"初步"类课程的"建筑画"在圣约翰毕业生手中得到继承和发展。例如李德华先生担任该课教学时，"内容以启发学生之想像力及创造力为主，并对新美学作初步了解,内容大部分抽象"❶,樊书培先生担任该课时,曾经让学生用色彩表现"恶梦"、"春天"一类的题目,启发学生体会现代艺术思想❷。图3.5.18为学生在食堂举办的设计作业展所创作的抽象画,其现代美学思想的影响可见一斑。图3.5.19为展览会前言。

图3.5.18 建筑系学生在展览作品前

建筑初步课程不仅有延续,还有扩展。教师们将初步课程与技术等课程相结合增设了"工艺研习"(Workshop)课,分成初级和高级两部分在"初步"课程后期相继展开。这门强调动手操作的课程,明显带有包豪斯学校注重工艺的特点。圣约翰毕业生李滢从美国留学回来后在该系任助教时,曾在这门课中安排学生进行陶器制作训练。陶器制作的目的是让学生在脑、手和塑造形体间的互动过程中,体会形体和操作产生过程的关系。为了达到这一目的,助教们自己设计制成了制作陶器所需要的脚踏工具转盘。

图3.5.19 建筑系学生作业展览会前言

"工艺研习"课程还注重培养学生对材料性能的熟悉,让学生领会建筑材料、构造技术和它们与建筑空间、形式的紧密关系。这里体现了材料运作技能的"建构"思想。例如教师们曾让学生们进行垒砖实验,一方面增强学生对于砖块力学性能的把握,另一方面也让学生领悟相伴建材堆砌过程而产生的形式(form)。助教们设计了各种垒墙的方式,学生们通过推力检验,了解哪一种方式垒成的墙体最结实,不易倒塌,并分析不同方式拼接砖缝及增设墙墩等方法对墙体稳定性的影响。这种训练使原本较为抽象的技术方面教学内容通过直接的感性方法为学生所接受。学生在了解砖墙力学性能的同时,还在老师们的领导下,领会同时产生的形式和空间。例如,墙体的弯折在增强了强度和稳定性的同时,产生了空间;不同垒墙的方式同时会形成墙面的图案(pattern)及产生某种质感(texture),这种质感和图案成为形式要素,又在观看者心中产生某种美学感受等等❸。这样一系列练习以材料为中心,将结构、构造和形式美学等

---

❶ 1949年圣约翰大学建筑系教学档案。
❷ 2002年11月访谈樊书培、华亦增先生。
❸ 2000年4月19日访谈李德华先生。

建筑的各方面知识结合成为一个有机整体。它将现代建筑设计中除功能以外的另一关注点——"材料"通过简单直观的方法引入学生思想中。学生通过对材料的直接操作和感受，理解了现代建筑的本质特点，并在这一建筑观的影响下形成了自己的创作观。

注重材料操作的教学方法改善了以往教学中经常存在的技术和设计教学相分离的现象。以往的技术课程往往独立于设计，按照土木系的教学要求自成体系，学生无法将它与建筑设计结合起来，甚至产生这类课程没有用或从属于建筑形式的思想，助长了"美术建筑"情绪。圣约翰开设的"工艺研习"课程在培养学生创造力的同时，也为学生树立了材料技术是设计重要组成和基础的观念。它成为设计课和技术课之间联系的桥梁和纽带，促进学生全面建筑观的形成。

(2) 建筑技术部分课程方面，除有了上文所述的"工艺研习"课程的协助之外，原来的课程仍然继续得到延续。其中，房屋建造、暖气通风设备等课程由翁致祥、王吉螽等讲授。此外助教李德华还增设了建筑声学课。

(3) 历史部分课程方面，黄作燊可能出于培养学生全面素质考虑，除了外国建筑史之外，又增加了中国建筑史课程，由陈从周讲授。陈从周原是圣约翰附中的教导主任，对中国建筑历史和绘画有浓厚兴趣，早先曾在圣约翰建筑系中兼授过国画课。他此时自愿加入建筑系，教授中国建筑史。在此之后，他边学边教，凭着自己深厚的中国文学功底和钻研精神，在园林和古建史方面取得了很大成就。

除了中国建筑史外，此时历史方面一度增加了艺术史课程，由美术教师周方白任课。后来该课受新民主主义文艺理论影响，在教育部的要求下改为新艺术学。

4. 黄作燊的建筑思想及其对教学的影响

在圣约翰建筑系中，其教育核心人物是黄作燊，他所具有的独特的建筑思想对圣约翰的教学产生了直接影响。这些思想除了表现在上文提及的课程内容之外，在其他一些方面也有所体现。

(1) 首先，黄作燊认为社会性和时代性是现代建筑的重要特征。他觉得建筑不仅是艺术和技术的结合，而且还和社会有着千丝万缕的关系，社会力量会对建筑产生重要作用。因此，他强调建筑师应该具有强烈的社会责任感。他于 1940 年代末在题为"如何培养建筑师"的演讲稿中写道："今天我们训练建筑师成为一个艺术家，一个建筑者，一个社会力量的规划者……最重要的变化是重新定位建筑师和社会之间的关系。今天的建筑师不该将自己仅仅看作是和特权阶层相联系的艺术家，而应该将自己看成改革者，其工作是为生活在其中的社会提供环境。"[1]

正因为具有现代主义的合理组织城市秩序的理想和责任感，他和鲍立克等人都积极参加了 1947 年大上海都市计划的讨论和制定工作，并动员了一些圣约翰的学生参与规划图纸制作工作。他还将这一思想的培养结合进圣约翰的教学之中。他曾带领学生们参

---

[1] 黄作燊：《如何培养建筑师》（演讲稿），20 世纪 40 年代末。

观拥挤破旧的贫民窟,让学生体会社会下层生活的悲惨境遇,触发他们对社会平等理想的追求,并鼓励他们将这一理想贯彻于设计和规划之中。他不仅在高年级设置规划原理课程和大型住区规划的毕业设计内容(图 3.5.20~图 3.5.22),还倡导学生应有一些在政府部门工作的实践经历,以便更好地了解现代政府管理的具体情况,帮助城市建立合理的秩序。❶ 这些都是他所具有的"社会性"思想在教学中的反映。

图 3.5.20　学生规划设计模型

图 3.5.21　教师观看设计模型

图 3.5.22　教师评论设计作业

"时代性"也是现代建筑的重要特点之一,黄作燊十分清楚理解现代建筑的基础是"时代精神"。因此,他在教学之中,十分注重在这一方面对学生进行启发。在理论课上,他除了介绍现代建筑大师及其作品外,还安排了很多讲座内容让学生了解当时或即将到来的各方面的新动向。

黄作燊的讲座包括现代的文学、美术、音乐、戏剧等各个方面。他将与现代建筑密切相关的现代艺术展现在学生的眼前,让他们从艺术精神上把握时代特色。例如,在美术方面他介绍马蒂斯、毕加索、奥暂方特(Ozenfant)等现代派画家作品,在音乐方面他介绍德彪西,肖斯塔科维奇、勋勃格(Schoenberg)、马勒等音乐家的作品,这些介绍使学生走出了当时中国十分盛行的古典艺术领域,接触到了更多具有现代精神的先锋艺术。

除了艺术方面以外,作为新时代特征的科学技术也是黄作燊要让学生们认识的内容之一。他曾请人来建筑系中做讲座,讲解有关喷气式发动机、汽车等先进工业产品的原理。通过这些讲座他企图让学生初步了解正在到来的工业时代,并使他们认识到新时代对建筑的重要影响。

全方位与现代艺术和科学技术知识的接触使学生们对现代主义运动有了更全面的了

---

❶　黄作燊:《如何培养建筑师》(演讲稿),20 世纪 40 年代末。

解。他们由此可以更加深刻地领会现代建筑的实质,避免中国当时普遍存在的对现代建筑认识的肤浅。当时中国建筑领域不少人仍然将现代建筑看作只是时髦样式,至多认为其实用和经济性有可取之处,并没有在建筑的深层意识基础方面向现代转型。黄作燊的一系列相关领域新现象的介绍为学生整体现代意识的建立打下了十分可贵的基础。

（2）其次，黄作燊拥有全面的建筑观，在他的理解中，建筑领域包括人的各种大小尺度的生活环境，小至身边的用品，大至整个城市的环境，家具、室内、园林、建筑乃至规划无不可以尝试。在他自己的实践中也体现了这一点，例如，他家中的家具都是他自己设计并动手制作的，简洁实用，颇有他的老师布劳耶的作品特点。

在建筑系的课程之中，他同时安排了室内、园林、城市规划等各个方面的课程和设计。这些课程并不是附属性的，都在课程体系中具有重要地位。学生们通过这些方面的训练，后来根据自己的兴趣在多个领域进行了发展。室内设计方面，不少学生都进行了四个以上的设计作业，有些学生还进入了鲍立克的"时代"室内设计公司，进行了大量的室内设计和家具的创作实践。在此基础之上，一些学生如曾坚等日后在室内设计领域取得了很大成就；对于城市规划的重视，前文已经有所叙述，一些学生日后在这一领域有所成就，例如李德华等；园林方面，黄作燊曾聘请了专家程世抚来指导学生设计，日后也有一些毕业生专门从事这一方向的研究，如虞颂华等。

同时，师生们的设计兴趣不仅限于课程领域，还延伸到了服装、舞台等多方面。黄作燊曾和学生们自己利用当时的土布（毛蓝布）设计绘图工作服。因为考虑到画图方便，衣服前面的纽扣大多做了暗钮，最上面一粒则是明钮，明钮采用不同颜色来区分学生的不同年级。衣服下面两旁开叉，既便于行动，又特别方便弯腰画图。在衣服上方有口袋，可以放画笔。衣服的形式、功能和材料结合得非常好。于普通中独具匠心的这套服装很快成为了建筑系的系服❶。学生自己动手做工装的举动似乎也颇有些包豪斯的作风，另外服装的平民粗布气质与这所学校也有些近似，这大概多少取决于这两个学校在意识方面的某种一致性。

另外，黄作燊还将设计领域扩展到舞台设计方面，他曾和学生一起，帮助他的兄长——知名话剧导演黄佐临设计话剧舞台。1945年左右他们为话剧《机器人》设计了一个充满了未来幻想色彩的舞台布景（图3.5.23）：一个没有天幕的布景，一片黑暗背景

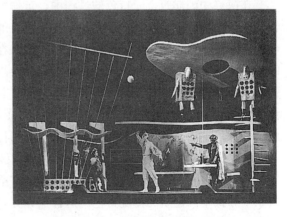

图 3.5.23 话剧"机器人"舞台

---

❶ 罗小未、钱锋:《怀念黄作燊》，杨永生主编《建筑百家回忆录续编》，知识产权出版社，中国水利水电出版社，2003。

上点缀一些小灯泡表现出浩瀚星空无限深远的效果，道具上安排了螺旋形出挑楼梯，以及带有抽象艺术风格的构件组合体，演员们穿着奇怪的连体服装表现未来人的特点……这个舞台设计充分体现了现代艺术及建筑思想的特点。

（3）最后，在对中国建筑传统的继承上，黄作燊并不赞成当时学院式建筑师多采用明清宫殿大屋顶式样或简洁符号作装饰的方法，他更注重从建筑空间效果上借鉴传统特点。作为一个具有现代建筑思想的建筑师，他并非纯粹功能技术主义者，而是十分注重空间的精神场所作用。其实，重视建筑空间艺术本身便是现代建筑的重要思想之一，密斯·凡·德·罗的巴塞罗那馆便是建筑空间艺术的杰出作品。吉帝恩（S. GIEDION）在《Space, Time and Architecture》一书中曾用空间和时间的流动和结合，来说明现代建筑不同于传统建筑注重固定画面效果的特点，反映了建筑理念上的重大变革。深受现代思想影响的黄作燊无疑也对"空间"给予了极大的关注。现代建筑通常体现出序列的空间组合，这很容易引导黄作燊理解中国建筑时，注重其中序列的空间给人的强烈感受。他突破了此前一阶段大多数中国建筑师将宫殿样式作为中国建筑传统根本特质的观点，认为人在行进过程中所感受到的建筑群体及其扩大的场所环境（树、石、山等）共同形成的一系列变化多端的空间才是中国传统建筑的本质特点。

他曾指出，故宫建筑群的本质特色是系列仪式空间，从中单独取出任何一座建筑都根本无法体现中国建筑，即使这座建筑有着单体宫殿建筑的所有特征❶。因此，他认为前一时期流行的结合中国宫殿式外形与西方室内特点的"中国固有式"建筑并没有体现中国建筑的特点，而只是一种急于求成和简单化处理的产物，而真正有传统特色的，符合现代要求的中国的现代建筑仍需要广大建筑师认真而耐心地探索。从传统的"空间"角度出发，他觉得应该是一个很好的新途径。

在探寻中国建筑空间特色的过程中，黄作燊十分关注空间给人的精神感受。他和学生王吉螽去北京天坛时，曾经十分赞赏天坛的空间序列给人的感受，觉得"走在升起的坡路上，两边的柏树好像在下沉，人好像在'升天'"；他在午门时，觉得"高高的封闭空间，给人强烈的威压感，令人马上会想起'午门斩首'"，王吉螽记得黄作燊曾十分认真地感受这种气氛并研究产生这种气氛的手法❷。他还将故宫中轴线和建筑群体比作一种类似建筑群体中的"approach"的气势，并称之为"中国气派"❸。他对中国传统建筑的理解，更多在于空间对人的精神功能方面。

在这样的思想下，黄作燊在教学中十分反对学生采用"中国固有式"的复古样式，提倡学生用现代的建筑材料设计具有丰富空间特色的建筑，在空间所营造的精神气氛中寻找中国建筑的传统特色。这种探寻方法一直主导着师生对现代与传统融合的探索，在他们后来建筑创作和教学过程中长期传承。

---

❶ 黄作燊：《如何培养建筑师》（演讲稿），1940年代末。
❷ 2000年7月访谈王吉螽先生。
❸ 樊书培先生答笔者书信。

(二) 梁思成在清华大学的教学新尝试

1. 梁思成建筑及教育思想的转变

抗日战争期间,梁思成与营造学社一起内迁至李庄,在艰难的环境中继续中国古建筑的调查研究工作。虽然战争封锁下的李庄消息闭塞,但是梁思成的好友——美国汉学家费正清、费慰梅夫妇仍时常通过邮件寄给他一些关于建筑方面的当地新出版物。这些书籍使梁思成及时注意到了当时发达国家的"工业污染"、"环境破坏"、"交通混乱"等新问题,也关注到了与此相应的西方城市规划学科的新发展。

相比于西方,中国对于长远建设缺乏准备的状况使梁思成产生了加强和改善建筑教育的思想。西方一些国家如英国、苏联等,在第二次世界大战刚打响时,已经开始着手研究战后复兴计划。对比这些国家,中国不但没有任何重建的准备计划,甚至连可以从事重建工作的建设人才也极其缺乏。因此,梁思成认为当务之急是在各大学中增设建筑系,培养建设人才,以应对战后的急需。于是,他向清华大学校长梅贻琦建议,在清华的工学院中开办建筑系。梅贻琦接受了他的建议,并任命他为建筑系主任,主持建系和教学工作。

梁思成不仅提出要增加建筑教育的场所,而且也对建筑教育方法产生了改良的愿望。他在1945年3月9日给梅贻琦建议增设建筑系的信中,已经流露出受现代主义影响的倾向。他重点提出了居住和城市规划问题,认为"今后的居室将成为一种居住用之机械,整个城市将成为一个有组织之 Working Mechanism,此将来营建方面不可避免之趋向也。我国……战后之迅速工业化,殆为必经之路……"❶。同时,他还指出"建筑所解决者为居住者生活方式所发生之问题。"而且"近代生活方式所影响者非仅一个,或数个一组之建筑物而已,由万千个建筑物合成之近代都市已成为一个有机性之大组织。都市设计已非如昔日之为开辟街道问题,或清除贫民窟问题(社会主义之苏联认为都市设计之目的在促成最高之生产量,英美学者以为在使市民得到身心上最高度愉乐与安适),其目的乃在求此大组织中每部分工作之各得其所,实为一社会经济政治问题之全盘合理部署。都市中一切建置之部署,实为使近代生活可能之物体基础。……"❶从梁思成的这些观点之中,已经可以明显看出现代主义思想中居住建筑及城市规划方面的一些核心思想。

现代主义不仅影响了梁思成的建筑思想,还影响了他的教育观。他在给梅贻琦的信中,除了说明各大学增设建筑系的迫切性之外,还阐述了对教学的一些构想,这些构想在教学内容、方法及学科组织方面都体现了新的理念。

"在课程方面",他写到,"生以为国内数大学现在所用教学方法(即英美沿用数十年之法国 Ecole des Beaux-Arts 式教学法)颇嫌陈旧,遇于着重派别形式,不近实际。

---

❶ 梁思成:《致梅贻琦信》,见《梁思成全集》(五),中国建筑工业出版社,2001年4月,1页。

今后课程宜参照德国 Prof. Walter Gropius 所创之 Bauhaus 方法，着重于实际方面，以工程地为实习场，设计与实施并重，以养成富有创造力之实用人才。德国自纳粹专政以来，格罗皮乌斯（Gropius）教授即避居美国，任教于哈佛，哈佛建筑学院课程，即按格罗皮乌斯（Gropius）教授 Bauhaus 方法改编者，为现代美国建筑学教育之最前进者，良足供我借鉴。"❶ 在这里他已经明显受到美国正在蓬勃发展的现代主义建筑教育思想的影响，意识到了中国原有建筑教育的不足，并且决心改革国内的教学方法，引进现代建筑的教育。

在学科组织方面，美国此时几个建筑院校都增设了几个系，这促成了梁思成想要将"建筑"学科领域扩大的想法。他指出"哈佛，麻（省理）工，哥伦比亚大学等均有独立之建筑学院，内分建筑、建筑工程、都市计划、庭院、户内装饰等系"❶，他建议先在工学院添建建筑系，将来将建筑系升级为建筑学院，并逐渐增添建筑工程、都市计划、庭院计划、户内装饰等系。这一扩大学科的想法，正是现代建筑思想中将建筑关注的范围扩大到营造人们生活的各方面物质环境的体现。

由以上的叙述中可以看出，在 1945 年抗日战争结束之前，身处后方的梁思成已经受到了已在美国盛行的现代建筑思想的影响，从建筑观到教育观都产生了一些转变。他的这些转变，为他后来在清华大学建筑系中进行教学改革奠定了基础。

1945 年日本投降后不久，清华大学校长梅贻琦同意成立建筑系并任命梁思成为系主任。梁思成接受这一职务时，已经在考虑如何改进当时的建筑教育。很快他向清华大学及教育部提出考察战后的美国建筑教育的计划。1946 年他应美国耶鲁大学聘请，前往耶鲁讲授《中国艺术史》。借此机会，他准备同时考察战后的美国建筑。他在离开中国之前，让吴良镛等助教安排好学校回迁北平以及建筑系开课的一切事宜，并匆忙拟定了一个课程计划，让助教们先按照原来的教学课程开设一年级基本课程，等他去美国考察完回系之后再重新制定教学计划。在林徽因、吴良镛等人的共同努力下，清华建筑系在北平正式开课。

梁思成在美国考察期间，直接接触到了正在兴旺发展的现代建筑运动，这更促进了他的思想向现代主义的转变。1947 年 2 月，梁思成由外交部推荐，任联合国大厦设计顾问（图 3.5.24、图 3.5.25）。在此期间，他遇到了很多知名的现代建筑权威人士，如勒·柯布西耶、尼迈耶、哈里逊等等，他们的设计思路和方法令梁思成感到"茅塞顿开，获益匪浅"。在美国一年多时间里，他参观考察了近二十年来的新建筑，访问了赖特、格罗皮乌斯、沙里宁等现代建筑大师。为了进一步理解"空间"概念，他曾专程拜访赖特，向他请教建筑空间理论，赖特却告诉他"最好的空间理论在中国"，并引了《老子·道德经》中一段话"凿户牖以为室，当其无，有室之用……故

---

❶ 梁思成：《致梅贻琦信》，见《梁思成全集》（五），中国建筑工业出版社，2001 年 4 月，1 页。

有之以为利,无之以为用"来说明空间❶。这一席话将"建筑是空间组织的艺术"这一概念深深印入了梁思成的脑海。他后来在清华的教学中,常常用这段经历来教育学生,告诉他们中国的传统中具有深刻的空间理念,并提醒他们在设计中应具有建筑空间的思想。

图 3.5.24　梁思成与各国建筑师讨论联合国大楼方案　　图 3.5.25　梁思成在联合国大楼方案讨论会上

与此同时,梁思成出席了普林斯顿大学关于"体形环境"的学术会议,为他后来形成的"体形环境"设计教学思想奠定了基础。在会议上,梁思成遇到了许多建筑师以及住宅、城市规划、艺术、园艺、生理学、公共卫生等各个领域的专家。他发现了这些背景不同的人都具有同样的特点:"他们规划、设计的目标,就是生活以及工作上的舒适和视觉上的美观,强调对人的关怀"❷。通过他们,梁思成认识到了现代主义思想中关怀大众的核心思想。同时,梁思成经过这次会议以及在美国一年多的考察,更加体会到基于核心思想基础之上的学科领域的扩大。"建筑的范畴已从过去单栋的房子扩大到了人类整个的'体形环境',小自杯盘碗盏,大至整个城市,以致一个地区。"❸ 这一思想的形成,说明他对于先前在国内已经初步意识到的建筑研究范围的扩大,此时有了更为全面和深层的理解。

在美国期间,梁思成设法了解了几个院系的教学课程设置。在耶鲁大学讲学期间,担任他助教的是年轻华人学者邬劲旅先生。邬劲旅是哈佛大学建筑研究院硕士毕业生,他给梁思成找来了哈佛和耶鲁这两所美国重要大学的最新课程表❹。他们两人针对这两份表格深入分析了各自的利弊,探讨了合适中国的新教学课程安排,同时也交流了对中国战后新建筑的设想。他们这些探讨,成为梁思成后来教学改革的一个重

---

❶　王其明、茹竞华:《从建筑系说起——看梁思成先生的建筑观及教学思想》,见《纪念梁思成诞辰一百周年》。
❷　林洙:《建筑师梁思成》,天津科学技术出版社,1996 年 7 月,96 页。
❸　梁思成:《清华大学营建系(建筑工程系)学制及学程计划草案》,见《文汇报》,1949 年 7 月 10～12 日。
❹　赖德霖:《梁思成建筑教育思想的形成及特色》,见《梁思成学术思想研究论文集 1946～1996》,中国建筑工业出版社,1996 年。

要思想来源。

2. 梁思成在清华大学建筑系的教学改革

1947年7月梁思成结束了在美国为期近一年的考察，回到北平，对清华大学建筑系的教学计划做了大幅度的修改。

（1）首先在建制方面，他扩展了建筑系的学科领域。他设想的远期目标是建立一个融多方面、多层次"体形环境"教育的广义的建筑学院。基于这一目的，他认为"建筑"这个词不仅含义过于单一，而且是从日本引进过来的，无法表现出其范围扩展后多学科综合的特点，因此建议改为"营建"一词，认为中国传统中一直使用的这个词语包含了计划、建造等多方面的含义，更加符合新学科领域的特点。他打算将建筑学院改称为"营建学院"，下将设建筑学系、市镇（体形）计划学系、造园学系、工业艺术系和建筑工程学系五个系。

梁思成欲将"建筑系"改名为"营建系"、并在高年级分设市镇计划组的提议，于1948年9月提交国民政府教育部，但是教育部没有批准该提议，仅批准"学生如愿偏重市政计划研究者，准将'材料力学'及'钢筋混凝土'两学程改为选修科目"❶。尽管未得到教育部的正式同意，清华大学建筑系的实际教学中，已经开始逐步实施梁思成的新构想。建筑系学生从三年级开始便分成建筑和市政两个组，各自学习不同的课程。同时，对于系名称的改变也在努力推进之中。不过"营造系"名称的正式确立，推测可能至1951年才完成。因为1947年入学，1951年毕业学生王其明、茹竞华在文章《从建筑系说起——看梁思成先生的建筑观及教学思想》中曾提到"拿到清华大学营建系毕业证书的只有我们这一级的几个人"❷。由此可见在此之前，系名一直是"建筑系"。而在此之后，由于1952年院系调整，系名又重新改回为"建筑系"。因此清华大学正式使用"营建系"名称大约只有一年多时间。

除了系名的变更之外，分组培养的计划也部分得以实现。建筑组之外的其他几个组中，市政计划组的建立是比较早的。该组由三年级学生中分出的部分人员组成，学习课程中增加了不少规划类课程和讲座。之后，市政计划组从三年级开始独立培养的方式一直继续下去。其他分组如园林等也开始着手筹办。当时北京农业大学中有园艺系，学生学习的重点在植物方面，梁思成准备以该系的学生组成造园组。他动员该系三年级的部分学生转来建筑系上课，在他们原有的植物学基础上，接受一些建筑设计方面的培训，由此开始逐步建立造园组。造园组约有八至九个学生，有些学生毕业后作为助教继续辅导后面的造园组学生。另外清华建筑系在创办工艺美术组方面也有举措，林徽因带了进修生钱美华和孙军连，开始进行景泰蓝的研究，希望由此作为工艺

---

❶ 梁思成：《代梅贻琦拟呈教育部代电文稿》（1948年草拟），见《梁思成全集》，中国建筑工业出版社，2001年4月。

❷ 王其明，茹竞华：《从建筑系说起——看梁思成先生的建筑观及教学思想》，见《纪念梁思成诞辰一百周年》，2004年。

美术组的开端。❶ 于是，建筑、市政规划、造园、工艺美术几个组的工作多多少少都开展起来。

建筑工程组方面，梁思成并没有开办的实际行动，可能是他认为国内已经有不少建筑系已经围绕该方面展开了教学工作，例如，同在北京的北京大学工学院建筑系即是如此。梁思成曾写道"北大（建筑工程学系）注重的是建筑的工程……（该系）教授大多数是学土木工程出身的"❷，由此推测，他可能会将建筑工程组的工作寄托在这一类学校的身上，而他此时只需集中力量办理紧缺领域的教学工作。

将建筑设计和建筑工程人才分开培养是梁思成一贯的思想，从东北大学时的分组计划到1939年参与制定的全国统一教学科目表，都是他将人才分开培养的思想的反映。此时的分组教学同样延续了这一思想。

（2）其次在教学内容方面，梁思成也有相应的改革。他为系中每个组（升级后即为各个系）都制定了详细完整的课程。1949年7月10～12日的《文汇报》上对此有完整的介绍。其中建筑与市政计划组由于已经成型，因此《文汇报》直接将此两组准备实施的课程列出，名称仍用"建筑组"和"市政体形计划组"。其他几个系由于尚未成熟，因此只是做了课程的初步勾画，采用了预备建立的系名，称为"造园学系"、"工业艺术系"、"建筑工程系"。

梁思成此时设想的新课程体系采用五年制，其原因他在介绍课程之前也有所解释。他认为在"体形环境"思想指导下安排的教学课程范围更广，内容更多。如果仍然采用四年制，学生可能负担太重，多数人很难在四年中将课程全部学完，而且此时国外大多数大学建筑学院也多采用五年制，因此，他决定将时间定为五年，并制定了相应课程计划。

由于在此之前，清华的建筑（工程）系一直是四年制，作为过渡也作为尝试，梁思成分别制定了四年制的课程计划和五年制的课程计划。两种计划都同样在三年级开始分别设置建筑和市政组的各自课程。推测正式开始试行五年制是在1949年，因为1947年入学的学生仍为四年制，这从王其明和茹竞华的学分表上可以看出。而1949年入学的高亦兰回忆她在入校时，曾被告知他们这一届要开始采用五年制❸，因此，正式开始或试行五年制应是在1949年。不过后来1952年时，由于建设人才紧缺，国家号召各学校工学院学生都提前一年毕业，因此，1949年入学的学生提前和1948年的学生一同毕业。计划的五年制没有实现，却因为特殊形势的影响，教学实际时间只有三年，这肯定是计划制定者所始料未及的。

从整体课程安排来看，梁思成将课程分为五个大类，分别为：文化及社会背景，科学及工程，表现技术，设计课程，综合研究，根据各个系（组）的不同要求安排相应的课程。详细内容参见附录A表A11。

---

❶ 2003年10月30日笔者访谈高亦兰老师。
❷ 梁思成：《致梅贻琦信》，见《梁思成全集》（五），中国建筑工业出版社，2001年4月。
❸ 2003年10月30日笔者访谈高亦兰老师。

3. 清华大学中梁思成建筑教育的现代主义倾向

将清华大学建筑系的教学情况与梁思成早期东北大学时以及1939年参与全国统一课程制定时期的思想比较，可以发现此时的他体现出很多现代建筑教育思想。

(1) 首先，梁思成现代建筑思想突出反映在他的学科范围扩大思想以及对城市规划的格外关注上。现代建筑思想的一个重要特点就是关注的（设计）对象从单体建筑扩展到小到日常用品，大到整个城市环境的与大众生活有关的所有有形的物体和空间环境。上文介绍梁思成扩大建筑学科、建立多个分组的做法，是与这种思想相一致的。

梁思成对城市规划学科的极大关注也是他现代主义思想的重要反映。城市规划学科作为伴随着现代建筑运动而产生的一门新兴学科，是应对现代工业社会城市中所出现的各种社会、经济、政治问题而加以研究解决的重要途径，也是现代建筑思想重要核心之一。作为学者的梁思成深受具有政治和思想追求的家庭的影响，一直十分关注中国社会的各种问题。在这方面极具敏感性的他，当了解到西方国家正在兴起的城市规划学科以及相关工作的情况时，便有在中国提倡这一思想并在教学中加以实践的想法❶。可以说是对于国家和社会发展一贯的积极参与和思考使他能够迅速接受现代建筑的一些思想，并在该方面体现出强烈的主动性。

梁思成在美国考察期间，出于学习借鉴的想法，对美国城市规划的发展状况作了大量专门考察。他为了解规划方面的知识专程前往匡溪（Cranbrook）艺术学院请教了在那里任教的E·沙里宁，对于这位学者，他曾在国内时拜读过他有关规划方面的著作；他也到田纳西参观了最新开发的田纳西谷主管区；此外，他还拜访了著名规划师、建筑师Clarence Stein，向他了解有关市政规划的可能性与困难。同时，他参加各种会议时与众多现代主义建筑师的交往和讨论也在规划方面强化了他的思想。在这些人的经验启示下，他回国后立即在清华建筑系进行了规划分组的设置并制定了相关课程计划。

梁思成对规划学科的重视不仅体现在组建工作的迅速和力度方面，还进一步体现在他对该专业的长远计划中。出于为清华大学建筑系规划学科的发展培养良好师资的想法，1948年他让青年教师吴良镛前往匡溪艺术学院向E·沙里宁学习城市规划。为此梁、林夫妇二人曾精心帮吴良镛写了推荐信❷，可见他们对这件事的重视程度。吴良镛1950年回国后，为清华建筑系城市规划学科的发展奠定了重要的基础。

除了在教学方面对城市规划学科关注外，梁思成还积极参与到规划实践工作中去。他于1949年5月被任命为北平市都市计划委员会主任，多次和系中一些青年教师在有关北京城市建设的各种会议上大力呼吁城市规划的重要性。梁思成还写信邀请留学英国回来的陈占祥（图3.5.26）来北平都市计划委员会工作❸。陈占祥曾在英国师

---

❶ 具体内容参见梁思成：《致梅贻琦信》，见《梁思成全集》（五），中国建筑工业出版社，2001年4月。
❷ 吴良镛：《林徽因最后十年》，见《建筑百家回忆录续编》，知识产权出版社，中国水利水电出版社，2003，82页。
❸ 王军：《城记》，生活·读书·新知 三联书店，2003年10月。

从世界著名规划学者阿伯克隆比爵士（Prof. Sir Potrick Abercrombie），协助参与完成了英国南部三个城市区域规划。梁思成关注到了阿伯克隆比爵士正在制定的"大伦敦规划"，认为中国也应该制定类似的城市规划。在梁的邀请下，陈占祥来到了北京都市计划委员会工作。在此以前陈占祥也曾在南京、上海都市计划委员会工作过。

通过陈占祥，梁思成也和在上海的黄作燊以及圣约翰大学有所接触。陈占祥是黄作燊的朋友，曾在上海圣约翰大学建筑系讲过课，并一度与黄作燊、陆谦受、王大闳、郑观宣共同组建"五联建筑师事务所"。通过他，梁思成结识了黄作燊，曾写信邀请黄作燊来北京都市计划委员会

图 3.5.26　陈占祥

工作。黄作燊曾经来北京考察，但是最后还是决定留在上海圣约翰大学之中。不过通过陈占祥和黄作燊的影响，圣约翰建筑系有不少毕业生后来来到北京都市计划委员会工作，例如李滢、白德懋、樊书培、华亦增、周文正等等❶。他们中有不少人曾经在上海都市计划委员会做过绘图员，此时开始在北京继续从事该方面的工作。

梁思成和陈占祥在都市计划委员会中通力合作，于1950年共同提出《关于中央人民政府行政中心区位置的建议》。该建议采用了"有机疏散"理论，在建设新城的同时注意保护旧城和发展新城，成为北京城市规划历史上著名的"梁陈方案"。

上述一系列情况说明了梁思成对规划学科所给予的重视。这种重视是与他对当时社会和城市问题的敏感密切相关的。在这里，梁思成抓住了属于现代建筑运动之中的一个重要问题，从而使他逐渐理解现代建筑运动的一些思想，并在教学体系中作出相应调整。他在清华大学建筑系中的教学实践体现出现代建筑教育思想的重要特征。

(2) 清华大学建筑系的新课程中加入了很多社会科学方面的内容，这一点与梁思成注重社会、城市等问题是直接相关的，同样也具有现代主义思想特色。如果说扩大学科领域，重视规划学科是他的现代思想在一方面的反映的话，那么，各组（系）的教学课程都十分重视社会科学内容则在另一方面反映了他的这一思想。

在新的课程体系中，各分组都要学习社会学、经济学、体形环境与社会等必修课，规划组还要学习乡村社会学、都市社会学、市政管理等必修课，除此以外，还有政治学、心理学、人口问题、住宅问题、社会调查等选修课的设置。这些为数众多的社会科学类课程是清华建筑系新课程体系的突出特点，也是以往传统建筑教学之中没有出现过的新现象。对于这个特点，梁思成在1962年的文章中所提出的"建筑师必须在一定程度上成为一位社会科学家（包括经济学家）"❷的观点作了解释说明。他认为社会中所出现的各种问题是建设的核心推动力量，社会科学课程是建筑师接触和认

---

❶ 2003年11月8日笔者访谈樊书培、华亦增老师。
❷ 梁思成：《建筑∈（社会科学∪技术科学∪美术）》，见《梁思成全集》，中国建筑工业出版社，2001年4月。

识这些问题的有力凭借，因而这类课程应该得到强化和重视，它们也是他的"体形环境"全面建筑观的理论和科学基础。

发源于欧洲的现代建筑运动是一场关注社会的改良运动，它与社会问题直接相关，也与社会科学各方面有着千丝万缕的联系。因此，梁思成在清华建筑系所采用的全面而详尽的社会科学课程的设置，也使该教学体系带上了现代建筑教育的特点。相比于圣约翰建筑系中有关建筑与社会的关联问题多采用系列理论课及讲座的方式来传授，清华的该类课程呈现出更深更专的特点，不少课程都由学生直接去社会学系听课。不过由于不同专业的跨度较大，学生必须靠自己的理解能力将听课内容与建筑专业整合起来。

（3）改革后的清华建筑教学体系在基础训练方面，也体现出了现代建筑教育的创新特点。这突出表现在引进了包豪斯的一些教学方法和课程内容上。

在初步课程训练中，梁思成去掉了作为学院式教学重要内容的古典柱式渲染，取而代之以抽象构图训练。对此王其明、茹竞华在她们的文章中进行了详细介绍："一年级的建筑设计课叫'预级图案'，在我们功课中训练学生从平面到立体的构图能力。当时我们叫它'抽象构图'，即是不准画'具像'，而是用点、线、面、体等构成美的构图，对权衡、比例、均衡、韵律、对比等等形式美学法则学会运用。"❶

对这类抽象构图训练，1949年入学的高亦兰也有清楚的回忆，"第一次作业是让每个人用六个大小一样的圆点贴在纸上，摆成一定构图，看谁摆得好；然后用难度稍高些的正方形，因为正方形有方向问题；再然后用复杂一些、特殊形状的……"。

当时抽象构图对大家来说是个新鲜课题，年轻的教师们常常和学生一起，参考梁思成带来的一些书刊和图片共同努力探索。平面训练还相对容易，立体构图更使他们感到为难。由于当时没有什么塑料制品等作为模型材料，便有学生灵机一动，跑去工厂找来金属、木块、刨花等废料来做模型。后来梁思成在遭受批判时曾受到此事的牵连，被指责为"到垃圾堆中去找灵感"❶，这是后话了。

除了抽象构图的实践练习之外，相对该类操作还有一门理论课"视觉与图案"。课程由莫宗江讲授，主要介绍抽象图形方面的一些理论，如抛物线型与心理学关系等等❷。这门理论课使抽象视觉图形训练在理论和实践两方面得到结合。

1949年起在新生中正式实施的新五年制教学体系中，在一年级的课程中有一门多达10学分的工场实习课程。这门具有包豪斯教学特点的课程是让学生们在一个小平房车间中学木工，自己加工木材做毛巾架和小凳子一类的用品。梁思成聘请了手工技艺十分高超的匠人高庄作为指导老师。❷这一课程安排在二年级的预级图案（抽象图案）课程之前，可谓是入门手工操作训练，颇具包豪斯作坊训练的一些特点，而高庄则类似于包豪斯的"作坊大师"的作用。

手工操作的课程除了抽象构图和工场实习之外，还有四年级的雕塑课程。该课程

---

❶ 王其明、茹竞华：《从建筑系说起——看梁思成先生的建筑观及教学思想》，见《纪念梁思成诞辰一百周年》，2001年。

❷ 2003年10月30日笔者访谈高亦兰老师。

要求学生用泥来塑造形体，高庄同时也是这门课的老师❶。这门课在传统学院式教学体系中也曾采用，在训练学生动手操作，体会手与形体间相互作用和关系方面具有一定强化作用。

从以上介绍的基础类课程改革中可以看出，梁思成所采用的新教学体系对手工操作训练很重视，也对作品工艺和功能非常注重。这改变了传统的学院式方法以渲染练习为基础，主要从二维图面进行建筑教学的状况，使新体系呈现出现代建筑教育的一些特点。同时，基础课程中"抽象构图"理论和实践训练也为现代美学思想的引入初步打开了渠道。

4. 清华建筑（营建）系教学中学院式特点的部分延续

梁思成在清华建筑（营建）系建立的新教学体系具有不少现代建筑教育特点，它与国内传统学院式教学相比有着很多不同。但是，从另一个方面来看，它又仍然体现着不少古典及学院式的理念，使它的现代主义特色并不彻底。

（1）新体系传承了梁思成在教学中注重历史和美术训练的一贯特色。

梁思成对于历史课程的重视从东北大学到此时的清华大学一直没有改变过。清华建筑历史课程包括了欧美和中国的建筑史及绘塑史，并由梁思成亲自主讲，足可见作为历史学者的他对于这几门课程的重视。梁思成一直认为建筑历史是一个建筑师所必须掌握的专业文化背景课程，建筑师只有通过历史才能了解各个时代制约建筑演变的因素，认识发展的规律，才能把握好建筑学科的发展方向。同时，由于近代以来中国的"民族主义"思想的提升，广大建筑师都力求设计出具有中国特色的现代建筑。这一思想背景使得对中国建筑史的学习显得尤为重要。作为对中国传统文化艺术感情十分深厚的梁思成在这方面有同样的强烈感情，因此他十分重视历史方面课程。

美术课程分量重也是该教学体系所传承的特点。学生们必须经历四年整（四、五年制都如此）的美术练习，内容包括两年素描、两年水彩及同时一年的雕塑，此外还有一年水彩、一年雕塑的选修课。课程分量与东北大学相比，丝毫没有减少。如果说东北大学时的梁思成是直接受到刚刚经历过的宾夕法尼亚大学学院式教学体系影响的话，那么将近20年的时间也没有动摇他重视美术训练的思想。不过需要指出的是，此时的他并非将该课程简单看成是表现技巧的训练，因为作为表现所需的训练量已远远足够，他更多地是将它看成一种艺术修养的培养。梁思成自身艺术鉴赏力和品位都很高，因此，他认为优秀建筑师也必须拥有这种素质。他所注重的对艺术修养的培养，还在相关的史论课，如中、西方绘塑史，雕塑学等课程中强化。在这里，史论与实践课程是相互结合统一的。

对历史和艺术课程的重视，也是梁思成重视人文思想的重要结果。人文思想是梁思成在新体系中贯彻的核心思想之一。他将文化社会背景课程与历史和艺术课一起，作为人文思想培养的重要基础，对抗社会上出现的另一种将建筑更多视为纯粹工程技术的倾向。他对历史和艺术课程的重视也是因为他将其视作体现"人文关怀"的课

---

❶ 2003年10月30日笔者访谈高亦兰老师。

程，这与学院式思想中通常将历史视为样式仓库和将美术课程视作纯艺术或"为艺术而艺术"的思想比较，具有不同的出发点。

但是在实际教学过程之中，大量的艺术与历史课程，在缺乏足够强有力的现代艺术思想的冲击和综合下，很容易在学生白纸一张的头脑中建立起极其坚固的古典建筑及艺术审美倾向，以至于妨碍他们对现代建筑和艺术思想的接受。在这一点上，格罗皮乌斯在哈佛大学教学中对历史课程的慎重即是一个明显的例子。当时格罗皮乌斯不赞成给低年级学生开设建筑历史课，认为那样十分危险。他认为这类课程比较适合给高年级学生开设，因为他们已经掌握了时代特点要求下的建筑设计方法，具有一定的设计能力和认识水平，能对不同时代的艺术和建筑作品作出功能、宗教、科学、政治和建造手段等各方面的分析。因此在他们的头脑中，历史可以和设计很好地结合。❶

与格罗皮乌斯的做法不同，梁思成的历史课程是与第一个建筑设计题目同一年开始进行的，学生只经过了关于手工和视觉图形的入门基础训练，还没有掌握一定的设计方法。在这样的情况下，他们设计手法的形成，极易于受到史论课上介绍的古典建筑美学思想的影响。如果教师在历史课程教学过程中，不能针对这种现象加以主动引导，学生后期观念的变更是十分困难的。

（2）新教学体系所采用的基础课程仍有一定局限性，缺乏强有力的现代美学思想和创造性理念的渗透。

从强调手工操作练习的"工场实习"课程来看，任课教师高庄是工艺美术方面的专家，虽然他具有高超的手工艺技巧和美学素养，但这一素养仍是以传统美学观为基础。他所精通的是传统工艺品以及传统特色日常用品的制作。他有些类似包豪斯中的"作坊大师"，包豪斯的"作坊"是具有各种不同传统手工艺的艺人作坊，例如陶器作坊、玻璃制品作坊、印染作坊等等，这些作坊的主人就是受聘的"作坊大师"，他们的作坊就是学生们实习的车间。这点与清华的"工场"有些类似，但是这并不是包豪斯真正的核心特色。

包豪斯作为一个教学兼实验性研究学校，更重要的是它在"作坊大师"之外，还聘请了很多"艺术大师"，两种大师相结合，共同对学生进行培训。这些"艺术大师"大多是欧洲的著名先锋派画家，包括创建"基础课程"的伊顿、俄国抽象派画家康定斯基、以及保尔·克利等等，他们负责对学生进行抽象视觉艺术的培训。由于欧洲的先锋派艺术探索已经达到了一定的高度，可以想像这样一批先锋派画家云集的学校的繁荣情景。处在这一小环境以及同时的欧洲大环境中的学生能够十分深刻地领会和掌握现代艺术分析创作思想。现代艺术对他们艺术思维的影响之深是无以伦比的。在这样的先锋艺术观指导下，他们才能够在作坊之中融合现代艺术理念进行造型研究和创作。在这里，"作坊大师"起到让他们掌握这门工艺方法的基础作用，而"艺术大师"

---

❶ Edited by Gwendolyn Wright and Janet Parks, *The History of History in American Schools of Architecture 1865～1975*, Princeton Architectural Press。

才是他们的创新思想的真正来源。二者的结合使他们产生出大量具有独创性的日常用品，这才是包豪斯真正的生命力所在。

与包豪斯相比，清华的工场实习缺乏具有现代艺术观的教师的配合和作用，缺乏创新的契机，因而学生在工场制作的用具大多停留在传统的式样上，难以具有现代美学思想及创新观念。

梁思成对清华建筑系工场的设想也证实了其更多具有传统美学思想的特点。林洙的回忆文章中提及："他（梁思成）常和营建系的教师谈起宾大美术学院为培养学生动手能力设置的一个大工作室。学生可以随时进去做自己设计的作品，这个工作室的设备非常齐全，从木工用的斧锯到陶瓷的塑形、上釉、烧窑直到金属的铸模、翻砂、仿古等各种材料设备一应俱全。1926年他曾自制了一个仿古铜镜送给林徽因，这个小镜子就是在宾大的工作室做的。"❶

从林洙进一步转述梁思成对这个铜镜的描绘中，可以看到这类制作品的古典审美取向："这是一个奇特的镜子，它是用一个现代的圆玻璃镜面镶嵌在仿古的铜镜里合成的。铜镜的中心刻有两个云岗石窟中所见的飞天浮雕，组成圆形图案。飞天外围一圈卷草花纹，花纹外圈是两条线角，两线中间均匀地铸一圈字，写着'徽因自鉴之用民国十七年元旦梁思成自镌并铸喻其晶莹不珉也'。"❶他这面仿古铜镜竟然骗过了宾大美术系研究东方美术史的教授的眼睛，教授觉得这个铜镜"风格象北魏，但文字和厚度都很特殊，因而无法判断具体年代"❶，这在反映梁思成仿古能力高超的同时，也反映了他在审美方面的古典倾向。

梁思成将清华准备建立的工场与宾大的大工作室相类比的事实，说明学生在工场制作的作品自然也可以是像仿古铜镜这类具有古典特色的用品。由此可见，古典或传统美学仍是主宰这一工场的主要艺术思想。因此，工场实习这类具有现代特点的教学方式也打上了一些传统的烙印。这体现了具有深刻的古典学院基础的梁思成在接受和实践现代建筑教育时所带有的折衷和复杂性。

从与工场实习相对应的另一门基础课程"抽象构图"（预级图案）以及相关理论课"视觉与图案"来看，这两门课程的开设为现代艺术及思想的引进打开了大门，学生们可以直接接触到抽象艺术方面的训练。但是，由于建筑系中主授该类课程的教师，大多没有直接接受过相关教育和熏陶，他们对现代艺术的理解只是通过书本和图片来进行，本身具有一定的局限性；同时他们大多拥有的学院式教育背景也使他们已经建立了比较强烈的古典美学观点，因而在指导学生时并不能发挥特别大的作用。实际情况常常是老师和学生一起进行摸索，这就使得对现代艺术的训练和接受都打了一定的折扣。而且学生在实际进行设计练习时，一方面自己很难将现代艺术观念结合进去，另一方面担任设计指导教学工作的教师也已习惯于用往常的方式来指导学生，使得学生难以有创新的自觉或受到相关鼓励。因此，从实际情况来看，现代艺术课程的引入

---

❶ 林洙：《建筑师梁思成》，天津科学技术出版社，1996年7月，99页。

还未能充分发挥出它的作用。

清华建筑系虽然实施了改革后的新基础课程，但是它们在传统思想风气强盛的环境下，仍具有一定的局限性，很难充分展现出变革的作用。之所以有这样的折衷和局限性，一方面是梁思成的学院思想的惯性，使他在某些看似现代的措施上仍沿用了传统的思维理解模式，例如对"工场"的理解方面；另一方面则是梁思成所具有的历史学者的背景使他在主动取舍时仍保持了传统的取向；同时系中大多数教师所具有的学院式教育背景也强化了这一状况。因而现代美学、机器美学等观点一直并没有在系中生根。

虽然清华早期对现代建筑教育的尝试有一定的折衷性和局限性，但是其中所具有的革新特点是显而易见的。这些改革措施是深具古典主义学院教育背景的中国学者在经受了西方现代建筑思想影响后，对教育方法所作出的独特思考和尝试。作为现代主义思想和学院式思想的某种折衷，它们具有鲜明的自身特点。

非常可惜的是这种探索并没有维持很长时间，在随后 1952 年院系调整并全面学习苏联开始后便告终止，从此该系教学全面转向了苏联的统一模式。

5. 苏联初步影响下清华建筑教学的变化及在当时国内的影响

1949 年新中国成立以后至 1952 年之前的一段过渡时期之中，虽然各院校尚未经历大规模变革，但小规模小范围的教育改革已经开始实施。受苏联教育模式的初步影响，1950 年在高等教育处的要求下，全国各院校建筑系纷纷将学分制改为班级制和学时制，按各年级制定标准课程。❶

同时，中央人民政府又颁发了"高等教学课程草案"作为各校拟定教学计划的参考。但是 1950 年 9 月颁发的该"草案"中并无建筑系，后来建筑系的课程草案单独补发至各建筑院校，课程内容显然是清华大学 1949 年教学计划的调整修改版。由此可以猜想这份带有全国建筑课程统一参考样本特点的课程草案应该出自于清华大学梁思成之手。这也是继 1939 年第三个全国统一课程表以来的第四个全国统一课程表。这份草案并不带有强制性，文中明确说明"本草案只是现阶段各校建筑系课程的大致目标，而不是作一个呆板的规定，各校可按个别情况添设选修课程做个别的发展"❷。草案约于 1951 年春传达至各院校建筑系，各系大多根据自己的情况适当进行了参考。

将梁思成这次拟就的"草案"（参见附录 A 表 A12、A13）与 1949 年《文汇报》课程草案进行比较，可以发现两者有不少相似之处，不但修业期限都为五年，而且课程设置也大体相同。但仔细区别，二者也有一些不同之处。具体如下：

（1）新草案将建筑系分组重新定为建筑设计组、建筑结构组、建筑设备组、市政计划组和造园组，即取消了原来的工艺美术组，增设了建筑设备组。

（2）取消社会学、经济学、体形环境与社会等课程；视觉与图案、建筑图案概论

---

❶ 圣约翰大学建筑系教学档案，1950 年。
❷ 全国建筑系课表，引自圣约翰大学档案。

课程合并为建筑设计概论课（这是第一次明确出现"建筑概论"这个后来一直沿用很久的课程名称），其内容是"建筑设计的一般理论，如建筑之定义原理，建筑的形式结构，装饰建筑的单位、种类，建筑与人的关系……"。

（3）建筑画课程中的建筑制图部分加入了渲染练习，同时取消抽象图案练习。

（4）科学及工程课程中增加了房屋应用科学、施工图说、业务及估价等，其中应用科学包括声学和电学。

（5）将市镇计划理论、造园学引入各组基本课程中；另外建筑组还引入工艺美术概论，并在设计作业中增加工艺美术及室内设计，内容包括室内布置及家具等设计，有将工艺美术组内容合并在建筑组内实现的倾向。

（6）将"建筑图案"课程名称改为"建筑设计"。

市政计划组的课程部分则改动更大，明显减少了社会经济类课程，增加了大量的建筑技术类课程，二者比较参见表 3-19。

梁思成 1949 年与 1950 建筑系市镇计划组课程比较　　　　表 3-19

课 程 分 类	1950 年课程①	1949 年课程②
政治、社会、文化背景课程	*政治课	
	*西方建筑史 *东方建筑史	欧美建筑史 中国建筑史 欧美绘塑史 中国绘塑史
	城市体型发展史 计划经济 社会调查研究	社会与环境 自然地理 经济学 社会学 都市社会学 乡村社会学 市镇管理
自然科学及工程课程	*工场劳作	工场实习
	*微积分简程 *静力学及图解力学 *材料力学	材料力学 工程材料
	*房屋结构学 *房屋结构设计 *钢筋混凝土的结构 *施工图说 *房屋建造学	
	*简单测量 普通测量学	测量
	*房屋应用科学	卫生工程
	市政工程 市镇地理基础 工程地质学	道路工程 工程地质学、业务

续表

课程分类	1950年课程①	1949年课程②
表现技术课程	*素描 *建筑画 *绘画 *雕塑及模型制作	素描 建筑画 水彩 雕塑
综合研究课程	*建筑设计概论 *建筑设计（一～六） *市镇计划理论 市镇设计技术 市镇建设（一、二） 地域计划 村庄设计 *造园学 *论文 *专题演讲及讨论 校外实际工作实习	视觉与图案 建筑设计概论 预级图案、初级图案 市镇计划概论 市镇计划技术 初级市镇计划 高级市镇图案 论文 专题讲演
选修课程	（未列入）	

资料来源：①之江大学建筑系档案；②梁思成：《清华大学营建系（建筑工程系）学制及学程计划草案》，见《文汇报》1949年7月10～12日。

　　教学计划改动一方面是新政治形势下计划模式的产物，另一方面也可能有苏联的影响。新课表中有大量当时有关的政治内容的反映，例如新民主主义论、社会发展史的政治课程，以及紧密结合当时国家建设计划体制的规划类课程等等。这些内容体现了新政权模式引起的建筑领域相关主导思想的微妙变化；同时，新课表出现的一些变化似乎也有苏联建筑教学影响的痕迹，不但建筑技术类课程进一步充分完备起来，而且渲染类课程又重新引入。此时在苏联教育体制影响下，各学校已经改学分制为班级学时制，苏联的建筑和规划课程也很有可能在与北京教育部门的初步交流之中对清华建筑系产生一定作用。

　　1950年的新教学草案当时在清华建筑系应该已经实施。王其明四个年度的修习课程（参见附录A表A14）中，1950～1951年度课程明显具有新草案的痕迹。不仅以前连续三年的"建筑图案"课（分别为预级图案，初级图案，中级图案）名称在该年改为"建筑设计"，而且施工图说、钢筋混凝土设计、业务及估价等课程都是1950年草案中新增加的课程。由此可见新草案确实对教学有影响。

　　作为全国统一参照课程的1950年建筑教学草案虽然将清华大学的教学计划延伸至全国，但是对于各学校并无实质性的影响。草案由教育部发至国内各建筑院系，要求它们根据提纲进行改革。但是由于该草案只是为各校提供参考，并未要求严格强制执行，因此，各校建筑系大多只是根据自己的理解，对教学进行少量修改和调整。由于当时要求必须执行的是班级制和学时制，因此，学校教学计划调整的重点大多放在规范各年级课程、精简学时,并加强技术应用课程方面,清华大学提供的参照课程并没有在各校建筑系中产生太大作用。而此后不久1952年整个国家教育体制的转向更加速了这一草案昙花一现的命运。

小 结

从1923年中国第一个高等学校建筑科的成立至1952年院系调整之间的这段时期,中国的大学建筑教育制度经历了从建立到自由发展的阶段。在欧美偏重艺术训练的学院式建筑教育体系逐渐代替早期日本偏重技术的教学方法之后,现代主义建筑思想和教育思想也开始从不同的方面悄悄地对教学产生影响。

首先,在设计思想方面,现代建筑思想已经在教学中逐步兴起。一方面,设计实践领域日益强盛的现代主义思想影响到了学校的设计教学;另一方面,一些学校重职业实践要求的实用性教学方法所引起的对工程技术的重视,也在某种程度上制衡学院思想,并促进现代建筑教育发展。在这样的背景下,大多数建筑院系的教学中设计思想已经逐渐出现向现代的转变,甚至不少学院式教学渊源深厚的学校中,建筑设计思想也很大程度上具有了现代特点,这在一些非政治性建筑类型作业中表现得尤其突出。

之后,一些接受过现代建筑思想洗礼的建筑师回国,他们新建立的建筑教学体系更加全面地引进了现代教育的思想和方法。他们在此前国内设计教学的思想已向现代转变的基础上,进一步在教学模式上对传统的学院模式进行了突破,尝试更为适应以培养现代建筑思想为核心的新的现代教学模式。他们的实验,使得现代建筑教育出现了从内容到形式的全方位的探索局面。

由于当时学院式教学的势力仍然十分强盛,同时动荡的政治和社会时局也对正常的教学秩序产生影响,因此,这些新出现的对现代主义建筑教育的探索只是刚刚起步,如同新燃起的一点希望的火苗,还没有很好的机会得到积极发展。总体来看,在这一阶段中现代建筑教育仍处于萌芽的状态。

第四章　现代建筑教育在挫折中发展
（1952～1970年代末）

1949年中华人民共和国成立到1952年之间的三年过渡时期，中国基本延续了1949年之前的教育格局。1949年中国政治协商会议通过的《中国人民政治协商会议共同纲领》（简称《共同纲领》）之中，确定当时新民主主义的教育方针是——"科学的、民主的、大众的文化教育"。国家根据这一方针，要求新的教育改革工作"以老解放区教育经验为基础，吸收旧教育有用经验，借助苏联经验，建设新民主主义教育"❶。这一指导思想使得近代发展起来的教育模式和方法作为新中国教育建设三个经验来源之一得到认可，因此，当时的教育机构和各学校的教学工作并没有发生很大的变化，私立学校也没有取消。

1952年，国民经济恢复时期结束。伴随着第一个五年计划开始，新中国开始进入社会主义新型国家的建设时期。与此相应，国家教育体制也进行了大规模的调整和改变，以适应新型国家性质的要求，满足社会发展建设的需要。

新中国的建筑教育事业初期直接受到苏联模式的影响，之后在极左路线的影响下，革命化教育模式几度代替制度化、正规化的院校教育模式，使该阶段的教学工作呈阶段性和复杂化的特点。在此几度起伏之中，现代建筑教育思想和方法在意识形态的作用下屡受挫折，经历了十分艰难的发展历程。

第一节　学习苏联浪潮下受冲击的现代建筑教育（1952～1957）

1950年代初，新中国逐渐接管并改造了各级、各类旧教育机构，准备进一步重新改组教育体制。此时作为社会主义阵营老大哥的苏联成为指导中国建设的最重要的老师。在"一边倒"全面学习苏联的局面下，中国的建筑教育从体制到教学思想和方法都发生了深刻的变化。

（一）全国高等院系调整

1949年以前的中国高等教育格局具有创办主体社会化、多样化的特点。办学机

---

❶ 杨东平主撰：《艰难的日出——中国现代教育的20世纪》，文汇出版社，2003年8月，120页。

构既有公立学校、教会学校、私立学校等多种类型,也有官方、民间等多种渠道。1949 年之后,新中国有关部门逐步接管了教会学校和私立学校。经过改造处理后,各类教育事业都改由国家举办,曾经活跃的民间教学机构和组织被取消。在教育主体改变的基础上,以苏联模式为样板的高度统一的国家教育体制代替了原先教育社会化和多样化的局面。

1950 年代初期,建立新教育制度的举措以全国高等院校"院系调整"工作开始。继 1949～1951 年之间国内一些学校的部分专业已进行小规模调整之后,1951 年 11 月在北京召开的全国工学院院长会议拉开了 1952 年全国大规模院系调整的序幕。这次会议中提出全国工学院设置存在如下问题:"地区分布很不合理,师资设备分散,使用极不经济,学科庞杂,教学不切实际,所培养人才不够专精,学生数量远不能适应国家当前工业建设的需要。"[1] 调整方针是"以培养工业建设人才和师资为重点,发展专门学院,整顿和加强综合性大学。"[2]

这一调整是向苏联高等教育体制学习的结果。苏联在建国之后,建立了计划经济体制,在高校人才培养方面,也实施了一套计划的方法,其主要特点是根据经济、文教、政治等各方面需要,按照国家建设所需要的岗位及人数来制定人才培养计划,使国家教育与实际需要密切挂钩。苏联的教育带有强烈的实用特征和计划色彩。

苏联教学机构改革具体方法是将原来范围较大的专业划分成若干更加具体、范围更小的专业(例如铁路运输专业分成:机车车厢工程、铁路建筑工程、铁路运行组织、铁路运输的经济与计划等专业),以这些专业按计划来培养建筑部门所需要的各种人才。他们认为采用这种方法可以"使学生的修业年限缩短,他们毕业后到现实中能立刻担任起工程师的任务"。[3]

在制定了标准的专业分类后,每种专业都要采用经过高等教育部审查批准的、统一的教学计划,以确保各校同一专业培养出的人才都具有相同标准。内容详尽的教学计划不仅列举所有的课程,而且规定了讲课时数、课堂讨论与实习时数,以及教学实习与生产实习的时数。这种培养标准化人才的教育目标是高度统一的计划体制下独特的产物。

专业确定后,结合各高等学校的师资和设备条件,将原来同一城市或地区内性质相同的专业进行合并,集中设置在拟定发展该类学科的学校之中。学校中几个性质相近的专业被结合成为一个系,系上不再设学院,而直属于学校。同时原综合大学中不属于一般自然学科和人文学科的各系划分出来,以这些系为基础,成立独立的单科性学院,其地位与大学相同。由此确定了专科学院培养专业人才、一般大学培养科学研究人员和中学教师的各自任务。

---

[1] 杨东平主撰:《艰难的日出——中国现代教育的 20 世纪》,文汇出版社,2003 年 8 月,126 页。
[2] 余立:《中国高等教育史》(下册),华东师范大学出版社,1994 年。
[3] A. A. 福民:《苏联高等教育的改革——在京津高等学校院系调整座谈会上的讲话》,同济大学行政档案,1952 年。

在苏联高等教育模式的影响下，1952年下半年，全国高等院校进行了大规模的院系调整工作。至1952年底，全国四分之三的高校进行了调整。工学院是这次调整工作的重点，所遵循的原则为：少办或不办多科性的工学院，多办专业性的工学院。于是原来各地区众多高校工学院内的建筑系根据要求进行了合并。合并新成立的建筑系和其他土建类专业和系科一起，集中在各地区的理工科大学或工科学院之中。

1952年院系调整完成之后，全国设立建筑学专业的院校共有7所，它们分别是：东北工学院、清华大学、天津大学、南京工学院、同济大学、重庆建筑工程学院和华南工学院。

其中清华大学、天津大学、南京工学院、同济大学这四所学校由于基础比较强，被建筑界称为建筑院校"老四校"。他们大多由各自所在地区原有学校的建筑及土木系合并而成。清华大学建筑系由原清华大学、北京大学建筑系合并而成，系主任为梁思成；南京工学院建筑系由原中央大学建筑系（1949年改名为南京大学建筑系）随工学院独立成立，系主任为杨廷宝；同济大学建筑系由原之江、圣约翰大学建筑系及同济大学土木系等合并而成，副系主任为黄作燊（正主任暂缺）；天津大学建筑系由原天津工商学院、津沽大学、唐山工学院等合并而成，先为土木系，后改为建筑系，系主任为徐中。

除了以上四所建筑院校之外，同样设置了建筑学专业的东北工学院、重庆土木建筑学院、华南工学院也是由近代一些建筑院系合并而成。其中重庆土木建筑学院建筑系在原重庆大学建筑系基础上成立，后来改名为重庆建筑工程学院（现并入重庆大学）；华南工学院建筑系在原中山大学建筑系的基础上组建（后改名为华南理工大学）；东北工学院建筑系则是1949年时在东北大学建筑系（1945年成立，系主任为赵冬日）基础上组建。需要指出的是1945年成立的东北大学建筑系与1928~1931年的东北大学建筑系并无直接关系。

1952年调整完成之后不久的几年中，陆续又有一些新建筑院校的产生。1956年中央决定对部分以工科为主的高校再次实施地区结构性的调整改革，有些教师称之为第二次"院系调整"。在这次调整中，东北工学院、青岛工学院、苏南工业专科学校（在苏州）和西北工学院的土建专业合并成立西安建筑工程学院（后改名为西安冶金建筑学院，今西安建筑科技大学）。另外1959年哈尔滨工业大学土建系在原有基础上组建了哈尔滨建筑工程学院（现又并入哈尔滨工业大学），成为又一所重要的建筑院校。

孕育了哈尔滨建筑工程学院的哈尔滨工业大学也是一所具有悠久历史的学校。该校创办于1920年，开始时由中东铁路办学，是一所为自身企业提供人才的企业学校，师生多为俄国人。1927年校内的铁路建筑系改为建筑工程系，教学计划与体制参照同期苏联相应学科教学计划。抗日战争中该校曾一度被日本人接管。东北解放后，1950年学校移交中国政府管理。1952年院系调整时哈尔滨工业大学设置了土木系，但并没有设置建筑系，也没有建筑学专业。1958年学校在土木系的基础上增设了建筑学专业。1959年，土木系从哈尔滨工业大学分离出来，单独成立哈尔滨建筑工程学院，建筑学专业成立专业委员会，成为建筑系组织编制的雏形。❶

清华大学、同济大学、南京工学院、天津大学、华南工学院、西安冶金建筑学院、重庆建筑工程学院、哈尔滨建筑工程学院这八所学校成为新中国建筑学科高等教育的主要力量，被称为建筑院校"老八校"，在建筑教育发展历程中发挥了重要作用。

全国院系调整措施，结束了近代建筑院系所具有的数量众多、各具特色、自由争鸣的特点。大量小型建筑院系被合并重组后的几所超级航母式的大型院系取代。这些新成立的大型建筑院系在有关部门的统一领导和控制下，开启了中国高等院校建筑教育另一个时期的篇章。

新中国的院系调整是苏联影响下计划模式的产物，它的目标是建立一种与计划经济同构、与产品计划生产直接挂钩的教学制度，集中力量为国家迅速培养大批标准化人才。虽然教学机构的调整与培养方式的改变出于当时领导者对于建设国家的迫切要求，但是这种崇尚专门化以及强调理工实用型教育的做法很大程度上损害了原来综合大学所具有的理工和人文相结合的更为全面有机的教育模式。过于机械和细致的分科直接削弱了通过学科交叉才能产生的活力和创造性，致使这种机制培养下的人才容易出现基础薄弱、知识面狭窄的现象，缺乏应对社会和学科需求的灵活应变能力。建筑学作为创造人类生活环境的学科，长期处于单纯的理工类院校甚至土建专门学校，造成了学科发展与人文、社会教育相脱节，学生思想中缺乏社会理想和人文关怀的不良后果。这些方面的缺陷对后来中国建筑教育持续产生了不良影响。

(二) 苏联学院式教学方法对中国的影响

完成了高等教育机构调整后，国家教育部门本着引进苏联教学模式的思路，开始在教学方法和内容上作进一步调整和学习借鉴。教育部门号召全国各高等院校全面借鉴苏联的教学体制和方法，并把采用苏联教学体制提高到社会主义思想意识形态的高度，强制各校统一执行。由此开始，中国建筑教育从近代以来的欧美体系整体转向苏联体系。

1. 苏联的建筑思想及其院校教育

新中国开始全面引进苏联模式的时候，苏联正处于斯大林统治后期，也是建筑界民族复古主义思想的全盛时期。在斯大林"社会主义内容、民族形式"的口号下，俄罗斯古典主义和巴洛克风格被看成民族形式的伟大典范。这股复古潮流的强大攻势使该国此前一度兴起的现代艺术和建筑思潮遭到彻底压制和批判。

---

❶ 当时哈尔滨建筑工程学院专业委员会主持建筑专业教学工作的是从同济大学建筑系转调过去的教师黄家骅。

(1) 早期苏联的现代艺术、现代建筑思潮及其建筑教育

20世纪初期,由欧洲兴起的现代艺术思潮风起云涌,各种新型艺术流派开始出现。具有深厚古典艺术传统的俄国,也逐渐出现并活跃起一批现代艺术家。在他们的领导下,俄国先锋派艺术十分活跃。俄国在绘画中出现了"抽象"(abstraction)(图4.1.1),在雕塑中出现了"构成"(construction)(图4.1.2)。在新成立的苏维埃政权的革命气氛中深受感染的艺术家们将这些新艺术看作革命性的艺术,他们以极大的热情讴歌新社会和新政权。由于新成立的苏维埃政权在十月革命胜利后的1917～1925年这段经济恢复时期,将注意力完全集中在攘外安内、平定局面方面,因此根本无暇顾及国内的先锋艺术运动。当局的放任态度使此时的先锋艺术发展势头十分迅猛。

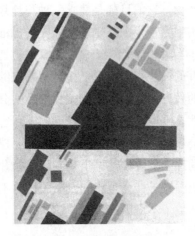

图4.1.1 至上主义构图1915,
〔俄〕马列维奇

图4.1.2 墙角上的反浮雕,
1914～1915,塔特林

作为先锋艺术潮流之一的"构成主义"是苏联极具特色的艺术革新。它起源于雕塑,却打破了传统雕塑强调"体量"的常规,重视三维空间的多种材料的组合、穿插,极具动感和空间感。构成主义艺术的兴盛发展,促成了苏联构成主义建筑的产生。

构成主义建筑的发展经历了早期和后期两个阶段。早期作品大多是在图纸上进行的形式探索,这个阶段的探索以塔特林的第三国际纪念碑设计(1920年木制模型,图4.1.3)为顶峰,此时尚未出现有实用功能的建筑物。到了后期构成主义建筑逐渐超越了纸上探索,发展到实践阶段。这一阶段以维斯宁弟兄(A. L. Vesnin & V. Vesnin)的莫斯科劳动宫设计竞赛(图4.1.4)为开端,之后陆续出现了不少实际建成作品。❶

---

❶ 邹德侬:《中国现代建筑史》,天津科学技术出版社,2001年5月,143页。

第四章　现代建筑教育在挫折中发展(1952～1970年代末)　139

图 4.1.3　第三国际纪念碑方案设计，1919，塔特林　　图 4.1.4　劳动宫设计，1923，维斯宁兄弟

　　1920～1930年阶段，苏联探索并建成了一批构成主义建筑作品。苏联建筑界的这些新探索，与当时国际上正在兴起的现代建筑的基本思想是一致的。这使得它也成为现代建筑运动的重要组成部分。苏联的现代思潮与西欧的探索运动相互影响促进，共同形成一场轰轰烈烈的变革运动。

　　与建筑设计领域的变革相一致，苏联的建筑教育领域也兴起了先锋性的实验探索。十月革命胜利后，主要由左派艺术家组成的人民教育委员会将原来的"斯特罗干诺夫斯基工艺美术学校"与"莫斯科绘画雕塑和建筑学校"合并成立"国立高等艺术与技术创作工作室"——BXYTEMAC(音译"呼捷玛斯")。斯特罗干诺夫斯基工艺美术学校对新型造型艺术的创造性探索，以及与工业产品相结合的工作室创作体系传统在这个新成立的机构得以传承和发展。呼捷玛斯成为现代艺术、现代建筑理念和新风格创立探索的重要基地(图4.1.5)。

　　新成立的呼捷玛斯"一开始就具有综合艺术学校的特点，既有绘画、雕塑、建筑、城市方面的学习，也有金属加工、木制品加工、制陶、印刷、平面设计等产品艺术方面的实验和训练，是综合全面的艺术训练基地"❶。从呼捷玛斯的训练内容和主导思想来看，它与同一时期在德国出现的包豪斯学校十分类似，是现代建筑、现代艺术与工业产品结合探索的重要机构。呼捷玛斯促进了新风格的实验活动，它采用全新的现代艺术教育理念及方法，使各艺术门类相互融通，并将艺术与工业相结合，成为

---

❶　韩林飞：《从写实性描写艺术到客观地抽象与立体——现代建筑造型艺术的新生》，2003年1月3日。

图 4.1.5 苏联国立高等艺术与技术创作工作室("呼捷玛斯")作品

现代建筑运动的一个重要的策源地。

在呼捷玛斯学校内,聚集了画家、雕塑家、建筑师、工艺美术师等国内造型艺术领域的几乎全部精英,其中就有在 1923 年前往德国包豪斯并产生重要影响的抽象派画家康定斯基,另外还有法活勒斯基、穆欣纳、维斯宁三兄弟以及塔特林等等。

这些不同领域造型艺术师的思想在这里交流与碰撞,它们与工业时代的背景相结合,产生了包括建筑在内的造型艺术创新的丰硕成果,为重新建构造型艺术语言作出了重要贡献。

呼捷玛斯的教育非常注重空间构成设计训练,该训练从两个方面展开:一是空间形体构成基本理论,主要探索社会、文化、工程技术等问题的建筑表现;二是应用基本理论,主要分析特定的建筑空间结构、空间形体类型,并在空间形体构成过程中,将其在建筑及细部上的特点进行详细的阐述。[1]

(2) 现代主义探索的中断及复古思潮的复兴

---

[1] 韩林飞:《从写实性描写艺术到客观地抽象与立体——现代建筑造型艺术的新生》,2003 年 1 月 3 日。

1934年呼捷玛斯的新型建筑教学实验由于政治方面的原因被迫中断。在特殊的意识形态影响下，苏联的建筑创作产生了整体的复古主义转向，与此相应，建筑教学方面也重新转向学院模式。

1925年苏联国民经济恢复后，国家准备开始第一个五年计划的建设。此时刚刚脱离繁忙内外事务的政府当局这才关注到文化艺术领域已经蓬勃兴起的先锋探索现象。他们惊讶地发现许多文学家、艺术家及其社团的主张和行动，正是敌对的资本主义国家阵营中流行的东西。他们并不赞赏这些现代艺术，并且将这种现象看成是敌人在苏联与社会主义者争夺艺术阵地的阶级斗争，认为必须对这种情况进行整肃。于是从1925年开始，政府有关部门从文学方面开始了整个艺术领域的阶级斗争。

在这一斗争中，以构成主义为代表的建筑师及其现代建筑的方向都受到了清算。构成主义（当时被称为"结构主义"）被批判为资本主义国家的"资产阶级形式主义"建筑，遭到取缔。在严峻冷酷的政治气氛中，先前那些活跃的先锋派艺术家和建筑师陆续离开苏联，前往欧洲等国家。其中康定斯基前往德国包豪斯学校，在那里继续了他对现代艺术的探索。

苏联在斯大林统治下，提出了新的建筑理论口号"社会主义内容，民族形式"，以及"社会主义现实主义创作方法"。应对这一口号，他们重新开始宣扬俄罗斯的古典主义和巴洛克风格的气势宏大的纪念性建筑。当时人们认为建筑的主要艺术任务是以外部形象来反映社会主义政权的伟大和优越性。于是在建筑为意识形态服务的泛政治化思想下，一大批以尖顶、柱廊、三段式宏大构图为主要特征的古典样式建筑在苏联纷纷出现。

建筑领域古典思想复辟的同时，苏联的建筑教育也完全转向了传统的巴黎美术学院式教育体系。在这种体系的教育思想指导下，建筑被重新导入纯艺术领域，等同于雕塑、绘画、音乐等门类。学生们要花费大量的时间进行艺术表现方面的练习，并以苏联古典建筑的各种形式原则来主导设计。此时教育中社会、人文等多方面的综合性也大多被忽视。

2. 中国对苏联建筑教学模式的引进

中国恰好在苏联建筑界完全受民族复古主义思想控制的时候，开始了以苏联为样板的全面建设社会主义时期。全面学习苏联是一场由政府组织的、有计划的并带有强制性的运动。中国建筑界在苏联的"社会主义内容，民族形式"口号影响下，重新掀起了一轮复古风潮。一时间，全国各地特别是在北方政治中心城市区域，涌现出一大批以宫殿式"大屋顶"为特征的民族形式建筑。在此之前已经逐渐自由发展起来的现代建筑创作浪潮在政治思想的影响下遭到压制。

在建筑实践领域掀起复古浪潮的同时，中国各个建筑院校的教育工作也受到了苏联体制的深刻影响。苏联的学院式教育体系直接来源于法国的学院式教育的核心基地——巴黎美术学院，因此拥有十分深厚的基础。该体系十分强调渲染绘画等美术基本功底的培养，讲究古典构图形式的严格规范，强调建筑的宏大气势和纪念性、象征性、装饰性特点。这些思想与中国建筑教育界原有的以美国影响为主的学院式教育的基本方法相一致，因而在中国得以顺利接受，并与国内原教育体系结合为一股更加强大的力量，进一步巩固和强化了国内学院式教育的根基。在学院式教育得到强化的同时，之前已经在一些院校出现的现代建筑教育的萌芽，则受到了这股浪潮的重创。

(1) 苏联教学模式对中国院校原有模式的改变

苏联建筑教学模式对中国建筑院校教学工作的影响直接反映在以下两个方面：

1) 教学计划的设置

1952年院系调整完成后，教育部向国内各建筑院校颁发了苏联的教育计划和大纲，要求各校参照该计划制定自己的教学计划并组织教学。从同济大学建筑系1952年的建筑专业教学计划（参见附录A中表A15）能够明显地看出苏联影响的痕迹。首先，为各专业统一制定四年制教学计划的方法本身就是苏联教育体系影响的结果。在这种教学制度下，学生在入学时已经按照专业进行分班，之后几乎一直不能变更。他们依照统一规定的几学年的课程进行学习，毕业后由国家统一分配至有需求的单位工作。

其次，教学计划的内容十分详细，具有极强的制度化统一化的特点。学生们各学年要学习的课程全部都事先制定，包括具体时间、考核方式（考试或考查）、占用学时数等都有安排。各科的学时还进一步被分配为实验、讨论自习、设计及论文等不同类型学习的时数，细致地加以标明。与此同时，教学计划还将实习环节以制度形式加以固定，确定了专业实习、生产实习、毕业实习等内容的专门时间安排和持续周数。另外，在具体课程方面，各门课程的教学内容都有详细的大纲，不同的任课教师必须按照统一大纲内容进行教学，保证学生们接受到的教育都是相同的。

中国建筑院校在苏联影响下形成的新教学模式，与原先比较灵活的欧美体系的教学模式有着很大不同。原先参照欧美体系的高校多采用学分制，学生有更多自由选择的机会。在同一个系中，学生可以根据自己的兴趣灵活选择适合自己的课程，并随着对学科的逐渐认识而决定自己所要攻读的学位方向，修满一定的学分便可以拿到相应学位。学生甚至也可以根据自己兴趣及特长中途转系。由于不同的系会有一些同样的课程，学生之前所修得的课程学分在另外一些系科中也同样有效。这就为学生的自由选择提供了方便。同时因为有不少选修课程的设置，因此获得同样学位的学生，完全可能由于其兴趣点不同，修完的课程并不相同，而毕业之后他们可以在自己擅长的那一方面继续发展。例如同样是攻读建筑学学位的学生，他们在学习中可以偏重不同类型的课程，工作后可以从事室内设计、园林设计及城市规划等不同方向的工作，这就使得学生在学习过程中更加具有主动性和灵活性，并能适应自身的个性特点调整自己的发展方向。

1952年之后（实际上自1951年时已局部开始改变），中国的建筑教育体系完全摒弃了原来的欧美的模式，转向了苏联的教学组织模式。新模式虽然在统一规范教学、纠正各个学校教学水平层次不一的弊病方面具有一定成效，拉齐并保证了基本的教学质量，但是也带来不少新的问题，例如教学体制不够灵活，无法针对学生的特点及认识成长过程合理调整教学内容，学生学习的专业范围过于狭窄单一，缺乏相关更全面综合的基础课程等等。

2) 教学机构组织的调整

除了专业及教学计划的调整和改变之外，学习苏联之后各院校在教学机构的设置方面也发生了很大变化。原先近代国内建筑院校的教学机构主要参照美国模式，大多将建筑系设置在综合大学下的工学院内（也有个别在艺术学院内），教师职位直接隶属于系的机构下，由系主任根据学科要求聘请教师，教师根据自身特点开设一定课程，学生则根据学科要求进行选修。由于教师都是个人开课，所以不同人开设的课程大多带有个人的鲜明特点，往往一方面体现教师自己的教育背景，另一方面取决于该教师实践工作中对该学科的进一步认识和理解。在这种情况下，保证一定教学质量依靠系主任对所聘请教师教学能力的了解和把握。系主任总是尽力寻求理念相近且能够胜任教学工作的人员来做教师。

院系调整后，由苏联引进的新机构组织与原有模式有很大不同。新机构模式是在各个已经独立出来的学院或大学下面直接设系（取消学院一层），各系按照需要开设的课程类别分成若干教研组，如建筑设计教研组、美术教研组、建筑技术教研组等等，有些教研组中还再分教学小组，如建筑历史教学小组、建筑初步教学小组等。教师们按所授课程类型分别编入各教研组中，以教研组为单位，进行相关课程教学计划及大纲的讨论制定工作。统一计划大纲制定完成之后，每位教师都要严格按大纲要求进行教学。在这种模式中，教师的个人因素被大为降低，教学质量通过统一规定内容的方式进行保证。这种标准化的教学方法与计划模式下培养标准人才的目标是一致的。虽然这一模式能够通过教研工作的群策群力，统一教师们的思想并保持基本的教学质量，但也有一定的弊端，例如教学工作容易缺失个性、流于模式化，教师难以调动起教学的主动创造性，以及不同的教学思想有时难以统一等等。

教学体制和模式的整体改变为苏联式教学内容的引进创造了条件。由于教学必须按照统一制定的计划和大纲来进行，因此，在教育部要求各建筑系参照苏联的教学计划大纲组织教学时，苏联的教学方法便通过统一计划这一媒介逐渐影响各校的教学。各门课程以及由学时数所体现的课程重要程度均在计划中以多少与苏联相近的方式得以确定。虽然还不够直接，但通过这种途径，苏联的教学思想已经在不少地方产生了影响。

(2) 苏联教学计划和内容对中国建筑院校影响的历程

苏联教学计划和内容对中国建筑院校的影响是逐渐深入的。1952年开始全面学习苏联时，教育部门还只是号召各校将苏联教学计划作为参考，制定自己的计划。为此新成立各院校建筑系的教师们花费了大量时间，探讨合适的教学方法和课程安排。

随着学习苏联运动的逐渐深入，教育部门对于各个院校采用苏联教学内容和方法的要求越来越高。不久后在苏联专家指导下制定，并要求各校建筑系必须实施的统一教学计划将教学中的学苏运动推向了顶峰。1954年教育部在天津召开有苏联专家指导的统一教材修订会议，之后向全国各个建筑院校颁发了统一的教学计划（参见附录A中表A16），要求各校遵照执行。这是一份具有典型苏联特点的教学计划，除了美术练习要求非常高之外，各类课程都具有时数多、程度深的特点，建筑历史课程还单独列出了苏维埃建筑史的教学内容。

继 1954 年之后，1956 年夏全国第二次教材修订会议在北京举行。会议中同样有苏联专家参加并作指导。经过一系列的过程，以苏联为蓝本的学制逐渐在中国建立。

(3) 苏联影响下新的教学内容和特点

由于苏联建筑教育注重各学科知识的扎实功底，课程分类细、课时多，因此采用了六年的学制。受此影响，新的中国建筑学专业教学计划也在原先四年制的基础上延长了年限，分别制定了五年、六年两种学制的两种计划，由各院校根据自己的实际情况采用。在这个情况下，各院校纷纷开始采用新学制。其中清华建筑系采用了六年制，其他大多学校采用了五年制，后来有一些学校又从五年制过渡到六年制。

苏联除了学制方面之外，其教学特点也对中国的建筑教育产生影响，使得中国建筑教育以学院模式为主导的现象得以延续。

此时流行于苏联的学院式教学模式直接来源于法国的巴黎美术学院，教学中十分注重绘图的基本功训练，例如在初步课程中安排大量的古典渲染练习、对美术课有很高的要求，以及注重古典构图原理等等。这些特点从 1954 年课表(附录 A 中表 A16)中可以看出。它的设计初步课程长达 3 个学期，每学期 8 个学时；美术课程包括素描、水彩、雕塑，几乎贯穿于整个五年学习之中；另外还有专门的构图原理课程。苏联教学的这些特点与中国原先占主体地位的学院式教学思想是基本一致的，因此中国院校很容易适应。此后各院校的建筑教学大多体现出十分明显的学院式特点，学校的初步课程中学生们大量精心制作的渲染练习(图 4.1.6、图 4.1.7)对此作了生动而直观的说明。

图 4.1.6　南京工学院学生的渲染作业　　　　图 4.1.7　清华大学学生的渲染作业

中国广大院校具有深厚的学院式的基础，对于它们来说，引进苏联的学院模式并没有太多困难。其实在具体教学实践中，不少学校在很大程度上是延续了以前的教学方法。

此时中国建筑院校的教学除了延续以前的学院式模式之外，也有不少改变的地方。这是由于作为此时参照系的苏联的教学方法并不完全等同于法、美等国家学院式教学模式，它具有独特的自身特点。

1) 对于工程技术和工业建筑的重视

首先，苏联的教学十分重视工程技术方面的内容，其要求之高是欧美学院式体系所无法比拟的。它的教学计划中不仅安排了相当分量的建筑科学技术方面的课程，而且在设计教学方面突出了工业建筑的地位。苏联教学模式将建筑按类型划分后分别进行设计教学。在这个前提下，它将工业建筑单独列为一种专门建筑类型（另外有居住建筑、公共建筑以及城市规划三个部分）加以研究和教学。在教育中注重技术因素是苏联的科学、工业技术长期发展、已经达到相当水平的结果。而将工业建筑这一相对范围较窄的类型提高到如此重要地位，是与苏联当时以工业立国，"先生产，后生活"等思想直接相关。

2) 对于居住建筑的重视

苏联教学将居住建筑作为一种类型加以专门讲授，这也是欧美和中国原有的学院模式中所不常见的。苏联在社会主义集体主义思想指导下，非常关注居住区建设，发展了一套"居住小区"的核心建设模式。这种住宅建设模式与中国传统的居住形态有很大区别，是社会主义国家在现代工业条件下解决大量性居住问题的重要方式（也几乎是主要方式）。与此相应，在培养未来建筑师的专业教育中，苏联也对居住区设计特别强调并进行专门教学。这种重视体现了他们当时的社会建设目标。教学中居住区设计还常常结合规划课程进行教学。这些教学模式都对中国院校产生了直接影响。

3) 意识形态在文化历史课程中的反映

苏联教学体系具有分量很重的文化历史课程，这也是其扎实、深厚的教育特点的表现。它指导下的中国1954年的新课表中也具有同样的特点，长达四年的历史课程包括了世界美术史、中国建筑史、西洋建筑史、俄罗斯及苏维埃建筑史四大部分，学时非常多。这一方面是学院式教育注重历史的传统特点，另一方面也有意识形态的影响作用。教育部门企图以中国建筑史和俄罗斯建筑史加强社会主义国家的民族思想教育，用它们与"资本主义建筑形式"及其思想相抗衡。政治思想影响下的西洋建筑史教学工作长期在各种影响和干涉下充满了国内和国际阶级斗争和阶级分析的烙印，以至于后来的建筑史一度被看成是"社会发展史的注脚"以及"阶级斗争史"的反映，失去了历史课程本身的文化性格。

4) 注重联系实践

苏联教学还有一个特点就是注重与实践的联系，其教学计划的安排十分重视实习环节。与其相应，中国建筑院校新制定的教学计划之中也加入了定期制度化的各种实习。学生们在每个暑假都要进行对应于各学习阶段的实习，如认识实习、生产实习等等。同时由于教育部门要求建筑课程设计内容必须以大量性常用建筑为主，因此，此时的中国建筑教育更加趋向于实用，与实践的联系更加紧密。

以上这些苏联教育特点都与中国传统的学院模式有所不同。在苏联的教学示范作用下，中国的学院式教学方法也在原有的基础上有所调整，逐渐向苏联模式偏移。苏联的不少教学特点都被中国院校采纳，尤其是国内北方城市的建筑院系，对苏联教学方法的吸收和对原先方法的改变十分彻底。中国传统的学院式教育方式经过了苏联模式的洗礼后，在此阶段更加向科学化、系统化、实用化的方向转变。

（4）苏联模式为蓝本的统一教学计划实施情况

以苏联模式为蓝本的教学计划下发至各个学校后，各校大多遵照执行。针对教师们对计划中一些新课程缺乏实践经验的情况，有关部门和学校设法让教师补充该类知识。例如，学校教师大多对工业建筑这一特殊建筑类型的教学经验有所不足，教育部门统一安排了各个学校的教师前往北方一些建筑院校接受苏联专家的专门指导，让他们掌握相应知识和技能，回学校后填补教学之中的这一空白。在1954年及之后几年，全国有大量教师前往清华、哈尔滨工业大学等学校进修，使全国各建筑院校工业建筑的教学水平很快提高。

在教学计划的实施方面，虽然各个学校有一定内容调整，但总体上几乎没有很大的改变。对照1955年同济大学的新生教学计划（表4-1）可以看出，该实施计划几乎都是按照统一计划制定，除了俄罗斯及苏维埃建筑史一课学时有所降低并且并入了西洋建筑史课程中，以及美术课程去掉了雕塑和马列主义美学之外，其余均没有太多的改动。

教学计划课程比较　　　　表4-1

类别		1954年高等教育部颁发统一教学计划/总学时		1955年同济建筑系教学计划/总学时	
公共基础课		中国革命史	105	中国革命史	105
		马克思列宁主义基础	132	马克思列宁主义基础	132
		政治经济学	138	政治经济学	138
		历史唯物主义与辩证唯物主义	90	历史唯物主义与辩证唯物主义	90
		马列主义美学	42		
		体育	136	体育	136
		俄文	239	俄文	239
		高等数学	140	高等数学	140
专业基础课	绘图	投影几何及阴影透视	108	投影几何及阴影透视	108
		素描	340	素描、水彩	396
		水彩	176		
		雕塑	76		
	历史	世界美术史	36	世界美术史	36
		中国建筑史	167	中国建筑史	152
		西洋建筑史	127	西洋建筑史（包括俄罗斯及苏维埃建筑史）	141
		俄罗斯及苏维埃建筑史	90		

续表

类别		1954年高等教育部颁发统一教学计划/总学时		1955年同济建筑系教学计划/总学时	
专业基础课	设计及理论	建筑设计初步	424	建筑设计初步	424
		建筑构图原理	34	建筑构图原理	34
		居住建筑设计原理	54		
		居住建筑设计	384	居住建筑设计及原理	339
		公共建筑设计原理	51		
		公共建筑设计	360	公共建筑设计及原理	360
		工业建筑设计原理	48		
		工业建筑设计	240	工业建筑设计及原理	240
		城市计划原理	90		
		城市计划	180	城市计划设计及原理	144
	技术	测量学	36	测量学	36
		建筑及装饰材料	85	建筑及装饰材料	85
		建筑力学	238	建筑力学	238
		工程结构	196	建筑结构	212
		建筑构造	147	建筑构造	147
		建筑及装饰施工	141	建筑及装饰施工	136
		建筑物理	48	建筑物理	48
		建筑设备	96	建筑设备(上下水道、暖气、通风、电气)	92

资料来源：1954年、1955年同济大学建筑系档案。

虽然各个学校大多按照统一计划重新安排了教学工作，但是这一计划在执行中逐渐显现出问题。对于苏联教育体现出的斯拉夫民族所特有的深厚扎实的特点，大多数中国建筑院校很难适应。当时中国的中小学基础教育整体较为薄弱，培养出的学生进入高等学校后，普遍感到学习的压力过大，难以完成苏联式的艰深课程要求，出现学习进度跟不上的现象。于是在教育部门的允许下，各校又根据自身情况，适当降低了一些课程难度要求，以便更加适应学生的客观状况。虽然课程、课时有一定调整，但是教学课程组织整体格局并没有太多改变。于是经过一系列的"借鉴—调整"过程，以苏联学制为基础，同时适应中国要求的新阶段学院式教学模式基本成型。

(5) 新时期学院式教学基本结构模式

综合课程设置的特点，我们可以看出此时受苏联影响后的中国学院式教学的结构模式，如图4.1.8所示。

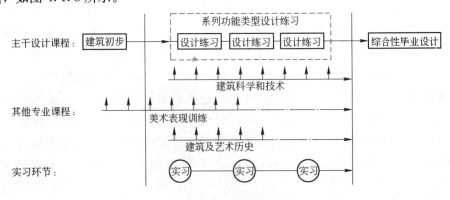

图4.1.8 中国学院式建筑教学结构模式

新时期学院式教学主干课由建筑初步训练、系列设计练习、综合性毕业设计三个阶段组成。其中建筑初步课程是入门基础课，它的主要内容是制图、渲染等练习，类似于以前的建筑初则及建筑画课程。初步课程训练完成之后，过渡到第二个阶段，即以建筑功能类型划分的系列设计练习，同时包括相关理论的讲解。在第一、二阶段主干课程展开过程中，同步平行穿插安排其他三类相关课程结合教学，这三类课程分别为美术表现、建筑科学技术、建筑及艺术历史。它们与设计主干课相互渗透，在各方面完善设计思想和方法。除了课堂学习之外，此时的教学突出了与实践的联系。教学计划中每年都安排了固定的实习环节，用以辅助课堂教学，建立了课堂理论教学与外部实践认识的及时联系。在第二个阶段的主干课程结束以后，最后将在所有前期教学的基础上，进行综合性毕业设计，作为融合所有各方面学习内容的实践练习。

新的教学结构模式与中国原有的学院式模式比较有不少相似之处，如设计、技术、美术、历史几条线索的整体安排是基本一致的，建筑初步课程以渲染体系为主并得到相当重视以及对美术课程的重视也与以往一致。但仔细考察它们也有一些不同之处，例如实习环节这一条线索被制度化地固定下来，得到了强化；在具体内容方面比以往更加重视技术课程，技术课程种类更全面，教学要求更高等等。

3. 教学中设计思想的复古潮流的兴起及退潮

苏联除了在教学制度和课程结构等方面影响中国建筑教学外，也在设计思想上影响学校的建筑教学。它的复古主义思想借助意识形态的威力在中国迅速流行，冲击了之前已在中国兴起的现代建筑思想。

(1) 过渡时期现代建筑思想的延续

虽然1950年代以前中国不少院校仍采用学院式的基本教学方法，但在具体的建筑设计练习中已深受当时建筑界流行的现代建筑思想的影响。20世纪20年代末30年代初，现代建筑思想开始影响中国建筑师，至1940年代，经济、实用、简洁等建筑理念已经深入人心。虽然当时仍然有不少政治性建筑项目在政府要求下采用"中国固有式"的形式，但是在大量的非政府建筑项目中，广大建筑师几乎都采用了现代建筑的手法。

新中国刚刚成立时这种风气得到了延续。在百废待兴的情况下，政府将注意力主要集中在经济恢复工作之中，尚无暇顾及意识形态与艺术思想方面的问题。1949～1952年的过渡时期，广大建筑师自觉设计了大量简洁现代的建筑。这一方面是他们受之前已经发展起来的现代建筑思想的影响的持续，另一方面也是为了迅速完成新中国急需的大量建设任务，并同时兼顾新社会新时期对朴素、经济、实用性要求和与之相应的美学观的取向。甚至杨廷宝这样曾设计了大量复古形式建筑的建筑师，此时也设计了延辉楼(图4.1.9)、和平宾馆(图4.1.10)等一批具有现代风格的建筑。

图 4.1.9 延辉楼　　　　　　　图 4.1.10 和平宾馆

这种风气的影响下，此时学生的作品也大量呈现出现代风格或装饰艺术风格的特征。他们在学习中经过初步的传统建筑构件的渲染训练和简单小品建筑的设计练习之后，所进行一系列各种功能的建筑设计中，大多采用了现代建筑的形式（图 4.1.11～图 4.1.14）。

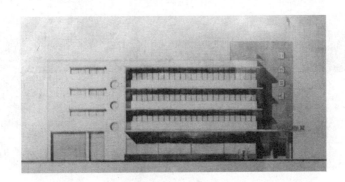

图 4.1.11　报社设计，南京工学院学生设计作业

图 4.1.12　店面设计，南京工学院学生设计作业

（2）苏联影响下设计思想的复古转向

随着学习苏联的兴起，中国建筑界逐渐受到苏联的"社会主义内容，民族形式"

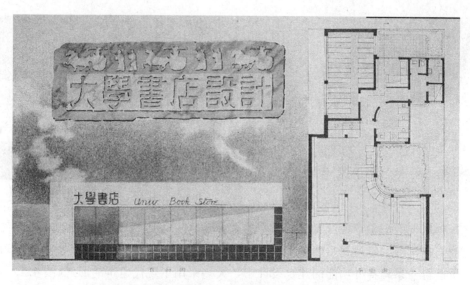

图 4.1.13 书店设计,清华大学建筑系学生作业

图 4.1.14 幼稚园设计,清华大学建筑系学生作业

创作思想的影响。以传统宫殿式大屋顶为突出特征的复古建筑作为中国的"民族形式"的代表,再一次达到鼎盛。这股风气首先在以北京为中心的北方诸城市迅速形成,而后通过行政组织网络传递到全国其他城市。于1953年成立的建筑学会及次年学会核心刊物《建筑学报》的发行也为风气的传播起到推动作用。

1953年召开的全国建筑工程学会第一次会议中,提出了建筑中的"社会主义和现实主义"问题,提倡建筑设计要体现民族的传统形式。1954年6月《建筑学报》创刊号的"发刊词"也将全部重点放在苏联建筑理论中国化之上,为当时已经初现端倪的民族复古式样建筑的兴起推波助澜。

在这次复古潮流中,北方学校由于靠近政治中心,因此受到的影响很大。学生在设计作业之中纷纷采用复古样式,在各种类型的建筑上加上大大小小的官式"大屋顶",并采用了多种传统建筑的细部作为装饰(图4.1.15~图4.1.17)。他们中部分人对大屋顶的使用几乎达到了盲目的程度,在一些功能性极强的建筑上也采用大屋顶,甚至有的学生设计工厂厂房时也冠之以民族形式的大屋顶。

图 4.1.15　学校设计，清华大学建筑系学生作业

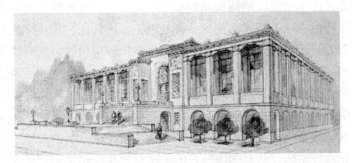

图 4.1.16　图书馆设计，清华大学建筑系学生作业

图 4.1.17　会场设计，天津大学建筑系学生作业

复古主义的风潮不但对靠近北方政治中心城市的建筑院校有影响，对于距离政治中心相对较远的一些城市的院校同样也有着作用。虽然这些学校所在地的政治气候没有像北方城市那样强烈，但是校内的师生们通过《建筑学报》刊物等多种宣传途径也能很容易接触到"民族形式"创作路线的要求和号召。由于学生年轻而单纯，尚未形成自己成熟的建筑观，往往很容易受到社会风气的影响，因此，在整个建筑界的复古潮流下，这些学校有不少学生在设计作业中采用大屋顶形式或传统装饰图案。

除了宣传的影响，相对远离政治中心的学校也会由于其教育思想和方法的特点而使"民族形式"和复古主义思想易于渗透。不少学校颇有历史传统的学院式基础训练为学生们接受和采用复古形式创造了条件。学院式教学的突出特点是以传统建筑和构件的渲染为主的扎实深厚的初步训练。此时不少院校在强调"民族形式"思想的影响下，初步课程改变了原先渲染内容完全是西方古典建筑的传统做法，而增加了不少中国古建筑渲染作业。中国古建筑渲染作业使学生们从入门开始就以传统建筑形式为基础，建立起了一整套建筑美学观，进而也直接影响到了他们的设计思想。初期大量严格的渲染作业加上后期中国建筑史课程的完善，使学生们有能力在设计中随心所欲地采用中国古典建筑形式。当意识形态和政治思想倡导下要求他们采用"民族形式"时，他们便能很容易地积极响应这一号召。

不过这些院校与北方院校相比，由于所处环境的意识形态控制的严格程度及其复古思潮相对较弱，同时建筑系中一些已经受到现代主义思想影响的教师也并不太赞成这一倾向，因此总体来说复古的倾向相对弱一些，其设计思想的突出特点是强烈的折衷性。学生在教师的指导下常常会同时掌握从纯正复古到比较现代之间多个中间层次的具有折衷特点的建筑的设计，以便于以后工作中能够应付各种实际需要。在教师的心目中，现代和复古并非完全对立的思想，而只是诸多可能性中的一种。在教师的影响下，他们的学生也大多拥有这样的观点，会根据需要灵活地采用各种风格的形式。

此时这些院校的学院式教学体系为学生能够采用不同建筑风格的灵活性提供了基础。由于在此教学体系中，建筑的平、立面通常采用古典原则的对称、轴线等基本体型，这种形体非常容易配合具有同样特点的中国官式复古建筑形式，体现宏大华丽的气势；除了很容易结合古典建筑形式之外，同样的体形也可以结合比较简化的民族形式装饰构件，以达到经济却不乏传统特色的效果；甚至在此形体上，也可以完全采用简洁的基本构件，以体现出现代建筑的实用简朴的特点。因此，在学院式设计教学所引导的建筑基本体型之上，学生们可以很容易地变通建筑风格，应对不同需要。

这些院校具有折衷思想的教师们有着他们独特的教学和建筑理念。他们培养学生的目标是使之成为职业设计师，让他们在从业时可以根据业主的要求灵活地使用各种形式。他们制定的培养目标深层根源于他们所恪守的职业观：建筑师应该是具有应变能力的、能够提供多种产品来满足社会需求的职业服务者。在他们看来无论建筑采用何种样式，满足其基本要求是最重要的，这些要求包括使用功能及形象美观等。他们认为无须去追求一些并非能由建筑师所左右的事情，而主要应该关注职业范围内的基本问题。在这种思想指导下的灵活机动的态度使他们比较容易随社会风气而改变建筑风格。

（3）反浪费运动下复古思潮的暂时退潮

由政治风气引起的复古浪潮也容易在政治风气的转变中退潮。随着苏联反浪费运动的开始，紧随苏联的中国也掀起了同样的运动。在这轮运动中，中国像苏联一样，对前一段时间大量兴起的豪华宏伟、造价高昂的官式复古建筑进行了批判。

反浪费运动的兴起是一个逐渐的过程。1954年9月第一届全国人民代表大会第一次会议上，周恩来在《政府工作报告》中指出了基本建设之中的浪费现象，提到"不少的基本建设工程还没有规定适应的建筑标准，而不少城市、机关、学校、企业又常常进行一些不急需或过于豪华的建筑,任意耗费国家有限的资金"❶。这次报告只是提出问题,并没有采取实际的措施。而不久后苏联新上台的领导人赫鲁晓夫对斯大林时期错误的揭露,以及对复古主义的清算开始后,受到影响的中国才全面拉开了反浪费运动的序幕。

1954年11月30日苏共中央和部长会议召开"全苏建筑工作者、建筑师、建筑材料工业部门工作者、设计及科学研究机构工作者大会"(简称"全苏建筑者工作大会")。该会议扭转了斯大林时期的建设政策,一方面开始推行建筑构件预制标准化,促进大工业生产;另一方面对前一阶段建筑追求豪华雄伟的唯美主义复古形式提出尖锐批评。有关批评指出,"好多年来,赞成美学倾向的集团,在这些建筑艺术机构中,一直垄断式地居于领导地位,他们的建筑纯美学化思想脱离了大量建筑工业化的合理要求,不重视劳动人民方便的要求,不考虑技术化的合理和节约国家资金"❶。这次会议之后苏联建筑界中断了自1930年代以来的复古插曲,全面转向了建筑工业化方面的探索。

中国也派代表参加了苏联的这次大会,代表们回国之后,中国紧跟苏联步伐,立刻在建筑界风起云涌地掀起了反浪费运动。1955年初开始的这场运动迅速扫荡了整个建筑领域,猛烈冲击了前一阶段的复古建筑潮流。反浪费的运动性气氛十分浓重,不少设计了大屋顶的建筑的建设工作马上停工,甚至有些装饰材料已运抵施工现场,也不允许安装到建筑上去。

虽然反浪费运动及时刹住了复古建筑之风,但是也存在不少问题,一方面这种以运动代替理性思考的方式带有很大的盲目性,国内对于苏联举措只是简单跟风,而并没有认识产生问题的根源;另一方面,复古建筑仅仅由于经济方面的因素而受批判,这就使人们形成了如下的认识:如果在经济条件允许的情况下,还是雄伟华丽的复古建筑更能表现民族特色和社会主义成就。这种思想的存在,为此后不久国庆建筑工程中民族形式的再次复兴埋下了种子。

从建筑界实践的效果来看,这种以冲动的运动形式代替实事求是理性分析的做法,使得反浪费和经济节约的要求越来越脱离实际,甚至不少人不顾基本合理的舒适要求,片面追求低标准,走上了极端化的道路。这种思想虽然看似与讲求华丽的复古思想截然相反,但是其盲目性的根源却是类似的。此后,片面节约和华丽壮观的复古形式这两种极端倾向成为此消彼长、交替前进的两种力量,戏剧化地长期共存于中国建筑发展历史之中。其极端主义和非理性色彩是它们共同的基础。

无论复古之风退潮的原因如何,它确实马上就影响到了建筑院校的学生。从他们的设计作业(图4.1.18、图4.1.19)中可以发现,前一阶段满眼的大屋顶再也不见了,取而代之的是去掉了所有装饰的完全光洁的立面。不过他们所设计作品的平、立面仍然遵循古典规范的比例、轴线布局、对称均衡等基本原则,这一点有所延续。此时除

---

❶ 邹德侬:《中国现代建筑史》,天津科学技术出版社,2001年5月,199页。

了反浪费设计思想的影响之外，这个阶段逐渐加强完善起来的工业建筑设计课程也从另一方面促进了学生对功能、结构和简洁形式的广泛接受。

图 4.1.18　教学楼设计，清华大学建筑系学生作业

图 4.1.19　厂房设计，清华大学建筑系学生作业

反浪费运动是由学苏引起的，自然中苏关系及其中国对苏联态度的变化会直接影响到这场运动的结果。苏联赫鲁晓夫上台之后，大肆抨击和揭露前任领导人斯大林的个人独裁主义，其批判之激烈程度甚至令访问苏联的中央领导人毛泽东感到不快，之后 1956 年的波匈事件的爆发更加使中央领导人难以忍受苏联的大国沙文主义态度，中苏之间逐渐开始产生裂缝。随着中苏领导人在各种问题上的分歧越来越多，中国逐渐脱离了仿效苏联的建设思路，准备不再以苏联的模式为标准。在政府的默许之下，不久后 1959 年首都为纪念建国十周年而兴建的"十大建筑"中，又大量出现了此前遭受批判的"民族形式"，复古建筑又一次复潮。

这里，历史和我们开了一个不大不小的玩笑，之前由于学苏而兴起复古浪潮，此后又由于中断学苏而再次掀起复古浪潮，苏联历史上作为插曲的一段复古思想的兴盛期恰好对有着深远复古情节的中国建筑界产生了重要影响，干扰了现代建筑思想的顺利发展。

反浪费运动也促使不少建筑师以及学校师生对前一阶段的复古思潮进行反思。在

1956年的"百花齐放,百家争鸣"的自由学术气氛中,不少人开始质疑"一边倒"的政策,甚至大胆提出了向资本主义国家学习和提倡现代建筑的问题。清华大学建筑系学生在《建筑学报》上发表了"我们要现代建筑"的文章;一些教师也纷纷撰文介绍西方现代建筑和建筑师。清华大学教师周卜颐在《建筑学报》上发表了"近代科学在建筑上的应用",以及介绍建筑师格罗皮乌斯的文章;同济大学教师罗维东发表了介绍密斯·凡·德·罗的文章等等。虽然此时师生们大多仍然处于苏联学院式教学模式和体系之中,但是他们已经显示出现代建筑思想的不少影响。一些教师在近代时已经形成的现代思想,之前受到学苏时强大的政治思想观念的压制,经历过反浪费运动的质疑后,此时在政府倡导的自由争鸣气氛中表露出来。

这时的建筑院校中不少青年学生开始呼唤现代建筑,但坚持原来"民族形式"思想的也不乏其人,不同思想之间的争论十分激烈。

(三) 部分院校中现代建筑教育的受挫及局部发展

全国院系调整以及对苏联学院式教学思想和方法的直接引进,强烈冲击了中国前一阶段已经在个别院校出现的现代建筑思想和教育方法。一些原本已走上新探索道路的院系经过重新组合后,在新的指导思想下迅速回归了学院式方法的熟悉的旧路;而另外一些具有现代主义思想渊源的院校,则在新思潮波及下出现了学院式思想和现代主义思想长期共存和对峙的现象。

1. 清华大学建筑系向学院式教学思想和体系的全面转向

(1) 教学思想和体系的转向

1946年创办的清华大学建筑系在1940年代末期已经开始逐步在教学中贯彻现代主义建筑教育思想。梁思成1947年完成对美国当时教育状况的考察工作回国后,在建筑系进行了一系列教学改革措施,采用了多方面渗透现代主义思想的教育方法,如增强社会学方面的课程、以手工作坊的物品制作代替渲染体系的初步课程等等,并且他还有扩大建筑领域、增设规划、园林、工业设计系科的设想。

1952年的院系调整和苏联教学方法的引进,令梁思成的现代主义建筑教育探索活动不得不停止。由于清华大学建筑系地处中国政治中心城市北京,因此,首当其冲地受到了苏联教学模式的全面清洗。

苏联教学模式被引进之后,得到了该系教师迅速的接受。新模式引进的顺利是与教师们当时的思想状况密切相关的。此前教师们刚刚经历过知识分子思想改造运动,政府人士关心底层大众的社会主义思想深深感动了深具同情心和良知的他们,他们真诚地开始反思自己的资本主义学术背景。当他们正在对众多新问题提出疑问,努力思考该如何转向新思想、什么才是新社会所需要的教育时,出于对新政权的信任,他们对政府推动下由社会主义老大哥送来的样板便几乎照单全收了。

这一点在梁思成身上表现得十分突出。共产党人解放北京时曾找他确定北京的文物建筑以免遭破坏，这件事情令他感动不已；之后他又看到北京城在新政府的领导下迅速摆脱了昔日肮脏混乱的面貌，各方面都显得井井有条。新政府的效率和办事能力让他无比佩服，因此他全心全意地相信和接受共产党，真心愿意遵循党的领导。所以当他在看到苏联的教学计划和大纲时，虽惊诧于"怎么和我在宾大时的一样"，却也立刻遵照执行，即使心中对此仍尚有一丝疑问。

为贯彻新教学模式和体制，建筑系一方面撤消了之前曾设想发展为系科及专业的其他几个小组，将学生并入其他学校；另一方面在建筑教学中完全摒弃了前一段时间的做法，按苏联模式重新恢复了以渲染为核心的基础课程。原本多样的包括社会学在内的各种选修课程也被规范统一的专业课程所取代。新学制的刻板单一与原先梁、林夫妇所习惯并一直推行的灵活性、选择性较强的教学体制形成很大的反差，而他们俩已经开始着手的相关领域教学研究工作的夭折更令他们感到痛心不已，面对这种情形"林先生流泪了……"❶。

尽管梁思成夫妇为多年努力推进的学科建设构想的破灭而感到难过，但是出于对新政权的信任和支持，他们很快便以更高的责任感调整并稳定了自己情绪，重新满腔热忱地参与到教学和首都建设的各种事务之中。

(2) 梁思成复古主义思想的上升

梁思成在新中国建筑领域具有独特的地位。他作为中国历史中早期改良主义思想家梁启超的后代，同时也是中国著名的建筑专家，兼具政治和专业领域的双重身份，加上他一直处于首都北京的环境之中，此时已经越来越成为建筑领域的核心人物，政府和业界关注的焦点。每次新中国意识形态领域的风吹草动都将他抛向激烈争论的浪尖。

随着中苏交流的进一步展开，梁思成作为中国建设部门的代表人物，更多地与苏联有所接触。莫斯科以古典建筑为基调的统一壮美的城市面貌深深地打动了梁思成，又一次激发起了他的民族激情，加之此时中国政府对民族形式的强烈追求，使得复古主义的思想再次在他心中升腾。梁思成是一个对中国古代文化有着深厚感情，同时又兼具扎实的古典美学根基的建筑师。此前他对于现代建筑的接受多出于经济、实用等理性方面的考虑，从更深层次来说其实并未完全接受现代建筑的机器美学思想。此时在强烈的民族意识激发下，美感要求提升之时，他便彻底陷入到追求具有统一的中国古典建筑美学形式的城市面貌的热情之中。

在这种热情中，他不但描绘了包括高层建筑在内的多种城市建筑的民族形式意象图(图4.1.20、图4.1.21)，还领导北京都市计划委员会作出了有些极端色彩的建设规定：没有采用民族形式的建筑设计不予批准。同时由于他对中国古代建筑有深入的研究和认识，他甚至更加细致地规定要以传统宫殿式样(称为中国古建筑"法式")作为民

---

❶ 吴良镛：《林徽因最后十年》，见《建筑百家回忆录续编》，知识产权出版社，中国水利水电出版社，2003，84页。

族样式的统一标准。他对于建筑样式要求如此严格,以至于稍微偏离纯正样式都不行,例如一些方案中曾将一些具有古建筑意象的构件形象进行异化处理,而这些方案都因不合"法式"不被批准。在都市计划委员会的推动下,北京市出现了一大批标准的"官式"复古建筑。

图 4.1.20　梁思成"想像中的建筑图"之"三十五层高楼"

图 4.1.21　梁思成"想像中的建筑图"之"十字路口小广场"

从十分现代的建筑思想和教学探索立刻回复到极端的复古和学院思想,梁思成的转化是极具戏剧性的。表面看来似乎他的转变有些令人费解,但是结合他所处的环境以及自身的深层思想基础,他的这种转变也在情理之中。

(3) 学院式教学模式的建立

清华大学建筑系在苏联的影响下,迅速建立起了学院式的教学模式。这个转变对于该系来说并不很困难,一方面核心教师梁思成本身就有十分深厚的学院式教育基础,另一方面建筑系中其他教师也大多具备学院式教学背景,他们成为教学模式能够迅速转变的基础条件。当时系中主管建筑教学的教师们,大多毕业于中央大学、重庆大学等采用学院式教学体系的学校,他们曾经历过严格的渲染、绘图等基本功训练,当1952年全面改用苏联学院式教学模式时,他们对这一模式的具体方法并不陌生,甚至可以说是轻车熟路,因此,他们很快便能根据新要求安排妥当,并展开了一系列教学工作。

不过既然是转变,还是需要付出努力的,这其间发生了一些有趣的故事。由于1952年时教育部要求各校扩大招生,出现了师资方面的不足,于是1952年部分毕业学生留在建筑系中担任教师工作。这些刚刚步入教学工作的年轻教师在初步课程教学中碰到了问题。由于他们大多是在1947年之后入学的,接受的是改革之后的包豪斯式的初步教育课程,即在工厂中做各种物品,以及进行抽象构图练习。他们完全没有经历过绘制渲染图的训练。因此他们在承担初步课程教学之前不得不先自己进行练习,在一些有经验教师的指导下,完成一些作品,然后再指导学生。

1949年入学、1952年提前毕业留校的高亦兰老师清楚地记得:"我们当初学建筑的时候根本没学过渲染。后来自己做老师时要求我们教学生初步课程的渲染作业,我们都觉得很心虚。吴良镛先生对我们说：'我们都得练'。我们那时都一边上班一边练习，每天早晨七点半就起来画图。先是基本渲染练习，然后是一个组合各种中国传统建筑细部的大构图渲染。渲染要一层一层地慢慢画，需要很长时间。画面经过无数的层次、无穷的增添。当时我们管这个工作叫'相面'，意思就是整天对着图看，这儿要加一点，那儿要加一点。有时画好后，过一天后看又不对了，又再加，一张图常常贴在那儿很久。不过这对人倒有熏陶作用，眼睛慢慢看，看多了就体会出感觉了，可是确实很花时间。那时初步课很重要，要教两年时间。"❶ 清华建筑教学方法的急速转变产生了这有趣的一幕。与国内几个建筑院校相比，学习苏联之后清华建筑教学的转变可以算是最剧烈的。

除了初步练习的改变之外，学院式建筑思想中的古典美学原则也在教学中得到强化。建筑系之前流行的"构成美学"一类的思想早已被冠之以资本主义的恶名而无人再敢问津。在苏联思想的影响下，该系转而重视古典美学原则的教学。1955年翻译出版的苏联教材《古典建筑形式》便主要是以科学方法分析柱式比例的特点。在这本书的影响下，学生和年轻的教师都要能够对古典柱式会默会画。在其他不少建筑院校的基础教育中，默画技能作为学生的基础功同样有很高的要求，这个传统在中国的众多建筑院校中一直延续了很长时间。

与此同时，建筑实践领域盛行的复古建筑思想也深刻影响着建筑系的学生。他们在具体的设计练习中，大量采用大屋顶、彩画等中国古典建筑形式及构件，民族形式的风气十分强盛。

2. 华南工学院建筑系中现代建筑思想的延续

1952年院系调整后，原中山大学校园分为两部分，分别成立华南工学院和华南农学院。建筑系并入新成立的华南工学院，陈伯齐为系主任。原建筑系中主要教师如夏昌世、龙庆忠等都一同转入华南工学院建筑系。

中山大学建筑系的主要设计教师都具有深刻的现代主义思想。其中夏昌世和陈伯齐二位教师的情况上文中已经有所介绍，他们在重庆大学时曾因在教学中贯彻现代建筑思想而受到拥护学院式方法的师生的非议和排挤。除了他们之外，另一位进入该系不久的主要设计教师谭天宋(1901~1971，1950年左右进入中山大学建筑系，后随系转入华南工学院)也是一位现代建筑的倡导者。谭天宋1924年毕业于美国北卡罗来纳州立大学建筑系，1925年前往美国哈佛大学建筑系进修。回国后他在广州曾经开办建筑设计事务所，在广州近代私人住宅方面有颇多实践，影响较大。院系调整后，这些教师进入了华南工学院，他们也将现代建筑的思想在新建筑系中进行延续和发展。

广州地处中国南端，历史上与海外长期有着密切的交流。由于它远离北方政治中心城市，此时相对来说受政治思想和意识形态的束缚比较少，因此建筑师们的思想一直比较自由。华南工学院建筑系一方面处于广州的较为宽松的整体气氛中，另一方面

---

❶ 2003年10月30日笔者访谈高亦兰老师。

系中的不少教师们具有现代建筑思想的基础,因此在全国"一边倒"学习苏联,引起建筑复古思潮以及学院式教学方法盛行的局面时,该系并没有完全随波逐流,而是走上了一条探索岭南特色现代建筑的道路。

(1) 教师们在现代建筑思想指导下的实践活动

华南工学院建筑系教师们的大量实践作品充分反映了他们的现代建筑思想。1951年开始由系中多位教师合作设计建成的"华南土特产交流会"(后为"文化公园")的12个展馆(图4.1.22~图4.1.25)是其中的突出代表。

图 4.1.22 华南土特产交流会省际馆

图 4.1.23 华南土特产交流会水果蔬菜馆

图 4.1.24 华南土特产交流会服务部

图 4.1.25 华南土特产交流会水果林业馆

1951年春,广州市计划举办华南土特产交流大会。当时林克明任广州市政建设计划委员会副主任及总工程师。他与建设局共同筹划此事,决定以西堤灾区为会址,建设一组共12个半永久性建筑作为展览馆。

林克明曾经是中山大学建筑系的教师,更是该系前身勷勤大学建筑系的创始人。1949年时他因为广州城市建设的需要离开了学校,专门从事城市规划和建设工作。在筹划此次交流会场馆建设工作中,他将这个设计建设任务交给了华南工学院建筑系,同时自己也参与其中,负责场地总体规划布局工作。

林克明完成展区总体布局规划（图 4.1.26）后，华南工学院建筑系的部分教师每人负责一个展馆的设计，图纸在半月内完成。12 个展馆分别为：林产馆、物资交流馆、工矿馆、日用品工业馆、手工业馆、水产馆、交易服务馆、水果蔬菜馆、农业馆、省际馆、食品馆、娱乐馆。参加人员除林克明外还有谭天宋、夏昌世、陈伯齐、余清江、金泽光、黄适、杜汝俭、郭尚德、黄远强等。

图 4.1.26　华南土特产交流会场馆总体布置图

他们所设计的这一组建筑规模不大，形体自由活泼，空间穿插流动，采用现代材料来表现建筑形态，体现出岭南建筑灵巧通透的特点，与不久后在北方流行的形体厚重宏伟、以大屋顶为标志的复古建筑有着明显的不同。

其中，夏昌世设计的水产馆（图 4.1.27、图 4.1.28）十分有特色。建筑四周环水，建筑好似悬浮于水上，十分轻巧。参观者步入展馆入口时需经过跨水设置的小桥，感觉十分新鲜。内部展厅以环状展开，空间变化丰富，中部为圆形内院，围合相同形状的水池。特别引人注意的是，建筑的入口处右侧办公部分被设计成船形，颇为独特。邹德侬先生曾将此举与 30 年后解构主义建筑师 F·盖里的"鱼餐厅"进行类比[1]。笔者认为该手法似乎更具有德国一度流行的表现主义的某些传承特点。整个建筑除很好

图 4.1.27　华南土特产交流会水产馆一

图 4.1.28　华南土特产交流会水产馆二

---

[1] 参见邹德侬：《中国现代建筑史》，天津科学技术出版社，2001 年 5 月，115 页。

地满足了展厅的功能之外，还巧妙地暗示了"水产馆"的展品特性，显示了夏昌世更为广义和丰富的现代主义的建筑思想。

如果说这一组建筑由于其半永久的性质、快速高效的建设要求可以默许建筑师采用方便快捷的现代建筑手法，那么，教师们在华南工学院校园中所进行的增建教学楼的工程则更加能够体现他们的现代建筑理念。

1951年开始，中山大学由于教学规模的扩大，急需在校园中增建一批新教学楼。建筑系的教师们承担了这项设计和建设任务。他们此时设计建造的教学建筑几乎都采用了现代建筑的手法，与20世纪30年代中期林克明在中山大学主持添建的一组教学楼相比，体现出更加大胆和彻底的现代建筑理念。

20世纪30年代中期林克明设计建设了勷勤大学新校园中的建筑，几乎同一时期，他也在进行石牌中山大学校园的校舍增建工作。虽然林克明对于勷勤大学校舍统一采用了比较现代的建筑样式（装饰艺术风格），但是他所设计建设的中山大学的新建校舍都是纯正的中国宫殿式复古建筑形式（图4.1.29、图4.1.30）。之所以他在两校中的设计中会有如此不同，是因为中山大学校园中此前由杨锡宗设计建设的都是中国复古样式建筑。林克明为了保持中山大学校园景观特色的统一，也采用同样风格增建了新校舍。

图4.1.29　中山大学原校舍一

图4.1.30　中山大学原校舍二

与1930年代林克明的处理方法不同，1950年代起陆续展开的这一次大规模新建校舍工程之中，广大教师并没有受校园原有建筑样式的影响，也没有被其间来自北方的复古潮流所束缚。他们在连续几年的工作中，根据当地气候特点，建造了大量平屋顶、有窗台遮阳板、简洁实用的具有现代特色的校舍。与此前华南土特产展览会场尚为半永久性质的展馆相比较，这批具有永久性、作为华南工学院重要的形象代表的建筑更直接彻底地展现了教师们的主导建筑思想。

这批建筑中的最早一座——华南工学院图书馆，在反映教师的建筑思想方面尤其具有特殊意义。该图书馆早在1936年时即已经开始建造，是前中山大学当年的计划工程之一。原来的设计采用三层半钢筋混凝土框架结构外覆中国宫殿样式（图4.1.31），当时拟建的规模仅稍次于北平图书馆。1936年该建筑刚刚完成了第一层楼面的混凝土工程后，就因抗日战争的爆发而停工。此时直至新中国成立期间，该建筑的建设一直处于停滞状态。1951年中山大学建筑系教师夏昌世承接了该工程,在原有基础上完成了这一图书馆的建设。

夏昌世接手该建筑时,它已建至一层高,全部钢筋混凝土基础柱及一层楼面已经浇制完成。在这样限制条件下,夏昌世仍否定了原来宫殿样式的设计,采用了现代建筑的设计方法。他根据现状合理进行布局,一方面很好地解决了图书馆的功能要求,另一方面针对南方炎热的气候特点设计了宽阔的走廊以解决通风降温的问题。他还在处理得简洁大方的建筑外表上,应遮阳要求灵活布置窗洞,并辅之以构造遮阳及绿化遮阳等多种形式,创造出了功能合理、适应南方气候并具有新颖外观的图书馆建筑(图4.1.32~图4.1.34)。

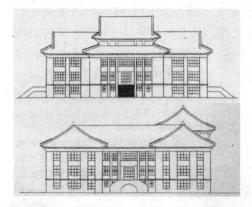

图4.1.31　华南工学院图书馆原宫殿式立面设计图

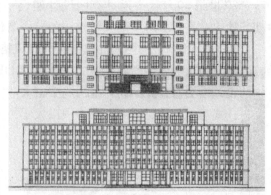

图4.1.32　图书馆修改后立面图

图4.1.33　建成后华南工学院图书馆一

图4.1.34　建成后华南工学院图书馆二

该图书馆的建成成为中山大学(后华南工学院)校园建筑从复古走上现代之路的重要转折点,从这时开始校园中所新建的教学楼(图4.1.35、图4.1.36)大多采用了现代的手法。当然这些教学楼的设计者正是建筑系的教师们。

1954年左右通过建筑学会的指示及相关刊物的宣传,"社会主义民族形式"思想已经在全国进入高潮阶段。如果说1950年代初的过渡时期,华南工学院教师们自发探索现代建筑时还没有受到意识形态方面的太多压力,那么他们此时对现代建筑阵地的坚守则是在"民族形式"思想的强大攻势下进行的。

第四章　现代建筑教育在挫折中发展(1952～1970年代末)　　163

图 4.1.35　华南工学院校舍三　　　　　　　图 4.1.36　华南工学院校舍四

　　1954年3月的《建筑学报》刊登了一封由《人民日报》转来的署名为林凡的读者的"神秘来信"，对1951年建造的华南土特产交流大会展馆这一组建筑进行了激烈的批判，称其为"资本主义国家的臭牡丹"，认为它们是"恶劣的方块形的构成主义和别的颓废派别的建筑物"，指责"本来像这样性质的一群公用的建筑物，很可以把它设计成由中国式的亭台楼阁交错组成的结构完整的一个整体，而建筑师却把美国式的、香港式的'方闸子'、'鸽棚'、'流线型'硬往中国搬……他根本忘了斯大林同志指示的建筑必须为人的信条"。❶这番言辞尖刻和犀利的批判，无疑将矛头直接指向华南工学院建筑系的教师们。

　　随着建筑复古思潮步入鼎盛，华南工学院建筑系的教师们面临的压力也越来越大。虽然如此，他们仍旧坚持其现代建筑创作道路。作为核心教师之一的夏昌世在此时期，设计了肇庆市鼎湖山教工疗养院和广州中山医学院第一附属医院这样的具有岭南特色的现代建筑。鼎湖山教工疗养院依据山势，高低错落，以平台、花架、凉亭等构件辅以天然绿化处理，成为具有现代特色的岭南山地建筑佳作，后来被广泛学习；而中山医学院第一附属医院(图 4.1.37、图 4.1.38)诸建筑则充分体现出对炎热地区建筑通风遮阳等技术因素的考虑。该组建筑利用横向遮阳构件、屋顶砖拱隔热通风层等多种手段，在安排好功能的同时最大限度满足了降低室内温度的要求，同时也使建筑体现出简洁大方的新颖面貌。

图 4.1.37　广州中山医学院教学楼一　　　　图 4.1.38　广州中山医学院教学楼二

---

❶ 转引自邹德侬：《中国现代建筑史》，天津科学技术出版社，2001年5月，158页。

在华南工学院建筑系教师们的努力下发展起来的新时期的岭南建筑,总体呈现出灵巧通透、简洁新颖、因地制宜等特点。这些特点与当时北方建筑讲究对称凝重、平衡构图的美学特征以及以"大屋顶"为统帅的局面形成强烈的南北对比。

面对"民族形式"的思想浪潮,华南工学院建筑系并没有简单而盲目地在新建筑中采用传统的装饰构件和符号,但这并不等于说他们完全排斥对传统建筑的合理借鉴,事实上他们更为科学理性地进行了相关历史建筑的研究工作。建筑系教师夏昌世、陈伯齐、龙庆忠、杜汝俭、陆元鼎、胡荣聪等于1953年9月前赴北京,收集民族建筑形式的资料。他们还成立民族研究所(夏昌世任所长,陈伯齐任副所长),研究岭南民居建筑的合理之处,例如灵活组织空间的特点以及有效适应气候的处理方式等等。他们也将这些原理很好地应用于建筑设计之中。

虽然他们在此期间的不少作品都呈现出方块形体的外貌,并非直接采用"民族形式",但是这些建筑所使用的组织通风、遮阳等手段均有对岭南民间建筑的借鉴。这种将传统民居的实质特点与现代材料技术相结合的手法,与当时北方盛行的以传统图案、大屋顶作为形象标志的多出自形式角度的继承传统相比,显示出更为深刻的理性分析思考的特点,对传统的把握更为本质。

(2) 教学中的现代思想

华南工学院建筑系教师们大都具有现代建筑思想,他们在教学中也不断地贯彻和体现这一思想。1952年院系调整之后,各校建筑系在教育部的统一领导下,建立起以苏联学制为蓝本的基本制度,但是各校在具体教学之中,教师常常由于各自原有建筑思想的延续而在设计指导方面并不完全相同。在华南工学院建筑系,虽然学生也要进行以渲染为主的初步练习,但是在后期的设计课中,教师多以现代建筑的设计方法对学生进行指导,而并非以强调古典建筑美学原则等构图思想为重点。

教师们体现现代主义理念的设计教学情景至今仍令学生记忆犹新。袁培煌清晰地记得当时的系主任、曾留学德国的教师陈伯齐在教学中对建筑构造和技术方面因素的重视,他回忆,"陈(伯齐)先生在教学中,十分强调学习建筑必须弄清建筑物各部分构造,扭转学生只重视方案与渲染图的偏向……在我们所做的设计图中,陈先生总要求我们画出外墙剖面大样图,以加深对建筑构造的了解。"[1] 陈伯齐在教学中重视构造的思想还体现在他后来倡导开设的"建筑与经济"、"特殊结构与形式"等课程中。

教师夏昌世也曾留学德国,他在德国求学时所接受的现代主义思想更是成为其教学的主导思想。学生们记忆"他在教学中强调注重实用、功能、简朴,提倡现代风格,反对形式主义的繁琐装饰。"[1] 他还十分强调培养建筑师的全面空间感以及环境设计能力的重要性。在一次设计评图课上,他曾针对学生偏重外观设计的现象说:"不能仅重视房屋外观,要多为住在房子里面的人考虑,如果你们坐在屋内看到外面景致

---

[1] 袁培煌:《怀念陈伯齐、夏昌世、谭天宋、龙庆忠四位恩师——纪念华南理工大学建筑系创建70周年》,《新建筑》,2002(11)。

十分枯燥乏味，好嘛？"❶他一直要求学生设计时要从内向外，从使用者的多种要求角度出发，进行全面而细致的考虑。

也许是受建筑系中大多数教师的现代主义思想影响，也许是广州城市的务实氛围在建筑领域所形成的由来已久的现代风气，或者也是由于较为宽松自由的环境气氛，谭天宋这位新入系不久的主要设计教师，虽曾留学于1920年代的美国，接受的多半是学院式的教育，但在建筑思想方面却俨然已是一位现代主义者。他在进入建筑系之前，曾在广州开办个人建筑事务所，设计了大量的私人住宅。住宅项目的实用性质使他十分注重平面功能布局和宜人环境的营造。在教学中"他时常告诫学生建筑物不是单纯的艺术品，不要从形式出发。"他还曾严厉批评了一些同学在设计中抄袭某些成功作品的现象。"❶ 为了让学生对建筑有更具体的认识，他曾带学生们去参观他设计的私人住宅。该作品十分具有现代特色，学生对此留下了深刻的回忆：

"当时通过一个绿荫密布的小花园，看见一幢片石砌筑、十分别致的住宅，其入口有一开敞的凹廊，放了一张躺椅，客厅似乎有二层高，有旋转楼梯上至二层，显得十分开敞。先生引我们下了几个台阶，进入一个圆形的小厅。同学们围成圆圈坐下，谭先生拿出住宅平面图讲解他的设计构思，给我们上了一堂十分生动的设计课。依我的回忆，圆形的小厅，周围全是大片落地玻璃，室外有一水池点缀着几块石头，四周布满了花卉绿荫，室内外融于一体，仿佛置身于园林中。这种室内外空间交流的构思，使我感到新奇，对谭先生充满敬仰之情……"❶

从学生的回忆中可以看到，旋转楼梯、大片落地玻璃、室内外景观的交融等等都是现代建筑的一些重要特点。谭天宋带领学生们亲身感受什么是建筑，怎么样才是一座好建筑，进而懂得如何进行建筑设计。通过这样直观的引导方式，他使得现代建筑思想和设计理念深刻地印入学生的脑海。

正是在这一批具有现代主义思想的教师的带领和指导下，华南工学院建筑系在全国兴起学苏运动的时候并没有受到复古思潮的束缚，一直发展了具有现代理念的建筑教学和实践工作。该系教师们尤其在以各种构造技术、空间组织解决亚热带炎热气候问题方面取得了丰硕的成果。在华南工学院师生们的努力下，该系走了一条探索岭南民居与现代建筑结合的独特道路。

3. 同济建筑系中现代建筑教育的挫折和发展

(1) 组成同济建筑系的渊源院系

1952年院系调整后成立的同济大学建筑系，主要由原沪杭地区建筑院系合并而成。其主要来源有三支，分别为圣约翰大学建筑系、之江大学建筑系以及同济大学土木系市政组。另外，组成成员还有杭州艺术专科学校建筑组、交通大学和大同大学土木系、上海工业专科学校等院系部分师生。

---

❶ 袁培煌：《怀念陈伯齐、夏昌世、谭天宋、龙庆忠四位恩师——纪念华南理工大学建筑系创建70周年》，《新建筑》，2002(11)。

有关圣约翰大学和之江大学建筑系的情况在上文中已经有所介绍,概要如下:1942年成立的圣约翰大学建筑系在系主任黄作燊的带领下,采用了具有包豪斯特点的教学方法,在当时中国以学院式教学方法主导建筑教育的情况下,开始全面传播和倡导现代建筑思想;而历史更悠久、培养了更多毕业生的之江大学建筑系,一直采用较为纯正的学院式教育方法。教学以严谨的渲染表现,轴线、构图等古典美学原则主导设计为其主要特征。

组成新建筑系的三支主要队伍中,同济大学土木系的情况前文未曾提及,这里需要作详细说明。同济大学最初成立于1907年,原名为"德文医学堂",是由德国基尔海军学校医科的埃里希·宝隆1899年在上海开办的"同济医院"发展而来。1910年12月德国政府枢密顾问费舍尔号召筹集资金在上海新建一个德国工学堂,1912年工学堂在上海正式成立,并和原来的医学堂合并,发展成为同济医工学堂。1914年11月,由于第一次世界大战爆发,英日联军攻占了德国在中国的殖民地青岛,德国人开办的青岛特别高等专门学校停办,该校教师及43名学生转来同济医工学堂。转来学生中有30名原学习土木工程专业,学校为他们在工科内增设了土木科❶。1929年工科改为工学院❷,1930年时土木科改为土木系❶。

同济大学土木系在1940年代后期为高年级学生增设了建筑设计、城市规划等方面课程,并逐渐成立市政组。建筑和规划方面主要教师有金经昌、冯纪忠等,他们都曾在欧洲留学。金经昌(图4.1.39)毕业于德国达姆斯塔特工业大学,曾先后就读城市工程学与城市规划学科。他回国之后一度在上海都市计划委员会工作,1947年起在同济大学土木工程系任教。

图4.1.39 金经昌

冯纪忠(图4.1.40)1941年毕业于奥地利维也纳工业大学建筑系,毕业后在维也纳的一家建筑事务所工作三年,1946年底回国,1947年起在南京都市计划委员会工作,同时也在同济土木系兼职讲授建筑方面的课程。1948年底,解放前夕的南京城局势动荡,规划工作难以正常进展,于是冯纪忠离开南京,开始在上海都市计划委员会参与规划工作。此间他在同济大学土木系兼职工作一直没有中断。

1950年同济大学土木系高年级中成立市政组,教学重点为市政工程、城市规划和建筑学。市政组的主要课程包括城市和建筑两方面,分别由金经昌和冯纪忠担任教学工作。

图4.1.40 冯纪忠

---

❶ 《同济大学志》编辑部,《同济大学志》(1907~2000),同济大学出版社,2002年8月,1~2,863页。
❷ 国民政府1927年7月26日公布《大学组织法》规定:"凡具备三学院以上者,始得称为大学",当年同济大学将医工两科改为医学院、工学院,并筹设理学院。出处同2,6页。

城市规划方面具体课程有城市规划、城市道路、上下水道等；建筑方面具体课程有建筑设计、建筑构造、建筑历史、素描等。

这两位教师在建筑思想方面，都是十分坚定的现代主义者，这在建筑学背景的冯纪忠身上表现得尤其突出。冯纪忠在留学期间，当时的维也纳早已有了现代建筑探索的萌芽。现代建筑历史上影响过三位现代主义大师（格罗皮乌斯、密斯·凡·德·罗、勒·柯布西耶）的重要建筑师贝伦斯便来自于维也纳，除此以外，维也纳还有分离派著名建筑师瓦格纳（Otto Wagner）、宣称"装饰就是罪恶"的路斯（Adolf Loos）以及Taut兄弟等一批现代主义运动的开创者，因此，维也纳也是现代主义思想的主要发源地之一。此时在这里的建筑界中现代主义思想已经有了广泛的影响。冯纪忠回忆他的"教师的指导和言谈之中，已经时常提及柯布西耶、格罗皮乌斯，以至阿尔瓦·阿尔托这些现代建筑重要探索者的名字，谈论他们的建筑思想。"❶ 这些教师们不但非常关注这几位后来被人们公认的现代建筑大师，同时，他们更有着直接延续于早期探索创新者的思想。维也纳及包括德国在内的周边地区强烈的新思想氛围，使现代建筑理念深深印入了冯纪忠的脑海之中。

现代城市规划学科的兴起，也是德国、维也纳地区兴起的现代主义运动的重要体现之一。对于这一门学科，冯纪忠和金经昌都十分重视。金经昌所学习的就是城市工程和规划方面的专业；而冯纪忠所受的建筑教育中也充分贯彻了城市规划的思想。他回忆"教学中不仅有专门的规划导师教授规划课程，设计老师也常在课上结合建筑设计，讲解一些规划的内容。"❶ 因此，建筑设计不能脱离规划这样的现代主义思想，一直存在于冯纪忠的意识之中。当他们进入同济土木系之后，也将城市规划学科的思想带入了教学之中。

因此，在金经昌、冯纪忠这两位主要教师的引导下，同济土木系市政组的教学具有注重规划以及倡导现代建筑思想等特点。

(2) 新组建的同济大学建筑系的教学特点

组成同济大学建筑系的三支主要院系——圣约翰大学建筑系、之江大学建筑系以及同济大学土木工程系市政组，各自有着鲜明而独特的特点，甚至它们在一些学术思想和教学方法上存在着极大的差异。由于主要教师们在学术地位、资历、影响等方面都不相上下，因此合并后的同济建筑系在学术上形成了群峰耸立的局面。这种局面与同一时期其他几所新成立建筑系大多具有金字塔形稳定统一的教师队伍结构完全不同，呈现出该系所独有的特点。

同济大学建筑系特有的教师队伍结构，引发该系学科建制和思想方面出现了以下两个特点：一是专业设置方面建筑与规划的并重，二是建筑教学方面学院式与现代主义的思想和方法长期争论与共存。

1) 建筑与规划的并重

---

❶ 《建筑人生——冯纪忠访谈录》，同济大学建筑与城市规划学院编，上海科技出版社，2003。

由于原同济土木系有较强的城市规划学科的基础，因此同济建筑系成立时，便在系中同时成立了规划教研室，由金经昌任教研室主任。随后，金经昌与冯纪忠考虑到建国以后会出现城市建设迅速发展的趋势，将急需城市规划方面人才，因此开始策划创办城市规划专业。

当时制定的学制及专业名称都必须以苏联为蓝本，但苏联并没有单独设置城市规划专业，而只是将规划作为建筑学的一个专门化方向，因此，同济建筑系准备创办的该专业无法命名为城市规划。由于苏联所提供的土建类专业中，只有"Городское Строительство й Хозяйство"专业（译名为"都市计划与经营"专业）内容较接近，于是教师们将城市规划专业暂时定名为"都市计划及经营"（后改为"城市建设与经营"）。由于苏联该专业的教学内容并不完全适合于规划学科，因此教师在教学内容制定时，根据城市规划学科的要求进行了调整安排。❶ 这可以说这是同济建筑系后来正式开设城市规划专业的雏形。

原圣约翰建筑系的教师也十分赞成创办城市规划专业的举措。不仅当时任副系主任的黄作燊（正系主任暂缺）协助推动了这一专业的成立，也有部分圣约翰的教师直接转向了规划学科的教学和研究工作。圣约翰建筑系毕业后留校任教的年轻教师李德华，曾经有过在上海都市计划委员会协助工作的经历。他此时转入了城市规划教研组，之后一直从事城市规划方面的教学与研究工作，为该学科的发展作出了重要贡献。

虽然城市规划学科已经展开实际的教学和培养工作，接受了城市规划学科教育的学生在"城市建设与经营"专业的名称下连续毕业了几届，但是几年之后才真正确立该专业名称。同济建筑系教师们一直努力推动专业名称的改变，他们在1956年北京召开的全国建筑系教学计划会中，终于争取到上级部门的批准，在同济建筑系中成立城市规划专业。这是中国第一个正式成立的城市规划专业。城市规划专业的成立强化了同济建筑系中规划与建筑并重的格局。与其他建筑院校大多将城市规划作为一个方向从属于建筑学专业的情况相比，同济建筑系对规划学科的重视十分突出。

2) 学院式与现代主义思想和方法的长期争论与共存

在建筑教学方面，虽然同济建筑系具有现代主义思想的深刻渊源，但是，由于系中教师来自不同建筑院校，他们各自的学术思想并不相同。思想的复杂多样以及政治气候对建筑思想的影响，使得该系中现代建筑教学思想和方法一直处于与学院式方法的争论之中。

原之江大学教师们在建筑教学中采用的是学院式教学体系，而圣约翰大学教师采用的是现代建筑教学体系，两种教学方法以及设计思想之间存在着很大的差异。虽然由于原同济土木系教师在建筑教学中同样倡导现代建筑思想和设计方法，以及上海在

---

❶ 董鉴泓：《同济大学城市规划专业的40年历程》。

1952年之前的新建筑已在蓬勃发展这两个因素使得新成立的建筑系中现代主义的思想有所增强，但是1952年之后全面学习苏联引起的学院式教学体系的强制性实施以及复古主义浪潮的兴起，又提升了建筑系中的学院式思想，造成不同学术思想和派别之间的争论更加激烈，情况更复杂。这两种学术思想也在此起彼伏的过程中，共存了很长时间。

(3) 建筑教学中学院式与现代建筑思想的争论

1952年院系调整刚刚结束时，由于各项工作关系还没有完全理顺，教学构架尚在探讨之中，仍未完善，加之校舍建设等校内外各项工程需要师生共同参与，因此，建筑教学在部分参照借鉴苏联课程体系的同时，具体教学方法及内容方面基本延续了各任课教师的习惯方式。

由教育部下达的苏联学院模式的教程与原之江大学部分教师习惯的教学思想和方法结合下，新教学呈现出不少学院式的特点。这些教学特点首先表现在建筑初步课程方面。新计划组织的该课程中安排了不少渲染表现练习，而原圣约翰教学中颇有特色的二维、三维的形体构成训练、发挥学生潜能的意象画等练习却没有得到延续。

之所以如此，主要有以下两个原因：一是建筑初步教学组的负责教师来自于之江大学，已经非常熟谙于这套训练体系，此时他们又得到苏联教学样板的支持，更加巩固和坚定了自己的教学思想和方法；二是由于此时高等学校学生的教育培养已为公费，做模型的材料通常不再让学生自己准备而需要由教师提供，而教师此时无法满足数量众多的学生的需要，因此不得不删减掉这类课程。不过为了保证学生能在初步课程中更好地认识建筑，教师们建议安排了小建筑测绘一类的练习，避免让学生对建筑的认识只停留在渲染图面之上。

学院式体系的影响除了表现在初步课程之外，也体现在其他一些课程之中。例如新时期的美术表现课程要求越来越高，时数越来越多。它所延续的时间从开始的2年发展到后来3年，甚至一度达到4年。

虽然教学计划和课程安排受苏联模式的影响，在设计课程的具体教学方面，由于教师采用同学生面对面进行指导的形式，因此教学方法大多因教师而异。设计教师常常沿用自己习惯的方法教授学生：之江大学的一些老教师由于接受的是学院式的教育，因此在设计指导时强调设计的平立面图案的轴线、主次关系、比例等等，往往从建筑的立面效果入手；而圣约翰大学的教师则往往从建筑内部的功能关系、基地周边的环境等实际情况出发，设计时引导学生注重建筑内部和外部的空间效果。这两种不同的设计指导方法，在建筑系里一直长期共存。

学生们在同济建筑系的特殊气氛中，形成了比较活跃的思维。一方面提倡现代建筑的教师倡导学生进行自由创作，反对因循守旧和墨守成规；另一方面，教师内部不同学术思想的共存，使学生认识到建筑设计中并没有绝对的规则，因而能够自由发挥，充分运用自己的创造力。

但是不同教学思想的存在也为教学带来了一些问题，学生出现了两极分化的现象。其中悟性较好的学生可以面对不同的思想博采众长，有所收获；而悟性较差的学生面对不同的思想和方法时往往感到无所适从，并产生极大的困惑，从而影响了其设计能力的形成和提高。这是在同济建筑系独特的环境中产生的独特现象。

(4) 教师的现代建筑设计思想及其实践

虽然教学思想和方法上存在着两种思路的并存，但开始时在同济建筑系中，意识形态引发的复古主义思潮的影响并不很强烈。由于前一段时期现代建筑已经在上海有了长足的发展，因此，这时现代建筑思想在教师中占据了主流地位。

这里需要说明的是之江大学建筑系虽然采用的是学院式的教学方法，但是它所培养出来的学生，已经受到当时社会上流行的现代建筑潮流的强烈影响，他们所设计的作品也已大多呈现出现代建筑的各种特征。而他们的老师，也并非完全反对现代建筑，相反有些人甚至很赞成现代建筑。这些曾在国外经受过学院式教育的老师，此时所坚持的更多的是学院式的基础训练及其美学原则，他们认为要设计好现代建筑，经典的学院式教学方法仍是基础，古典建筑的比例等美学原则也完全适用于现代建筑。折衷思想的根基使他们完全能够接受现代建筑，并将它作为一种新的样式安置在他们丰富的样式库之中。况且他们觉得从经济时尚方面或者朴素实用等道德角度来看，这其实是一种很不错的样式。因此，他们虽然坚持传统的教学模式，却也并不反对设计现代建筑。

在此时广泛倡导现代建筑的气氛中，不但具有学院式教育背景的教师并不排斥现代建筑，一些刚刚毕业于之江大学的年轻教师甚至十分主动地追求现代建筑。青年的朝气和对新事物的敏感使他们思想更加活跃，较少受古典折衷主义思想的束缚，他们往往会比他们的老师更容易受到现代主义时代精神的感染，也更容易接受并理解新的创作理念，因此，他们比他们老师一代人对现代建筑更有热情。这些年轻教师来到同济建筑系后，和系中曾经接受过现代建筑教育的教师一起，共同巩固了现代主义思想的阵地。

1950年代初期，同济建筑系教师以及毕业班学生承担了为华东地区新成立的多所高等院校设计建设校舍的工程。从他们完成的这些建筑项目中，可以看出此时建筑系中现代主义思想的流行。

1953年在国家的号召下，同济大学成立学校校舍建设处，建筑学毕业班学生在教师们的带领下，分组设计了华东地区多所院校的校舍，包括华东师范大学化学楼(陈宗晖、冯纪忠设计，图4.1.44)，华东水利学院工程馆(冯纪忠、王季卿设计，图4.1.41、图4.1.42)，中央音乐学院华东分院校舍(黄毓麟，图4.1.43)，以及同济大学内多处校舍。这些建筑都是简洁而实用的现代建筑，体现了此时系中的主流设计思想。其中由黄毓麟主要设计、哈雄文合作参与并任工程负责人的文远楼(图4.1.45)十分具有代表性。该楼颇具包豪斯校舍的一些特点，后来作为建筑系专业教学楼一直向学生们传达现代建筑的设计理念和手法。

第四章 现代建筑教育在挫折中发展(1952~1970年代末) 171

图 4.1.41 华东水利学院工程馆

图 4.1.42 华东水利学院工程馆

图 4.1.43 中央音乐学院华东分院琴房

图 4.1.44 华东师范大学化学楼

图 4.1.45 同济大学文远楼

图 4.1.46 武汉东湖客舍

　　除了校舍建设任务外，此时系中教师还进行了其他一些建筑的设计实践。其中冯纪忠设计、傅信祁参与合作的建成于 1952 年的武汉东湖客舍(图 4.1.46、图 4.1.47)很有特点。该建筑位于一个风景优美的半岛上，建筑师十分注重建筑和基地环境的融合。他们除了满足建筑使用功能的诸多要求之外，很好地处理了建筑内外部的丰富空间和景观，成功地将现代建筑的精致、灵巧与地方建筑亲切、朴素、自然的特点相结合，是现代建筑地方性探索的早期成功之作。

　　与该建筑同时期稍后的冯纪忠的另一个设计作品——武汉同济医院(图 4.1.48、图

4.1.49），也是其现代建筑思想的代表作品。该设计没有采用医院建筑常见的"工"字形平面，而是根据功能和基地条件，采用"x"形平面，在照顾朝向的同时，合理地组织了流线，缩短了交通距离，使病人使用时感觉便捷而舒适。在建筑形象方面，入口处采用层挑出的实体墙面衬托"十字形"玻璃窗的手法，形象新颖，具有现代美学特征，令观者有耳目一新之感。

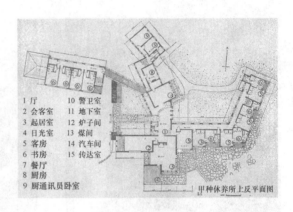

图 4.1.47　武汉东湖客舍平面图

图 4.1.48　武汉同济医院

从以上1950年代初期同济建筑系师生的大量作品可以看出此时系中现代建筑思想的盛行。虽然该系在教学之中受到了学院式方法的一些影响，但是在创作思想方面，大多数教师都自发地实践着现代主义的建筑理念。

（5）学苏影响下建筑系复古思潮与现代建筑思想的对立

1953～1954年苏联的设计和教育思想在中国达到鼎盛的时期，由苏联的意识形态所产生的"民族形式"复古主义思潮也对同济建筑系产生了猛烈的冲击。建筑系除了在教程方面直接接受教育部统一颁布的苏联式教程，并将学

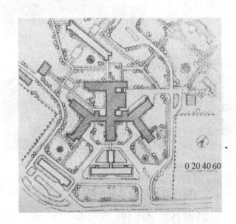

图 4.1.49　武汉同济医院平面图

制改为五年（之后又改为六年）之外，在设计思想方面也受到了复古主义思想的更强烈的挑战。在这样的局面下，建筑系中学院式复古主义与现代主义思想的对立有很大程度的升级。

1954年，同济大学校方拟建新中心教学大楼，于是组织建筑系教师进行设计方案竞赛。教师们自由组合成设计小组，合作设计提交方案共21个。经过初步评选后选出15个方案进行专家评比。教师们在不同建筑思想指导下设计出的作品形式多样，有的方案采用了民族形式和大屋顶，有的方案强调合理平面使用功能并简洁处理立面形式，也有的方案采用比较活泼的民居形式以及不对称布局等等。最后学校领导选定实施方案是在他们授意下采用的中国复古样式建筑。该方案总体平面布局为三面围合式，中轴对称，与莫斯科大学教学楼(图4.1.50)平面相似。建筑主体为高层，两翼单体稍低，各部分皆分别中轴对称、顶部覆盖宫殿式大屋顶，墙面装饰大量的彩画和传统图案。

图4.1.50　苏联莫斯科大学主教学楼

建筑系中不少具有现代思想的教师对校领导选择的这一方案很有意见，认为其形式浮夸而陈旧，没有时代特点，且过于铺张；同时，他们对学校领导评选方案时虽挂民主之名却无民主之实、完全凭长官意志定结果的做法也很不满意，于是在1955年反浪费运动的潮流下，十几位教师联名上书周总理，以经济性为由请求停建尚未动工的大屋顶和部分装饰。周总理派工作组前来了解情况后，批准了停建请求。大屋顶停止建造后，建筑顶部改用了栏杆作为收头处理(图4.1.51)。

图4.1.51　同济大学中心大楼

同济建筑系教师这次对复古建筑思想的抵制，是在全国政治经济领域兴起的反浪费运动的背景下得以成功的。虽然从全国范围来看，此时反浪费运动本身尚不完全是对建筑思潮认真反思后的理性之举，但是该运动客观上确实逆转了此前复古潮流的强势，为真正理性的现代主义思想的发展留出了空间。同济建筑系教师们停建复古建筑所取得的成功极大地鼓舞了他们的信心，使该系中现代建筑思想经过与学院式复古思想的一段激烈争论之后逐渐强盛起来。

(6)"双百方针"下现代建筑思想及其新型教学模式的短期发展

1955年的反浪费运动使国内的复古建筑思潮得到压制。受此影响，同济建筑系中现代建筑思想逐渐开始上升。而此后不久1956年的"双百方针"的颁布使得学术发展出现了短暂自由局面，因此，系中的现代建筑思想以及相应教学模式的探索又有了进一步发展。

1)"花瓶式"体系教学模式

1955年底，冯纪忠继吴景祥[1]之后任系主任。1956年起，冯纪忠开始对当时的六年制教学计划进行修改。他经过一段时期的考虑后，提出了"花瓶式"体系计划。

之前同济建筑系一直参照使用教育部统一颁布的以苏联模式为蓝本制定的六年制教学计划。该课程体系存在着如下两方面的问题：

一是各类课程的相关联系不强，例如设计、美术、历史等各类课程的教学均按各自要求安排内容，课程相互之间缺乏很好的配合，致使学生学习时不了解各类课程内容之间的关系，也不理解这些课程在整个建筑设计体系中的各自作用，所学知识的结构体系不够有机。

二是有些课程要求过深，并不符合学生的认识水平，也不适应建筑设计教学对这些课程实际需要的深度。由于苏联的教学体系具有深入扎实的特点，建筑学专业对于各类课程的要求程度都很深，尤其是工业和技术施工类课程，要求极高，几乎和相关专业人员的要求一样。中国建筑院系借鉴了苏联的课程内容和教学要求后，学生普遍不适应，感到学习压力过大，难以跟上进度。

从今天的角度来看，对于建筑设计专业的知识结构来说，设计者并不需要对每一类技术课程都掌握得十分深入，只需要对其中与建筑设计直接相关的方面有所了解，因为在实际工作中关键靠设计者和各类专业人员的默契配合。

但是在统一的教学计划和大纲之下，学生们必须根据苏联教学要求来学习各门课程。结果他们很难达到计划规定的艰深要求，而且他们即使花费了大量精力学好了每一门单科知识，也由于课程体系缺乏有机性，难以靠自己的悟性将这些知识很好地结合起来，以至于学习效率不高，效果不佳。

针对以上这些弊端，冯纪忠先生提出教学计划应贯彻"以建筑的课程设计为培养

---

[1] 吴景祥于1954至1955年任同济建筑系主任。

的主干"的原则,要求其他如工程等各类课程与主干课相衔接和配合。在此原则基础上,他进一步制定了"花瓶式"教学计划体系。

所谓"花瓶式"是指设计课程系列具有"收—放—收—放"形如"花瓶"的结构模式:在低年级时,要求学生先适当了解构成建筑的基本因素,此为第一次"收";在此基础上,学生开始发挥其自由想像力,不受经济、结构等实际因素的过多约束,挖掘自身潜能,进行创造性设计,此为第一次"放";放到一定程度后,教学中逐渐加入结构、物理、经济等课程,学生在设计时,必须受到这些因素的制约,此为第二次"收";待学生们基本掌握了这些要求之后,毕业设计时进入第二次"放"的阶段。这时学生对限制因素已经有所掌握,便可以在更高的层次上进行自由创作。

从整个计划模式来看,两次"放"的过程是不同层次的飞跃,最终让学生在充分理解建筑学科基本规律的基础上进行建筑的创新探索。这种基于理性基础上的创新目的是与现代建筑理念相一致的。因势利导、循序渐进的"花瓶式"教育模式非常符合学生的思维培养发展规律,在教学方法上具有理性和科学的特点。

为了形成"花瓶式"教学模式的统一课程体系,冯纪忠以设计课的要求为主线,对其他相关课程进行了调整[1]。

首先,在设计主干系列课程方面,他将原苏联模式影响下的 3 学期的初步课程,缩短为 2 学期;同时加强了公共建筑类型的设计内容,要求学生着重掌握空间处理、建筑组合以及功能方面的问题。

其次,他缩减重组了技术类课程,因为他认为建筑师主要培养的是组织空间和塑造形体的能力,技术方面在实际工作中可以和其他技术工种的专业人员相配合,并不需要自己能完全承担起结构、设备方面的工作,为此技术课程只要了解与建筑设计直接相关的知识。因此,他将冗长繁重的技术课程进行了合并,缩短了其总课时,并要求由建筑教师来教学。

与此同时,他还根据设计课不同阶段的要求穿插安排相应的技术课作为配合。例如将建筑构造课分成两部分,在低年级中讲授简单基本构造,着重于大量性砖木建筑;在高年级讲授特殊和新颖的建筑构造,并着重于选型和经济问题。又如将建筑物理课在不同阶段分别对应于同期的设计课内容进行教学,如日照、热工等内容配合居住建筑;声学配合公共建筑;采光、照明配合工业建筑一起教学等等。

第三,他适当减少了历史课的内容。他计划将 7 个学期的历史课缩减为 4 个学期(后实施中为 5 个学期),并将美术史改为讲座结合美术课进行,城建史结合规划或建筑史讲授,同时突出历史课中的西洋建筑史、中国建筑史和近代建筑史的内容。

通过一系列修改,新的教学计划更加精炼统一,课程的有机组织使"培养建筑设计师"的这一目标更加明确。同时该教学计划也充分贯彻了现代建筑的思想,使同济

---

[1] 同济大学建筑系教学档案,1957 年。

的教学走上了更加理性化的道路。

虽然这一教学计划很合理,但是在1956年北京召开的教学讨论会上提出时却受到了习惯于学院式教学模式的其他一些学校的反对。相对"花瓶式"的想法,有些学校提出金字塔形("△")计划模式,有的学校提出倒三角形("▽")计划模式,莫衷一是。虽然冯纪忠在会上并未得到大家对"花瓶式"计划的认可,但是他仍坚持了这一模式的想法,之后在同济建筑系的教学实践中进行了积极的尝试,收到了良好的效果。

2) 初步课程中"组合画"的引入

同济建筑系除了教学计划的整体调整,此时的建筑初步课程也由于年轻教师罗维东的加入而呈现出新气象。罗维东曾在美国伊利诺工学院就读于现代建筑大师密斯·凡·德·罗门下,是又一位颇受现代主义思想影响的建筑师。他进入同济建筑系初步教研组后,在该课程中开创了具有构成特点的"组合画"练习。

罗维东的新探索很容易让人想起原圣约翰大学建筑系带有包豪斯特色的基础课程,二者对抽象美学和材质研究的核心目的是相似的,但是它们在具体训练内容和方式上存在不少差异。罗维东的"组合画"练习并非要求学生直接用各种材质组成某种图案,而是让他们根据教师给出的几种物品材质,以素描形式在纸上表现出一定的构图。这或者是由于材料的数量有限,或者教师的本意就是通过这种方法进行视觉训练,因为用素描形式研究各种材质也是现代建筑基础教育的一种重要手段,包豪斯学校中也有类似的练习。

"组合画"课程的一些具体作业可以让我们对该训练方法有更加清晰的了解。例如有一个作业是这样的,"老师给学生布块和几件器皿等,要求学生用素描的形式将这些不同的材料自由组合成一个构图。有时先用素描作明暗,然后用水彩渲染。"❶ 后来这类课程中还加入了唱片封面或书籍封面设计等等。❷

自从"组合画"等作业引入初步教学之后,从整体来说,建筑系又向现代建筑教育体系迈进一大步。但是需要指出的是,此时的体系仍存在着某种折衷,初步教学中的"构成练习"和"渲染练习"同时并存,但即使如此,转变也是十分明显的。遗憾的是这一尝试并未持续很长时间,1958年开始的教育革命终止了这项教学实验工作,罗维东也离开了学校前往香港。不过这段时期的探索已经为后来的教学实验探索和发展埋下了种子。

3) 现代建筑思想的兴盛及相关建筑作品

建筑系在比较自由的学术气氛中,除了教学方面出现了具有现代特色的新模式的探索之外,教师们的现代建筑思想也有相当发展。此时系中"学术活动"制度的建立为新建筑在师生中的进一步传播起到推波助澜的作用。

---

❶ 2004年8月笔者访谈贾瑞云老师。
❷ 2004年8月笔者访谈赵秀恒老师。

1956年，建筑系工会业务委员组织了定期的教师学术交流活动。之所以活动采用工会的名义，是为了确保教师们能够比较自由地进行交流。在这个活动中，不少教师介绍了现代主义运动中的著名建筑师及其他们的思想和作品，使现代建筑思想得到广泛传播和讨论。教师介绍的内容十分丰富，例如罗维东介绍他的老师密斯·凡·德·罗的作品；曾在法国接受建筑教育的吴景祥介绍国际联盟竞赛经过等等，深受系内师生的欢迎。这个活动甚至吸引了不少外校教师前来了解和参与。同时系中教师罗小未在组织教师进行英语学习时，采用牛津丛书 Modern Architecture 为教材，一方面帮助教师提高英语能力，另一方面也介绍了现代建筑的思想和作品。

这些形式多样的学术交流活动使建筑系中的现代建筑思想不断发展。伴随着理论和思想的进一步提高，教师们又陆续推出了不少现代建筑探索作品。

① 教工俱乐部

1956年，同济教工俱乐部（图4.1.52～图4.1.62）开始进行设计，建筑系中多位教师参与了这一项工程。该项目带有实验性质，教师们多方面多角度进行了创造性的探索。建筑由原圣约翰建筑系毕业生李德华、王吉螽主要设计，参加的人员还有毕业留系工作不久的年轻教师陈琬、童勤华、赵汉光、郑肖成等人。

图 4.1.52 同济教工俱乐部

图 4.1.53 同济教工俱乐部内院一

图 4.1.54 同济教工俱乐部内院二

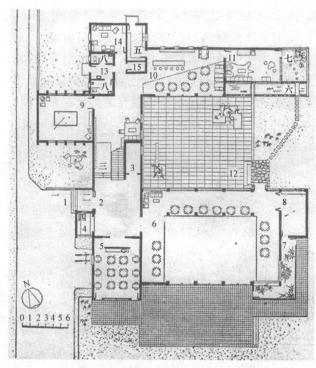

图 4.1.55 同济教工俱乐部一层平面

图 4.1.56 室内效果一

图 4.1.57 室内效果二

图 4.1.58 室内效果三

图 4.1.59 流动空间示意一

图 4.1.60　流动空间示意二

图 4.1.61　流动空间示意三

教工俱乐部从总体至局部设计都作了周密的考虑。从总平面来看，建筑布局照顾了基地周边的各种条件，例如入口照顾主要人流方向，新建筑与周围建筑围合成积极室外空间等等；而对于建筑内部设计，建筑师在"空间"处理上动足了脑筋。设计者认为："建筑空间是建筑物惟一以达到真正用途为目的的产物；它非但在使用上要达到功能合理的要求，而且是造成感觉上的趣味及心理与生活上的安适之重要因素"❶。从这个角度出发，他们在设计中采用了自由的院落式布局，在建筑内部，他们通过屏风、隔

图 4.1.62　流动空间示意四

墙、透空楼梯、天花、地面材质引导等手法营造丰富有趣的流动空间；在建筑外部，则采用院落中半隔墙、水池草木等方式，并设置大面积窗扇与室内休息空间达到相互交融流动的效果。这些独特的处理方式使得建筑中大小空间不断连续，各种空间形式不断转换，整个建筑成为一件杰出的空间艺术作品。

这里还需要进一步强调的是，教工俱乐部设计中营造现代建筑的空间流动感，很多地方借鉴了中国传统的江南民居和园林的处理手法和景观特色。中国这些传统建筑和园林的处理手法与西方现代建筑的空间艺术在本质上有不少类似之处，同济建筑系的教师们将传统江南地方建筑特色和新的建筑技术及艺术充分融合，在中国的现代建筑发展道路上作出了独特的尝试。

教工俱乐部的建造在当时对于如何理解建筑的民族性这一问题作了很重要的补充，它说明了民族特点并非只能通过模仿传统的建筑样式取得，传统的建筑和园林的空间处理手法同样也是民族性的重要特征。不仅如此，由于这些处理手法非常符合现代人的生活要求和现代美学思想，因而是当时应该追求的更为本质的地方和传统特征。

教工俱乐部是早期将民居特色与现代建筑结合的成功尝试，它与同时期出现的其他一些结合民居特色的建筑相比，突出建筑的空间艺术是它的特色之处。

---

❶ 李德华、王吉螽：《同济大学教工俱乐部》，《同济大学学报》，1958，4 期。

教工俱乐部兴建的时期，中国建筑界也出现了一些采用民居风格来体现"民族形式"的不同于官式复古建筑的尝试，比较典型的是同样建于1956年，由陈植、汪定曾设计的上海虹口公园鲁迅纪念馆（图4.1.63、图4.1.64）。该馆外形采用了民居马头墙的形式，体现出了亲切朴素的特点。

图4.1.63　鲁迅纪念馆

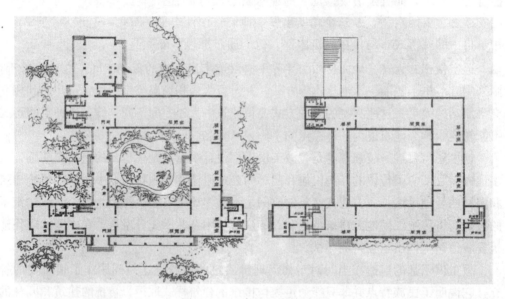

图4.1.64　鲁迅纪念馆平面

直接从建筑外观上看，鲁迅纪念馆与同济教工俱乐部两者有相似之处，例如小体量的不对称布局和灵活组合，外貌都带有南方民居特点等等，但是它们之间其实有很大的差异。差异主要存在于内部空间的特点方面。二者中，后者着重于丰富的室内外空间的艺术处理，空间形式多变，流通而富于动感；而前者内部为学院式建筑常见的长条形串、并联空间，各空间是静止、封闭、界限明确的，明显具有学院式建筑的空间取向。虽然它也围合成一个小院落，但是并没有积极处理院落空间景观和室内空间之间的关系。因此,从室内空间的营造方面来说,这两个建筑有着截然不同的取向,这也透露出二者分别隐藏着的现代和古典两种思想的痕迹。

由此可见,采用了不对称的立面,借鉴民居形式的鲁迅纪念馆虽然也是建筑地方性的重要探索成果。但其突出特点仍停留在建筑形象之上。与此不同,同济教工俱乐部则更进一步借鉴了民居和园林的空间特色,将其与现代建筑的流动空间理念很好地结合起来,它对传统的借鉴已经超越了外表形式的层面,深入到了空间处理方面。如果说注重空间艺术是现代建筑的本质,那么可以说教工俱乐部更接近于现代建筑的实质,可以说是中国带有地方特色的现代建筑。

同济教工俱乐部建成之后,成为建筑系学生们理解建筑的重要实体参照。它后来长期作为初步教学中的测绘作业对象,对熏陶和培养学生们的建筑思想产生了积极作用。同时该建筑也吸引了部分外校师生前来参观,他们听说了该建筑之后不少人专门前来了解"流动空间",这使得现代建筑理念得到进一步传播和扩大。1957年德国建筑师访问同济建筑系时,该建筑得到了他们的一致好评。在我国当时盛行复古建筑风潮的情况下,他们都十分惊讶,感叹"没想到中国也有这样的建筑"❶。

建筑系中其他教师分别参与了该建筑的室内地面、墙面、入口标志等各细部的设计工作,他们所设计的这些细部,也处处体现出简洁新颖的处理手法。但是在当时特殊的环境中,一些独具匠心的设计却遭到了有关人士在政治眼光审视下的疑义和批评。

教师郑肖成在教工俱乐部入口引导方向的实墙面上做了一个标志物,同时兼作夜间照明灯。标志物图面是两把泥刀横竖相交成的一个具有抽象美学色彩的简洁明快的构图。但是后来1957年左右中国建筑学会建筑师在参观该建筑时,严厉地批评了这个标志,认为它是资产阶级思想的反映,要求马上把它除去。教师们不得不按照他们的意图执行。之后1958年《建筑学报》登载文章介绍该建筑时,其中"编者按"在肯定作品吸收江南民居风格的同时,批判了其中的抽象美学的概念,认为这是片面追求形式的倾向。从这件事情可见当时的意识形态思想对建筑及艺术思想的束缚。因此,很多情况下,教师们都是顶着一定的压力进行着新建筑和艺术的尝试,现实中事与愿违的现象是经常发生的,对此教师们也感到无奈。

② 华沙英雄纪念碑设计国际竞赛

1956年波兰举办华沙英雄纪念碑设计方案国际竞赛,邀请社会主义阵营的其他国家一同参与这项竞赛,新中国也在被邀请之列。这是我国第一次参加此类国际设计竞赛。同济建筑系的教师们得知这个消息后,充满热情地自发组队准备参加。其中,教师李德华、王吉螽、童勤华为主的合作组完成的设计作品提交给了波兰的竞赛组委会,荣获了二等奖即当时的最高奖项(一等奖空缺)。该方案又是一个以空间取胜的作品,它突破了纪念碑以突出雕塑形体纪念物为代表的概念,完全通过空间艺术的处理

---

❶ 2004年12月笔者访谈王吉螽先生。

达到纪念目的。该方案规模较大，整个场地高低起伏，具有丰富而变化多端的空间。设计人员有意识安排了一系列大大小小的空间序列，使参观者在行进过程中，逐渐脱离尘世的喧嚣，净化心灵，达到物我皆忘的纯精神世界。同时，他们也利用空间营造独特的场所气氛震动人的心灵，让人油然而生一种敬畏和纪念之情。通过这些手段，他们使纪念建筑的精神作用在这里得到深刻的诠释。❶

空间具有精神功能的意识很早就已经产生于圣约翰建筑系师生们的心中，他们对此一直非常关注。1950年代左右黄作燊和学生在北京出差时，曾注意引导学生体会天坛和故宫的空间序列给人的精神上的感受。王吉螽至今仍对此记忆犹新，"我们走在天坛前长长的坡道上，周围都被绿树封闭了，人越走越高时，纯净的空间让人有一种'升天'的感觉；故宫森严高阔的序列层进院落则会对步入其中的人有一种强烈的威压感，可以想像以前的臣民们会越进越怕，害怕是崇敬的起点，他们会对天子产生无比敬畏"❶。师生们深受这些杰出作品的启发，此时在体现精神要求的纪念碑建筑竞赛中，他们便自然而然地在类似的思想指导下进行设计实践，设计出十分具有创意的作品。该作品的获奖说明了他们实践这一思想所取得的成功。

但遗憾的是，当时中国高度集体化和严格的学术体制无法容忍自由发展的学术思想和学术交流。中国建筑学会以提交方案未经过学会批准而私自参赛为由，对同济建筑系进行了批评。学会规定参加竞赛的方案必须通过中国建筑学会审查后统一提交。他们认为同济这些教师们没有组织性，质疑"犯了错怎么办？"这里其实存在一个无法解决的矛盾。因为如果送交审查，具有创新特点的方案往往不被通过，更不会被送出，这在后来几次类似竞赛中得到印证。结果同济建筑系教师一直没有去波兰取回该奖项。

组织性、统一性要求，扼杀了多少建筑创新的新思想。当时也许只有像同济建筑系中这些"组织性不太强"的建筑师们才能在现代建筑的探讨上有所突破。该建筑系中有一批这样的教师，他们为整个教学思想总体定位奠定了坚定的基础。正是在他们的共同努力下，同济的现代建筑思想才能够依托系的载体传承下来，并在教学中深深扎根。

③ 学生对现代建筑的呼声

在教师们的思想影响下，同济建筑系的学生也大多坚定于现代建筑的理念。1956年左右的自由争鸣时期，现代建筑和民族形式的争论仍然不断。国内建筑院系的学生既有人发出要求现代建筑的呼声，也有人坚守民族形式的言论，两方面的争论甚至十分激烈。

1956年第6期的《建筑学报》上刊登了清华大学学生撰写的《我们要现代建筑》一文，之后不久在第9期该杂志上，立刻便有西安建筑工程学院的三位学生撰写文章

---

❶ 2000年7月笔者访谈王吉螽先生。

《对〈我们要现代建筑〉一文意见》来反驳清华学生的看法,提出建筑要"在形式上表现出我国人民在伟大的毛泽东时代所具有的有异于过去的蓬勃热情、百倍信心和充满自豪的情感"。❶

面对激烈的争论,同济建筑系的学生朱育琳又在《建筑学报》上撰文,针锋相对地对西安建筑工程学院建筑系的三位学生的看法提出驳斥意见。她在文章《对"对〈我们要现代建筑〉一文的意见"》中指出"建筑的形式是取决于建筑内容,而不是从哪一种'社会制度的美学观点'上幻想出来的,不该将世界上两种社会制度的对立引伸为两种建筑的对立……民族形式本来就是由于地理环境生活习惯和物质条件的不同而产生的,只要忠于这些条件而创造,自然会带有民族色彩的"。她在文章的结尾还大声呼吁"我们要现实主义的现代建筑!"❷

朱育琳的意见基本体现了同济建筑系中大多数学生的思想。可以说,此段时期同济建筑系的现代建筑思想的发展呈现出较好的态势。

第二节 1958年教育革命运动对现代建筑教育的影响

1952～1957年期间,中国的建筑教育基本是对苏联模式的整体借鉴(虽然其中也不乏适当调整),总体呈现制度化、正规化的特点。而从1958年开始,由于多方面的原因,中国决定不再跟从苏联的发展步伐,准备自己寻找快速建设社会主义的道路。不久毛泽东发动了"大跃进"和"教育革命"运动。这些运动完全改变了原来的制度化的学校教育方式,同时也冲击了当时的现代建筑思想。

(一)"大跃进"及"教育革命"运动的爆发

1. "大跃进"及"教育革命"运动的背景

新中国按苏联模式调整建立了教育制度之后,一直处于学校教育制度化、正规化发展的阶段,但是这种模式与中国领导人的教育理想有所矛盾。由于这一教学体制对教育质量和分数比较重视,因此一些工农子弟由于学习困难而很难进入高校进一步学习,于是这种以培养专家为目的的精英式教育模式与共产党最初进城时面向工农群众、以普及性为主的教育理念产生了冲突。

与党内主张经济发展派人员的观点不同,出生于农村的毛泽东更加致力于社会道德目标的实现,企图建立全民公平的平均主义化社会主义。他此时逐渐对体现科层化、专门化、制度化、易产生"技术官僚"阶层、具有专家治国色彩的苏联模式越来

---

❶ 王德千、张世政、巴世杰:《对〈我们要现代建筑〉一文意见》,《建筑学报》,1958年9月。
❷ 朱育琳:《对"对〈我们要现代建筑〉一文的意见"》,《建筑学报》,1958年10月。

越反感。在教育方面，他也对在学习苏联过程中出现的高度集中统一、国家垄断教育管理体制、忽视农村和农民的城市中心价值、繁文缛节和条条框框，以及学生学习负担过重等问题感到强烈不满，于是1957年起，他提出要求加强学校的思想政治领导工作，并认为全国统一教学计划不合适，指示教育要改革，要减少课程，减轻教材，并方便工农子女入学受教育。❶

教育改革的措施是与"左"倾政治和社会发展路线的制定同步出现的。从1957年的反右斗争开始，毛泽东将中国带入了以阶级斗争为纲领的"左"倾错误道路上。之前1956年、1957年时在"双百方针"的影响下，知识分子受到鼓励可以对领导层的官僚主义作风提出批评，但是当知识分子畅所欲言之后，他们批评言论的激烈程度及其对一些干部领导工作的攻击令中共中央领导人感到始料未及。于是领导人转变了之前认为知识分子正和工人阶级融为一体的观念，开始用阶级斗争的方式来管束这些"不可靠"的知识分子，将他们划为右派分子，送到农村进行劳动改造。

国际局势的变化也促进了中国发展路线的改变。此时波兰和匈牙利发生的政治事件使得中共领导人一方面更加警惕国家内部的变乱；另一方面也对苏联干涉其他国家的强权方式感到不满，因而准备脱离对苏联发展模式的追随，转向自己探索快速建设社会主义的道路。

在此背景下，1958年八大二次会议通过了毛泽东提出的"鼓足干劲，力争上游，多快好省地建设社会主义"的总路线，号召"在继续进行经济战线、政治战线和思想战线上的社会主义革命的同时，积极地进行技术革命和文化革命"。而后又盲目地提出了工农业生产的高指标：要使我们的工业生产在十五年或更短的时间内赶过英国。在这一思想的指引下，全国迅速地掀起了"大跃进"运动高潮，与此同时在教育界掀起了"教育革命"的热潮。

2. "教育革命"运动时期的教育特点

"教育革命"运动中，国家的教学方针发生了巨大的变化。1949年《共同纲领》中曾确定了新民主主义的教育方针——"民族的、科学的、大众的文化教育"。而后1957年2月，毛泽东在最高国务会议上新提出教育方针是"使受教育者在德育、智育、体育几个方面都得到发展，成为有社会主义觉悟的有文化的劳动者"，但是这一方针也很快过时。此时1958年《中共中央、国务院关于教育工作的指示》对其又重新进行了规定："党的教育工作方针，是教育为无产阶级政治服务，教育与生产劳动相结合"❷。这标志着不同于前期苏联模式的新教育路线的形成。

新的教育方针和路线突出政治，强调了"教育为政治服务"的二者关系，其目的"在于使我国的教育事业能够更好地为社会主义革命和社会主义建设服务，为消灭一切剥削阶级和一切剥削阶级的残余服务，为将来向共产主义社会过渡，逐步消灭脑力

---

❶ 杨东平主撰，《艰难的日出——中国现代教育的20世纪》，文汇出版社，2003年8月，160页。

❷ 同❶，134页。

劳动和体力劳动的差别"。❶

教育突出政治挂帅的特点在各方面体现出来。首先，高校党组织加强了对教育工作的领导，发动群众用"大鸣、大放、大字报"等形式对资产阶级学术思想进行批判。在继 1957 年进行了反右斗争之后，"兴无灭资"、"拔白旗插红旗"等运动风起云涌，一大批专家、教授在此运动中受到批判，罪名是追求个人名利，"只红不专"，走"白专道路"以及资产阶级个人主义等等。

其次，此时在高校的招生中贯彻了阶级路线。在生源方面，对学生的政治成分更为关注。从 1957 年开始，招收新生开始强调以工农成分为主，1958 年对此更加强调，甚至一度专门成立招收工农预科生的班级（称"工农班"），以体现教育向无产阶级开门的思想。

在这一新的教学方针指导下，全国各建筑院校的建筑教学发生了翻天覆地的变化。此时脑、体劳动的分离被看成是剥削阶级与被剥削阶级的对立，新的教育制度为避免这一现象，将教育与生产劳动紧密地结合起来，试图通过生产劳动培养共产主义新人。在这样的思想指导下，原来制度化、正规化的教学模式被取消了，取而代之的是生产劳动和结合实际项目的现场教学。课堂教学基本停止，师生们组成一个个小组，奔赴周边地区参与实际建设项目，并结合这些项目进行教学工作。同时各院校增设土木建筑设计院，作为师生联系实践的基地。

教育和生产相结合的要求也对建筑院校的系科设置产生了一定影响。在土建学科方面，由于以技术和施工为学科重点的建筑工程系（后称结构学）被认为更加符合实践型的新教育方针，因此不少学校的建筑系被撤消，师生全部被并入建筑工程系。这种现象一直延续到 1960 年代初理论研究教学工作再次恢复时期，到那时候各校的建筑系才纷纷重新独立出来。

1958 年教育革命运动中的许多思想和方法在后来的文化革命运动时期再次出现并发展，它们几乎是一脉相承的。因此可以说这次运动是"文化革命"运动时期第二次教育革命的前奏。

（二）结合实践的建筑教学及复古思潮的再度兴起

1. 教育结合实践与人民公社的兴建

教育革命运动之中，教学工作紧密结合实践工程进行。在联系实践的建设任务中，建筑院系师生进行最多的是同为特殊历史时期产物的建筑组群——"农村人民公社"的规划和建筑设计项目。作为毛泽东提出的"三面红旗"之一的人民公社，被看成是向共产主义社会过渡的重要环节，是未来共产主义社会的基层单位。领导人认为只要积极地运用人民公社的形式，便可摸索出一条过渡到共产主义社会的具体途径。

---

❶ 杨东平主撰，《艰难的日出——中国现代教育的 20 世纪》，文汇出版社，2003 年 8 月，163 页。

人民公社被提到如此高的政治地位，对于它的设计研究工作相应得到了广泛的重视。

建设人民公社的想法受共产主义理想城市模式的启发，它的核心是将居民集中起来过集体生活。农村人民公社的成员各家住在类似的单元中。每一个组群有公共的食堂、厕所等设施，有专人负责集体的伙食、洗涤等家务工作，其他成员都可以不受家务影响，全部进行工作。社员们除了种田之外，还要练兵，达到全民武装。领导人通过这种方法，试图使广大社员成为亦农、亦工、亦兵的新型社会成员，将工农商学兵全部统一起来，以打破不同行业之间的阶级差别，最终达到消灭城乡差别。

这一快速达到共产主义的乌托邦想法在当时被赋予极高的希望，政治运动的驱动更是将人民公社提高到了原则性的高度。1958年10月举行的全国建筑历史学术讨论会上，与会者认为"人民公社标志着社会主义事业进入了一个伟大的新阶段，是今天建筑理论的起点，也是研究历史的中心"。❶ 此时在实践领域也开始了一轮农村人民公社规划建设的浪潮。

在这轮浪潮中，正在实施教学结合实践工程的建筑院系，参与了大量的农村人民公社规划设计工作（图4.2.1）。这一建设热潮直到1960年代初期才由于各种问题的出现而逐渐停止。

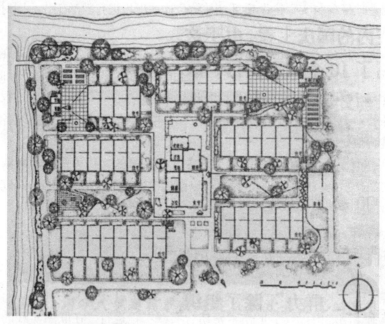

图4.2.1 上海郊区某地规划的农村人民公社居民点，住宅围绕着公共食堂

2. 复古主义设计思潮的再次兴起

1958年的人民公社规划兴起之后不久，另一项影响更大的系列综合工程吸引了大多数建筑院系的师生。为庆祝新中国成立十周年，北京市准备集中全国的财力和物

---

❶ 转引自邹德侬：《中国现代建筑史》，天津科学技术出版社，2001年5月，228页。

力，建设体现新中国面貌和伟大成就的首都"十大建筑"。

十大建筑方案征集活动也是一场轰轰烈烈的群众运动。北京市领导除了组织北京的34个设计单位外，还电请了上海、南京、广州、辽宁等省市的30多位建筑专家进京共同进行方案创作。不少建筑院校（如清华大学、南京工学院、同济大学、天津大学等）的老师带领部分学生前往参与了这些方案的设计竞赛。

这是建国以来盛况空前的一次国内知名建筑师的大会师，也是一次不同设计思想的大碰撞。建筑师们经过先前"百家争鸣，百花齐放"的政策时期，都在某种程度上发展了自己的某种思想。此时集中的大规模方案征集活动使他们的不同思想同时得到了展现。对于这些项目，大家提交的方案形式十分多样（图 4.2.2～图 4.2.4）：既有简化或复杂的中国复古样式，也有苏联古典尖顶样式，还有简洁的现代样式，其中甚至不乏有些设计被大胆地设计成玻璃盒子，体现了广大建筑师多元的设计思想。

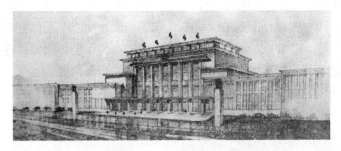

图 4.2.2　西安市设计院设计的人民大会堂立面

图 4.2.3　中南工业建筑设计院设计的人民大会堂立面

图 4.2.4　北京市规划管理局设计院设计的人民大会堂立面

虽然建筑师们提交的方案十分多样，但是最后中央领导和专家选定的方案大多是中国复古或折衷样式。不少建筑有着前一阶段反浪费运动中受到大肆批判的大屋顶，而没有采用大屋顶的建筑多为超大尺度的西方古典建筑轮廓加上列柱长廊，并在墙面、檐口等处装饰以中国传统图案。

北京十大建筑的兴建在全国掀起了新一轮的复古风潮。这次复古风气的兴起表明了前一阶段对大屋顶和复古建筑的反对并没有触及复古的深层根源，其反对的做法一方面只是盲目附和苏联新动向的结果，另一方面也只是从经济角度出发，并没有解决建筑美学问题。当特殊的社会形势要求富有艺术和表现力的建筑时，不少领导和专家又不得不重新转而求助于这些刚刚被批判的东西，他们的美学观一直没有真正改变。

大量形式多样的征集方案体现出设计者们建筑思想的很大差异，但是几所建筑院校提交的人民大会堂方案，大多在不同程度上借用了中国传统及古典主义元素。其中清华大学师生所提交的两个方案中，一个为带有苏联传统建筑特点的尖顶古典样式（图4.2.5），另一个为简化中国民族样式（图4.2.6）；天津大学徐中和上海市民用建筑设计院陈植合作方案以及南京工学院杨廷宝等人设计的三个立面方案都具有简化中国复古形式的特征，局部点缀以北方风格屋顶形式及传统装饰图案，在曾受批判的纯正复古样式和毫无装饰的形体之间小心地尝试着多种折衷路线。

图4.2.5　清华大学建筑系提交人民大会堂方案一

图4.2.6　清华大学建筑系提交人民大会堂方案二

虽然他们的方案都有所不同，但是基本形态上存在相似之处，都遵照了讲究主次轴线对称的古典美学构图原则，立面形态呈现"凸"字型特征。此现象与这些设计者都具有深厚的学院式建筑教育根基有着深刻的关系。

这些学校参与的其他几个项目设计也体现了同样的建筑特点。例如清华大学师生设计的北京大剧院方案❶（图4.2.7），南京工学院师生设计的北京火车站等等（图4.2.8），都采用了结合气势恢弘的古典纪念性构图和中国传统构件的折衷样式。

图 4.2.7　清华大学建筑系提交北京大剧院方案

图 4.2.8　南京工学院建筑系设计北京火车站

北京的"十大建筑"在全国引起了广泛影响，其他一些大城市对此纷纷效仿。它们一方面不顾客观条件一哄而上地计划修建本地的"十大建筑"；另一方面在建筑设计上也以北京"十大建筑"的折衷样式为样板而竞相模仿。于是，国内的建筑领域在前一阶段已经整体趋于简洁实用的倾向此时又一次转变，民族形式复古主义浪潮重新被掀起。

（三）现代建筑思想在师生实践中的体现

教育革命之后，各建筑院校正规的课堂教学基本中断，师生们组成小组奔赴各地进行结合工地施工劳动的"现场教学"。其中也有一些小组参与了北京和各地的"十大建筑"方案竞赛。虽然此时全国再次掀起复古和折衷主义的浪潮，但是个别院系在实践中仍然表现出对现代建筑的追求。

同济大学建筑系的一些教师也参与了北京"十大建筑"方案竞赛。他们所提交的人民大会堂的两个方案没有像其他学校那样采用古典折衷形式。其中一个方案

---

❶　该方案后来由于经济等方面的原因未曾实施。

(图 4.2.9、图 4.2.11)中心部位采用玻璃柱体，以玻璃的透明体现开放的民主思想，意识十分超前。同时新材料新技术的展现使建筑具有简洁新颖的现代特征，令人耳目一新。

另一个由冯纪忠等教师所作方案(图 4.2.10、图 4.2.11)则注重与原故宫建筑组群整体布局的统一。为和周边环境及原有的天安门城楼的照应，方案采用了中国古代建筑整体布局南北走向的特点，并在形象处理上与天安门城楼采用类似的手法。墙体分为下部基座红墙和上部透空柱廊，局部顶面安排具有坡顶意味的新型折板构件。整个建筑在充分尊重传统环境的基础上体现出自由轻盈的现代美学特征，同时又不乏传统建筑的隐约意味。

图 4.2.9　同济提交人民大会堂方案一

图 4.2.10　同济提交人民大会堂方案二

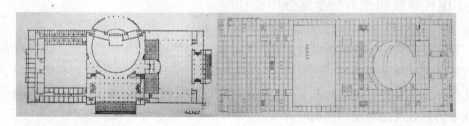

图 4.2.11　同济提交人民大会堂方案一、二平面

同济建筑教师提交的方案十分新颖，但是它们所显示出的自由、近人气氛以及现代美学的特征与政府组织者所要求的宏大雄伟并具有震慑力的形态取向并不一致。在

建筑要体现新中国伟大成就的政治要求下,这些方案都遭到了淘汰。最后选定的建筑实施方案为具有超大尺度的简化西洋古典式样,局部带有中国传统装饰图案。

在对天安门广场规划设计的争论中,同济建筑系教师也体现了他们的现代主义思想。对于当时选定的天安门广场实施方案,同济教师们曾和其他一些建筑师们一起联名上书指出广场尺度过大,缺乏空间感,绿化和休息设施过少,缺乏人情味等问题。但是由于政治性要求下,该广场和周边建筑在规模和尺度上的定位都是超标的,广场要求能够容纳大型庆典活动站队的万人数量,因此,他们关于广场尺度的建议没有被采纳。

而在有关广场设计方案征集中同济建筑系教师的一些构想也往往不被接受。对于天安门广场的设计,黄作燊曾提出一个十分大胆的创意:在广场南端设一个高耸的拱形构筑物,作为广场的对景兼收头处理,拱门设计成简洁的现代样式,与另一端的传统建筑对话。他还饶有兴趣地设想将来阅兵时可以让飞机从拱门中飞跃穿行进行表演❶。在讨论中,他的这一创意被一些习惯于稳妥和保守思想的专家及领导认为不可思议,甚至觉得这不过是个玩笑话。在折衷及复古主义思想仍是此时主旋律的情况下,即使稍有些现代意味的建筑形式都难以被接受,更不要说黄作燊如此大胆的创意了。教师们具有现代特点的自由、创新和强调个性的价值取向,与当时政治气候下以集体主义淹没个体意志、以崇尚威严进行思想统治的政权要求是截然相反的,因此,这些闪现着独特现代理念的火花终将会被无情地熄灭。

北京由于政治中心城市的缘故,政治思想对纪念性、民族性的要求使它难以发展起现代建筑。而在当时盲目跟风的社会风气下,其他城市也一轰而上,纷纷兴建各自的"十大建筑"。北京所兴建的十大建筑迅速成为全国各个城市建设的样板,其风格特点相应阻碍了这些地区现代建筑思想的自由发展。

此时上海市也在准备建设自己的国庆建筑工程。同济建筑系除了参加北京的"十大建筑"竞赛之外,也参加了上海市的方案设计竞赛。黄作燊带领部分学生和年轻教师组成设计小组接受了上海三千人歌剧院的设计任务。为此,他们专门研究了世界上不少著名音乐厅的声学设计,在设计中很好地解决了如此大容量的歌剧厅的各项技术问题。该方案吸取过去剧院小包厢的形式,做成跌落式三层小挑台,解决了视线质量和大量座位之间的矛盾。同时为了减小上层观众厅的俯视角,提高观众观赏的视觉质量,该方案在挑台部分结构处理上创造性地采用了反向薄壳结构技术,从而使挑台构件非常薄,减少了视线遮挡❷。

该方案在接受专家评审时,功能技术受到了一致好评。专家们认为它在观众厅的视角质量、水平控制角、俯视角等方面的质量甚至超过相同座位容量的国外一些剧院的设计水平;同时它在结构方面所采用的国际最新结构技术——悬索结构及装配式钢

---

❶ 2004年7月笔者访谈龙永龄老师。
❷ 2000年7月笔者访谈王吉螽老师。

筋混凝土结构，也被认为非常超前。

虽然功能技术优点十分突出，但是该方案的现代风格形象（图 4.2.12）显然不符合评审人员的口味。他们认为建筑在形象上没有表现出中国的传统特色，也没有体现出"新中国的巨大成就感"，说到底也就是没有采用北京"十大建筑"的样板形象。有关领导批评它为"方方体形，薄薄檐口，细细的柱子，光光的墙面，再加上窗的框框，门的框框，仅此而已"。文化局负责人又告之说"你们如果还是坚持同济的'风格'，不改变你们的'风格'，就是再做一千个方案，广大的群众也不会接受"[1]，这无疑给师生们的创作热情泼上了一盆冷水。

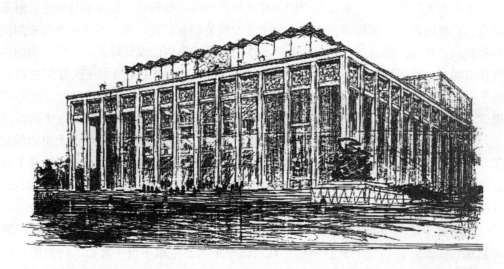

图 4.2.12　上海三千人歌剧院透视图

建筑思想已经比较成熟的教师们对于这类出自政治思想方面的批判自然并不陌生。虽然他们并不为这些批评所动，但也只能以沉默来作无声的对抗，在自己力所能及的范围内追求自己的理想。可是此时思想尚十分单纯的学生们之中，有些人则难以接受这一冷酷的结果。他们在文化局人员激烈批评言辞的打击下，对现代建筑的方向产生了动摇。他们无法理解为什么老师教给他们的设计思想无法得到领导人员的认可，甚至有个别学生自己开始尝试做"民族形式"的立面。一些学生前往戏剧学院，向舞台绘图师学习中国传统的建筑形式，然后连夜赶制了一个民族形式的立面方案。不少老师和同学对这个"第三方案"立面很不满意，认为不应该简单地抄袭古代建筑形式，但也有部分原本就倾向于学院式思想的一些师生表示对它的支持，认为方案有气势，能体现民族精神[1]。因此此时不同的建筑思想的差异和争论在学生之间、学生和教师之间、教师和教师之间仍然存在。外界形势的影响时常会激化这些争论。

---

[1] 安怀起：《上海三千人歌剧院设计的前前后后》，《同济报》，1960 年 4 月 30 日。

国庆献礼工程由于其政治象征意义而使现代建筑思想难以得到实现。而在一些大众关注较少的小型建筑项目上，带有现代思想及地域性特点的处理手法此时得到了继续发展。

继1950年代初期冯纪忠在武汉设计建造的东湖客舍在当地受到好评之后，1958年左右该地建设部门负责人邀请同济建筑系教师设计东湖的梅岭招待所（图4.2.13、图4.2.14）。建筑系教师李德华、王吉螽、吴庐生、戴复东、陈琬、傅信祁等人❶分别参与了先后几轮的设计工作。

图4.2.13　梅岭招待所一　　　　　　　图4.2.14　梅岭招待所二

该建筑虽为准备招待党政最高领导人毛泽东而建造，但教师们的设计并未因此而强调其政治象征意义，而是倾向于采用类似于东湖客舍的质朴、亲切、带有地域特色的建筑形式。设计者将这一组建筑群依山就势，巧妙结合地形组织空间，使每个房间都能领略到不同的室外湖景。同时建筑立面精心组合了毛石、粉墙等普通地方材料，室内外都显得简洁、质朴、亲切大方，在现代建筑思想与中国传统地方性建筑结合方面又进行了一次很好的尝试。

第三节　1960年代初现代建筑教育的再发展

"大跃进"运动造成全国经济滑坡，加上全国普遍爆发自然灾害，以及中苏关系的急剧恶化后苏联停止供应我国建设所需的重要设备，我国在1960年前后发生了严重的困难。为解决经济方面的困难，政府不得不采取措施，实行"调整、巩固、充实、提高"的国民经济调整方案。与此同时，国家也重新调整了原先的发展方向，恢复了院校教育制度。此时相对较为宽松的气氛使得现代建筑思想和教学工作又有了进一步发展。

---

❶　2004年12月笔者访谈李德华、王吉螽老师。

(一) 1960年代初期院校教育制度的恢复和建筑界思想理论讨论的兴起

20世纪60年代初期是国家经济恢复发展时期，政府针对此前教育革命运动使学校正常教学工作遭受重大破坏的现象，批转颁发了《教育部直属高等学校暂行工作条例》（简称《高等教育60条》），提出"以课堂教学为主，全面安排教学工作，使各院校的教学逐渐恢复正常"的要求。各个学校的教学重新转向理论化、系统化和正规化的发展方向。此时一方面各类专业教材的编写工作逐渐展开；另一方面一些学生由于前一阶段参加实际项目而欠缺了的基础课程，由教师组织进行"填平补齐"式辅导，补全学生们的课程内容。

随着经济调整工作中对基建规模的控制和缩减，建筑界的设计任务大量减少。同时经过前一阶段大量自行探索的建设工作后，建筑师们都感到很有必要在此时进行总结和反思，于是兴起了对建筑理论广泛讨论的风气。经济调整时期相对较为宽松的政治气氛，使得理论和学术研究逐渐活跃，各种建筑思想也得到了一定范围的自由交流和传播。

国庆工程及大跃进运动中的大量建设项目，突出反映了建筑师们复杂多元，甚至有时相互冲突的各种建筑思想。这种思想的矛盾性和多样性是前一阶段国内主流建筑思潮多次起伏、摇摆不定的结果。建筑师们经历了过渡时期的实用和自由、苏联影响下的民族主义复古思潮、反浪费活动下大肆批判大屋顶、"百家争鸣，百花齐放"下短暂的自由探索，以及随之而来的反右运动对自由思想的钳制等一系列思想的动荡，因此他们在应对"跃进"时期的大量建设任务时，不少人处于无所适从的思想混乱之中，对于应该如何进行设计产生了各种疑问。在混乱和多样的思想下，大家所提交的各项方案具有多种手法和形式。虽然最后领导和部门专家评选出的几乎都是清一色的中国复古样式，但从提交方案整体情况来看，当时建筑师们思想的多元性是十分明显的。

此时在大量项目完成之后，大家意识到有必要对设计思想、建筑艺术等方面问题进行讨论和总结。于是1959年5月18日至6月4日，建筑工程部和中国建筑学会在上海召开了《住宅标准及建筑艺术座谈会》，会议由建筑工程部部长刘秀峰主持。这次会议几乎集中了我国全部资深建筑师。[1] 大家就较为敏感的"建筑艺术"问题畅所欲言，展开了全面的讨论。国庆工程所具有的政治光环使得这次会议有相对比较宽松的气氛，大家可以进行各种思想的自由讨论。

会议中发言者的学术报告全面介绍了近期国际建筑发展的概况。其中同济大学教师罗小未作了《资本主义国家建筑》的报告，葛如亮作了《苏联革命初期建筑理论上的争论》的报告，冯纪忠作了《介绍社会主义国家的建筑》的报告。在他们之后，汪坦、吴景祥和杨廷宝等教师对资本主义国家的建筑、金瓯卜和吴良镛对社会主义国家

---

[1] 邹德侬：《中国现代建筑史》，天津科学技术出版社，2001年5月，245页。

建筑分别作了补充。这些报告将国外现代建筑的历史和蓬勃发展的现状向广大建筑师作了全景式的展现，开阔了大家的眼界。

值得关注的是，葛如亮介绍了苏联在斯大林统治之前的建国初期先锋建筑艺术思想兴盛的情况，打破了大家关于苏联建筑就是气势宏大的复古主义的刻板片面印象，使建筑师们全面了解了一直作为我国样板的苏联在社会主义时期建筑的整体发展情况。虽然葛如亮事后为这一报告受到了有关领导的批评，被认为"以偏概全"，但是该报告客观上对于解放建筑师们受意识形态钳制的设计思想产生了积极作用。对社会主义国家最新建筑情况的介绍让建筑师了解到此时这些国家已从斯大林的复古主义时代中走了出来，转向关注建筑技术及工业化、解决居民大量性住宅等问题。这些介绍为建筑界进一步走上现代建筑探索之路打下了一定的思想基础。

对于建筑设计思想的探讨一直没有中断，继1959年座谈会后相关问题的讨论仍在持续进行。1961年《建筑学报》第三期发表了题为《开展百家争鸣，繁荣建筑创作》的社论，全国各地也多次组织各种讨论会。虽然这些讨论仍然带有不少政治烙印，但已经一定程度上开阔了大家的思想。随着对西方杂志的逐渐解禁，同时国内杂志上也刊登了不少社会主义国家建筑的新动向，现代建筑逐渐为越来越多的建筑师所认识。虽然国内杂志对这些建筑介绍时，有时仍然会采用一些批判的口吻，但是客观结果是大家越来越多地接受了现代建筑的理念。

从另一个方面来看，由于此时西方的现代建筑已经发展到了超越早期功能主义和简洁实用的阶段，开始趋向于形体的丰富和有机，因此，国内对"资本主义"国家建筑的批评早已不再是"国际式"、"方盒子"一类言辞，而是"形式主义"、"腐朽没落"、"华而不实"、"追求广告效应"之类的评价了。这时反而早期现代建筑的一些特征，如简洁、实用、形式反映结构和功能等，已经被国内建筑界所广泛接受。

（二）建筑教育模式在1950年代初期基础上的再续

国内各建筑院校恢复正规的教学秩序时，教学体系基本依照了教育革命之前的模式再次建立。不过与当时的教学环节构成相比较，此时的教学体系经过"教育革命"运动后，尤其突出了劳动的环节。

1. 突出多种劳动环节

教育革命运动之中强调"生产劳动"的方针此时在院校教育工作中继续延续。与运动之前相比，此时的建筑专业教学计划中增加了大量的劳动和工厂实习内容。以同济大学为例，1957年时六年制教学计划中的各种实习时间（表4-2）还相对较少，分别为10周教学实习和18周生产实习。除此之外，理论教学为181周；而1959年秋季的六年制教学计划（表4-3）中，除6周教学实习、15周生产实习外，另外安排了40周生产劳动和10周公益劳动，整个实习劳动的总周数71周，与原来的28周相比已经远远地超过，而此时相应的理论教学时数有所减少，从原来的181周减少为160

周。从这些数据中可以明显地看出教育革命运动强调生产劳动理念的持续影响。

1957 年教学计划周数分配表　　　　　表 4-2

学年	理论教学	考试	教学实习	生产实习	生产劳动	公益劳动	毕业设计	科学研究	机动时间	假期	共计
Ⅰ	34	4	4							11	53
Ⅱ	34	4	4							10	52
Ⅲ	33	4	2	4						10	53
Ⅳ	32	4		6						10	52
Ⅴ	32	4		6						10	52
Ⅵ	16	2		2			20			3	43
总计	181	22	10	18			20			54	305

资料来源：同济大学建筑系档案，1957。

1959 年教学计划周数分配表　　　　　表 4-3

学年	理论教学	考试	教学实习	生产实习	生产劳动	公益劳动	毕业设计	科学研究	机动时间	假期	共计
Ⅰ	33	4	2		5	2			1	5	52
Ⅱ	32	4	1		6	2			1	6	52
Ⅲ	32	4	3		6	2			1	4	52
Ⅳ	32	4		1	7				1	7	52
Ⅴ	31	2		3	9	2		1		4	52
Ⅵ				11	7	2	14	5	3	6	48
总计	160	18	6	15	40	10	14	6	7	32	308

资料来源：同济大学建筑系档案，1959。

从 1959 年的一份生产劳动、生产实习和教学实习编程表（表 4-4）中可以了解这些生产、实习的具体内容，这些内容体现了工地劳动和实践在新教学体系中的重要地位。1960 年代之后，虽然劳动的时数比"跃进"时期明显减少，但此时生产劳动已经从"跃进"时期运动式偶然进行的特点发展成为固定制度化的教学内容。学生每年都要定期到农村去劳动，每次大约两至三个星期。❶

1959 年同济大学建筑系生产劳动、生产实习、教学实习进程表　　　表 4-4

生产劳动、生产实习、教学实习内容	学年	周数	每周时数	时数合计
测绘实习	Ⅰ	2	48	96
工地劳动（建筑工地劳动，结合认识实习）	Ⅰ	5	48	240
素描实习	Ⅱ	1	48	48
工地劳动（建筑工地劳动，结合工种实习）	Ⅱ	6	48	288
测量实习	Ⅲ	2	48	96

---

❶ 2004 年 11 月 2 日笔者访谈沈福煦老师。

续表

生产劳动、生产实习、教学实习内容	学年	周数	每周时数	时数合计
水彩实习	Ⅲ	1	48	48
工地劳动（在预制构件工厂劳动或与建筑装置制品有关工厂劳动）	Ⅲ	6	48	288
工地劳动（在建筑安装工地劳动）	Ⅳ	8	48	384
工地劳动（在大型建筑工地劳动九周，其余三周以工长身份参加施工操作并结合施工管理实习）	Ⅴ	12	48	576
工地劳动（在较大的建筑工地劳动，结合收集毕业设计资料）	Ⅵ	7	48	336
工地劳动（在设计院参加设计工作，结合收集毕业设计资料）	Ⅵ	11	48	528

资料来源：同济大学建筑系档案，1959。

除了增加了劳动内容外，此时的教学计划还增加了固定的科研环节。这既有跃进年代强调技术创新思想的持续影响，也和当时国际科技迅猛发展的潮流相一致。一些学科性质比较适合于进行科研的系科，如建筑结构、材料等学科纷纷进行新型建筑材料和结构方式的研究。建筑系由于专业性质并非纯粹的理工类，难以直接从事科研实验，因此便将研究重点放在了国外有关建筑技术创新的最新杂志书籍上。学生们分成小组翻译一些苏联新型大板装配式建筑技术的文章，整理并学习国外的最新技术成果。这些科研活动也作为必要的教学环节固定在高年级的新教学计划之中。

2. 专业教学对之前"学院式"模式的再续

除了增加了劳动和科研环节之外，在建筑学专业的教学方面各校基本延续了大跃进运动之前1950年代前期的教学内容和方法。不少学校又重新规范了原来的学院式教学体系，其主干设计课从渲染为主的初步课程开始，过渡到一系列由简单到复杂的建筑课程设计练习。

1963年以清华大学建筑专业教学课程为蓝本、由教育部门统一颁发至各建筑院系作为参考的教学计划和教学大纲明显地体现了这一点。

在此教学计划的初步练习中，除开始的制图基础的铅笔线条、墨线、字体练习之外，还有大量的中外古典建筑的线描和渲染练习。其中线条练习以古典五柱式为主要内容，水墨渲染练习则包括基本技法训练以及中外古建筑局部表现等（图4.3.1）。初步课程中也加入了不少建筑测绘的内容，如小住宅及大型建筑局部测绘等。但测绘的最后目的是制成精细的渲染图，这就使学生对建筑本体的理解仍然停留在画面效果上，没有建立起图纸是设计思维工具的意识。

这一体系在初步课程结束之后，便开始进行系列设计题目的训练，从简单小型建筑如书报亭、桥等，逐渐向较为复杂的公共、工业、居住建筑过渡。这些设计中也包括农村和城市人民公社的规划和单体设计等具有时代特征的内容。最后以大型公共建筑的毕业设计结束设计主干课程。这些设计练习以不同建筑功能类型逐个展开，同时结合以设计理论课程的讲解。这种教学模式在国内大多数建筑院校中得到采纳，成为当时最主要的教学方法。

图 4.3.1 建筑渲染作业

(三) 各院校建筑教学中现代建筑设计思想的发展

1960 年代初期,在教学体系和方法基本延续大跃进运动之前 1950 年代早期模式的同时,多所学校在建筑设计思想方面出现了具有现代主义倾向的新特点。

此时,现代建筑思想逐渐在全国各建筑院校得到发展,甚至一些学院式根基深厚的学校中,设计教学中也明显具有现代思想影响的痕迹。此时学生们的设计作业(图 4.3.2～图 4.3.6)普遍倾于简洁,常表现出清晰的梁柱结构体系、大面平板和大片玻

第四章　现代建筑教育在挫折中发展(1952～1970年代末)

图 4.3.2　茶室，南京工学院学生设计作业

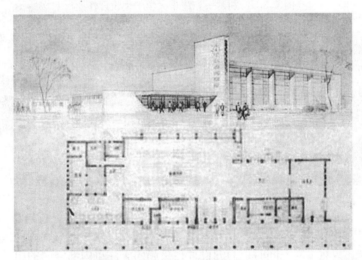

图 4.3.3　火车站，南京工学院学生设计作业

图 4.3.4　小住宅，清华大学学生设计作业

图 4.3.5 别墅一，清华大学学生设计作业

图 4.3.6 别墅二，清华大学学生设计作业

璃的形象，与前一阶段"大跃进"时期大量出现的西方古典轮廓与中国传统构件装饰相结合的折衷样式截然不同。同时他们的设计也更趋向于注重内部空间的组织，开始出现不少灵活布置自由院落的方式。对比原先学院式指导方法下的设计大多只注重外部形态，内部空间往往单调刻板的状况，此时的设计具有明显的现代建筑"空间"思想的痕迹。

1. 现代建筑设计思想兴起的原因

此时由于中苏关系逐渐疏远甚至陷于破裂，因此原先由学苏运动所提出的"社会主义内容，民族形式"的口号逐渐淡化，中国式复古等于表现社会主义思想的观点也受到了动摇；同时从 1955 年反浪费运动开始的建筑节约思想，在此刻全国大量住宅紧缺以及经济困难的情况下更加强化。现代建筑以其简洁实用的特点被大多数师生逐渐接受。

除了以上因素之外，以下几个方面的原因也共同促成了各院校师生的设计思想向现代主义的转向。

(1) 其他社会主义国家向现代建筑转变的影响

1960 年代初期，其他一些社会主义国家向现代建筑的转变对中国建筑界和建筑院校产生了一定思想冲击。由于此前中国对西方国家的封闭，国内意识形态的钳制，以及各种媒体的不发达造成了信息不畅通，广大建筑师和师生一方面很不知道西方建筑发展的状况，另一方面对其他社会主义国家的建筑新动向也缺乏及时和足够的了解。此时通过国内惟一的建筑设计杂志《建筑学报》，大家开始多少能感觉到其他一些社会主义国家正在发生向现代建筑的转变。

《建筑学报》曾刊登1958年比利时布鲁塞尔世界博览会苏联展览馆的几个竞赛方案（图4.3.7、图4.3.8、图4.3.10、图4.3.11），三个获奖作品无一例外都是现代建筑作品，都以展现新结构和包括玻璃、钢等新材料的现代形象出现，不再呈现苏联的古典折衷主义的面貌。该杂志也刊登了博览会中法国馆的照片（图4.3.9）。虽然该杂志后来对法国馆的介绍充满了批判的口吻："……故作玄虚的结构形式变成了表现建筑艺术的对象"，但是，这些介绍已经在客观上展示了当时的国外现代建筑的发展状况，同时也向中国的建筑界发出了苏联建筑转向的信号。

图 4.3.7　1958 世界博览会苏联馆竞赛一等奖方案

图 4.3.8　苏联馆竞赛一等奖方案

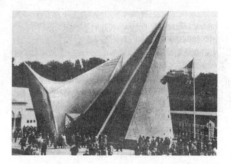

图 4.3.9　1958 世界博览会法国馆

图 4.3.10　1958 世界博览会苏联馆竞赛二等奖方案

图 4.3.11　1958 世界博览会苏联馆竞赛三等奖方案

《建筑学报》之后刊登了 1963 年古巴吉隆滩胜利国际建筑竞赛方案获奖作品（图 4.3.12～图 4.3.17）。虽然这些方案大都出自于社会主义国家建筑师之手，但都体现出抽象视觉艺术的现代美学特征，而这些美学特征正是当时被我国批判为资本主义形式主义的东西。对此，当时杂志在介绍这些方案时，言语之中也体现出深具传统思想的建筑师们的不解和疑惑。他们对于新现象有些感到难以接受，仍然热衷于传统的设计形象及表现手法：

图 4.3.12　古巴吉隆滩胜利国际竞赛波兰 236 号方案立面（一等奖）

图 4.3.13　古巴吉隆滩胜利国际竞赛波兰 236 号方案总平面（一等奖）

图 4.3.14　巴西 118 号方案（二等奖）

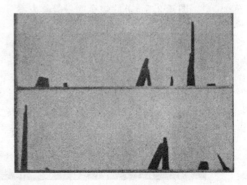

图 4.3.15　保加利亚 195 号方案（二等奖）

图 4.3.16　苏联 266 号方案（三等奖）　　　图 4.3.17　中国 174 号方案（荣誉奖）

"……评选结果，波兰 236 号方案获一等奖，巴西 118 号方案和保加利亚 195 号方案获二等奖，苏联 266 号方案获三等奖。此外，还有十个方案获得荣誉奖，其中有我国北京工业建筑设计院的一个方案。对这些方案有各种不同的看法，有些代表认为四个方案并不是完全令人满意的，认为缺乏纪念性建筑应有的革命思想性和艺术性。

这次参加竞赛方案的类型，大致有碑形、抽象图案组合建筑体形以及综合型等多种。选上的方案中，大多数展览馆均设在地下，以强调不破坏当时的自然环境和保持原有气氛。

我国建筑师提出二十个竞赛方案，图纸质量高，制图细致、完整，彩色渲染真实而富有表现力。虽然有个别人评论我们的方案有点学院派，手法上大同小异，但更多的人看了却很喜欢。一位墨西哥的建筑师说："中国设计方案是最好的，它代表了人类的前途和希望"，称赞中国的方案是："真正表达了社会主义革命的艺术。"

资料来源：《建筑学报》1964 年第 2 期。

虽然这类文章是在带有一些批判的口吻下介绍了其他国家中新建筑和艺术的出现，但客观上为现代美学思想在中国的传播发挥了重要作用。介绍中反映出的社会主义国家的建筑转向对国内广大建筑师和建筑院校的师生产生了不小的影响，不少人开始重新认真地审视此前遭受批判的现代建筑。

（2）科学技术探索潮流下对西方建筑的了解和接受

1960 年代正值世界兴起科学技术探索潮流的时期，这股潮流于 1950 年代中后期已经开始，此时正处于蓬勃兴盛状态。此时中国正面临国内经济困难，建设任务大量缩减，广大建筑师便更加将精力集中于新科学技术及其理论研究方面。对于中国建筑界来说，提高科学技术的重要途径是阅读国外的书籍杂志，了解科技发展最新动向。由于科学技术方面少有意识形态的区分，因此除了苏联等社会主义国家以外，西方资本主义国家的书籍杂志也有越来越多的人去阅读。

建筑院校的师生们通过翻阅西方建筑杂志，了解了西方建筑的发展动向。在此期间，他们接触了不少现代建筑的理念。建筑院校中一些 1940 年代曾在西方受现代思想影响的教师，在此时意识形态控制稍有放松的时候，也开始在指导中传授一些现代主义理念，推进了教学中现代思想的传播和发展。

随着现代建筑理念的逐渐发展，师生的建筑设计开始出现简洁抽象、注重内外部空间营造的倾向。这种转变在后来教师政治思想运动时进行的批评与自我批评中可以看到："在我们这里也有些人，包括我自己在内，在看了一些西方的建筑图片后，就在自己的设计中到处搬用，追求什么抽象构图、抽象曲线、流动空间、变形的门窗、奇怪的形体等等……"❶，这段话虽然是后来对这些现象的批评，却恰好从侧面反映了当时1960年代初期，西方杂志中的现代建筑确实对学校的师生产生了直接影响，他们潜移默化地接受了一些现代建筑的理念和设计方法。

(3) 西方建筑历史教学和民居研究对现代建筑思想的侧面促进

此时建筑教学中，西方近现代建筑史引入历史课程的教学，也侧面促进了学生对现代建筑思想的接受。1950年代时期的西方建筑史课程讲授内容多为古代史，很少讲到现代建筑这部分内容。1960年代开始，一些学校陆续在历史课中增设了西方近现代建筑历史课程。虽然此时该课程仍具有强烈的意识形态的时代烙印，对建筑分析充满了阶级分析、阶级斗争观念，多将西方建筑批评为资产阶级形式主义、追求广告效应的奇形怪状，以及浪费、混乱等等，但这些介绍中现代建筑的理性实用等特点仍然为不少师生所接受，同时，现代建筑的多样性和丰富性以及现代美学也为他们所了解，为他们进一步接受现代建筑美学思想奠定了基础。

在接受了一定西方现代建筑理念的同时，中国传统园林和民居研究的大量丰硕成果也促成了现代建筑理念与中国民居传统特色相结合的探索作品的大量出现。这条中国新建筑的探索之路在1950年代时已有个别学校教师进行了初步的尝试，例如冯纪忠的武汉东湖客舍，夏昌世的岭南建筑，李德华和王吉螽的同济教工俱乐部，陈植的虹口公园鲁迅纪念馆，以及1950年代末期的一些探索作品等等。受这些早期探索的启发，加之这一时期在各地民居、园林研究方面所取得的不少成果以及现代建筑理念的逐步兴起，此时建筑界及院校师生更多地将自由灵活的民居形式与具有类似空间及形体特征的现代建筑相结合进行设计。他们将这种方法看成中国现代建筑的理想之路，取代了以前用宫殿式大屋顶、彩画装饰和对称庄严的形体表现"民族形式"的手法。这种建筑理念的发展从该阶段实践领域大量出现的地域性建筑(图4.3.20～图4.3.22)以及教育领域院校学生的类似作业(图4.3.18、图4.3.19)中可以看出。

2. 现代建筑思想发展的局限性

虽然1960年代初期现代建筑思想有了一定的提升，但是从整体来看仍然存在不少局限性。一方面此时建筑界所接受的现代建筑理念多为其实用、合乎技术和施工要求、无装饰等方面特点，并没有接受其体现个性和自由的现代美学观，相反仍然将这种美学思想作为资本主义意识形态加以批判；另一方面此时对于作为现代主

---

❶ 引自教师自我小结材料，清华大学建筑系1960年代档案。

第四章 现代建筑教育在挫折中发展(1952～1970年代末)

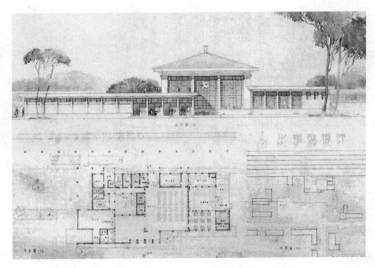

图 4.3.18 火车站(一),南京工学院学生设计作业

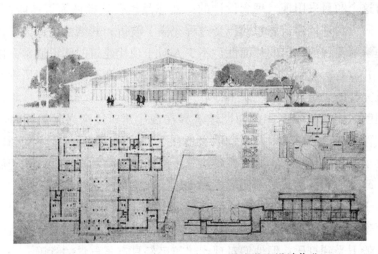

图 4.3.19 火车站(二),南京工学院学生设计作业

图 4.3.20 广州白云山庄(一)

图 4.3.21 广州白云山庄(二)

义思想核心的"人文关怀"也没有很深入地理解和接受,受政治影响下的主流思想仍认为设计中对于人性化的舒适、美观等要求是资产阶级腐朽思想的表现,一些建筑对这方面的追求常常会在政治左倾思想上升时的种种运动之中受到批判。前文所提及的教师对于自己的设计方案受西方影响的情况进行批评和自我批评的现象便说明了这一点。

图 4.3.22　韶山毛主席旧居陈列馆

一系列对西方现代美学和生活方式的批判和反省活动长期反复出现。不少学校在低年级中采用的设计作业——"别墅"常常在此情况下遭到批判。虽然不少教师认为这个作业非常符合学生的认识水平,是很好的入门练习,但是每逢政治风气比较紧张的时候,该设计题目便会被批判为企图宣扬资产阶级的生活方式,腐蚀和麻痹学生;而学生针对这个题目采用现代理念设计的一些作品也会被批评为资产阶级形式主义。因此,这一阶段对现代建筑思想的接受过程充满了波折,其结果是造成了建筑界对现代建筑的理解和实践的一定的片面性,不少人对于现代建筑的认识通常只停留在物质手法层面,并没有深入到核心思想之中,因而不够全面和系统。他们所理解的现代建筑常常缺乏完整的思想内核。

由于理解的偏差,1960年代初期建筑界在现代建筑逐渐兴起的同时,也逐渐出现了对现代建筑的片面理解以及断章取义地接受和应用的现象。这种现象是1950年代反浪费运动的直接延续,它此时在政治思想的影响下得到发展,以至于后来在特殊的极"左"政治形势下达到极至而形成一种低层次实用主义建筑。

不过由于学校相对实践领域来说尚有一定距离,可以多一些自由思想的空间,因此,不少师生能够进行比较深层的具有积极意义的现代建筑的探索。虽然他们常常在特殊政治形势下受到打压,但他们对现代建筑已经具有了自觉的意识。

(四) 同济大学建筑系现代建筑教育模式的新实验

1. 现代教学模式的实验——"空间原理"

1960年代初期,虽然中国大部分建筑院系沿承了"大跃进"之前1950年代的教学模式,学院式的基本教育体系仍旧占据主导地位,但是也有一些学校尝试着对这一模式进行改变,以现代建筑理念为指导探索新的教学体系。这其中最为突出的是同济大学建筑系在冯纪忠指导下采用的"空间理论"教学体系。

1960年代初设计任务的大量减少促成了理论研究风气的兴盛。同济建筑系主任冯纪忠经过一段时间的思考后,在原来"花瓶式"教学模式的基础上,进而发展出"空间原理"这一更为细致的教学理论。"空间原理"全称为"建筑空间组合设计原理",是"建筑设计以空间的组合安排为核心"这一建筑思想在教学领域的运用。

在以往设计主干课程的教学安排中,教师们大多将建筑按功能分为不同的类型,如住宅、医院、办公、学校等等,逐个讲授设计原理并进行设计练习。但是这样的方法存在很多弊端:一是建筑类型太多,学生无法在有限的几年时间内将各种类型的建筑都练习一遍,因此,有些类型将无法得到学习和训练;二是为了在学校里将各种建筑类型的功能、组成和设计原理都教授给学生,教师只能将理论课与设计课分离,各自成独立体系展开。理论课与设计练习内容的不同步造成二者脱节的现象,致使学生学习的效率不高。

针对以上这些弊端,冯纪忠提出以更为本质的"空间类型"代替传统的"功能类型"来为建筑分类,重新组织理论与设计课程的内容。由于功能繁多的建筑在空间类型上有不少共性,因此,新的分类方法大大减少了类型的数量,更加便于教学。

该教学方法将建筑按空间组合方式分为四大类,分别是大空间、空间排比、空间顺序和多组空间组合。"大空间"是指建筑的使用空间由一个大型主体空间和一些小型附属空间相结合的类型,如剧场、音乐厅等;"空间排比"是指标准空间的重复和并置,如学校、办公楼、旅馆等等;"空间顺序"指建筑中具有变化的序列空间,如结合特殊生产工艺的厂房、展览性建筑等等,结合流线有不同的空间要求;"多组空间组合"是指一个建筑中兼有前面这几种类型空间,是在之前基础上的综合,例如综合性医院等❶。

学生对以上一系列空间类型的学习,是在经过初期建筑设计练习之后逐步展开的。在此之前低年级的初级训练则通过小型建筑的设计,使学生建立从内部使用空间到外部空间两方面同时着手进行设计的概念,为他们打下设计思想的基础。之后他们便在此基础上进入第二阶段的各类建筑的系列设计练习。

主干课程展开的同时,其他相关课程如结构、物理等等,都要求配合主干设计课的内容展开。例如大空间类型教学时,大跨结构、剧场声学等技术类课程要同时配合进行,整个教学在原来的基础上,形成了一个更加细致科学的有机整体❷。

冯纪忠先生的"空间"概念,更好地诠释了现代建筑的本质。他以"空间"为线索的教学方法,进一步为现代建筑思想的发展奠定了基础。同时,由于抓住了空间组织这一建筑设计方法的核心问题,设计教学从以前靠"悟性"为主的经验性传授方法转向了一条更加注重理性的发展道路。

2. 实践作品中现代建筑理念的体现

对空间概念的关注不但体现在教学体系的组织之中,也直接反映在同济建筑系教师该阶段的设计作品中。

1962年,古巴吉隆滩纪念建筑方案竞赛中,同济建筑系也组织了不少老师组成

---

❶ 《建筑弦柱——冯纪忠论稿》,同济大学建筑与城市规划学院编,上海科技出版社,2003。
❷ 2004年6月8日笔者访谈童勤华先生。

小组参与竞赛。其中，黄作燊、王吉螽等教师合作设计的作品，采用了与 1956 年波兰华沙纪念碑相类似的设计理念，通过对空间场所的营造来激发人的某种崇敬之情，达到纪念建筑的精神目的；此外，教师葛如亮等设计了螺旋型红旗的纪念碑方案，以螺旋形序列空间对行进其中的人产生精神的纯化与冲击，使人产生崇敬感。这里，他们再次体现出对建筑空间精神功能的重视。

同年，由冯纪忠主持，教师刘仲、朱亚新、黄仁参与的杭州"花港观鱼"茶室的设计，又是一个充分体现"空间"思想的重要作品。该设计采用了通透自由的布局，建筑上部覆盖一个民居形式的大而简朴的坡屋顶，成为作品最为突出的形态特点。冯纪忠先生设计该屋顶的深层意识原型在于他小时候的经历。他年幼时曾看到"叔叔结婚时在家中院里搭起宴请宾客的大草棚，草棚顶很大，檐口压得很低，具有很强烈的对土地的亲和感"。冯先生很为这种感觉所触动，感觉这种对土地的亲和性正是中国建筑及空间的特点。他觉得中国人的精神、思想的特质是一种下沉式的，不是像西方那样拼命地向上去❶；同时他认为从景观视线角度来说，看山要往上看，看水要往下看，茶室的景观主要是看水，高畅的层内空间、低沉的檐口会将人的视线向下引导投向前面的水面。这种视线的引导也是空间对人精神作用的体现。

虽然 1960 年代初期，现代建筑及教育思想得到了发展，但是来自左倾意识形态方面的压力不时对这一思想产生冲击。同济教师提交的古巴吉隆滩纪念碑方案先由学校领导组织审查，由于校领导不理解场所空间营造的设计理念而没有将方案送出。而葛如亮等教师的"红旗幔卷"方案被认为是"红旗落地"、"偃旗息鼓"，喻意不佳，同样不被选送。因此，现代建筑思想的发展仍然受到很大阻碍。

不时爆发的政治运动更是对现代建筑思想产生更大冲击。1963 年，冯纪忠先生的"花港观鱼"茶室设计初稿完成之时，适逢文艺界抓阶级斗争，批判电影《早春二月》，冯纪忠先生的设计也受到了牵连。《早春二月》是一部以江南温情景色为背景，歌颂人性、具有人情味的一部电影。文艺界批判这部电影模糊阶级性，是企图腐蚀、蒙蔽人民的资产阶级思想的反映。这股风气逐渐从文艺界向各个领域扩大，也渗入了建筑界，有人便将"花港观鱼"茶室作为建筑界的"早春二月"进行批判。而随后 1964 年在全国建筑界开展的设计革命化运动中，一些人更是对冯纪忠的该作品以及他的空间原理进行了更为猛烈的批判，说该设计"脱离阶级斗争，脱离党的建筑方针，是反党、反革命的。"结果他们不但将茶室的设计完全改变，而且还命令冯纪忠去杭州的另外三个茶室泡茶，以"体验劳动人民的工作"❶。

在设计革命化运动中，宣扬阶级斗争、保持无产阶级本色的社会政治风气日益强盛，现代建筑思想中崇尚人性、人情和艺术性、人文关怀方面的主张一再被压制和打击。对于脱离客观实际的"经济、节俭"的运动式的盲目和狂热情绪，导致之后在设计领域逐渐兴起了大量低层次实用主义建筑。

---

❶ 《建筑人生——冯纪忠访谈录》，同济大学建筑与城市规划学院编，上海科技出版社，2003。

第四节 "文化大革命"运动下的低层次实用型建筑教育

"设计革命"运动之后不久,随着"左"倾政治思想的进一步上升,爆发了更为激进的"文化大革命"运动。在"文化大革命"运动直接影响下的第二次的"教育革命"运动,则将原来正规化、体系化的院系高等教育再一次全面推翻,取而代之一种低层次实用化教育体制,这使得1960年代初期有所发展的现代建筑教育再次遭受毁灭性打击。

(一)"文化大革命"与第二次"教育革命"运动

1. "文化大革命"运动的爆发

经过"调整、巩固、充实、提高"阶段的经济恢复工作后,中国逐渐度过了困难时期的关口。这次经济恢复工作是在党内主张发展经济派的人员主持下进行的,但是,与他们思想有所差别的毛泽东并没有放弃他的全民公平的平均主义化社会主义理想。当人民的基本生存问题已经解决之时,毛泽东在"大跃进"时期已经初步萌发的一些思想再次出现。

受此前"跃进"运动并不成功的结果的影响,党内不少人士这一次并没有太积极地响应毛泽东的号召,于是毛泽东便从党外入手,发动了更为激进的政治运动。他动员学生以及底层民众以阶级斗争的形式颠覆此时业已形成的政府和统治精英集团,实现他的平均主义化社会主义的政治抱负。

1962年召开的中共八届十中全会上,便已出现了阶级斗争扩大化、"左"倾错误路线发展的重要信号。中央在此后的《关于目前农村工作中若干问题的决定(草案)》中,指出中国社会出现了严重、尖锐的阶级斗争,提出开展"打击和粉碎资本主义势力猖狂进攻的社会主义革命斗争"❶。与此同时毛泽东逐渐形成了反对修正主义、防止和平演变、培养无产阶级事业接班人的思想。在这一思想下,学校被视为"无产阶级与资产阶级争夺接班人"的重要阵地,学校教育的重点也被改变为防修反修,防止和平演变。

毛泽东继续对科层式、制度化的学校教育感到强烈不满。1964年春节座谈会上,他猛烈抨击之前的教学制度是"'少慢差费'的资产阶级教学",认为学制可以缩短,课程太多,是繁琐哲学,考试是与学生作对等等,❷迫切地要求教育进行更为彻底的变革。

其实,1960年代初期对培养接班人的教育改革早就已经在如火如荼地进行,刘少奇一直企图用制度化建设方案将毛泽东的"半工半读,半农半读,两种劳动制度,

---

❶ 杨东平主撰:《艰难的日出——中国现代教育的20世纪》,文汇出版社,2003年8月,166页。
❷ 同❶,179页。

两种教育制度"的教育理想建立起来，不让教育改革再走"运动化"的道路。但是，毛泽东对刘少奇的"两条腿走路"的"双轨制"方法仍然感到不满意，认为这种制度的结果还是使劳动人民子女只能享受有限的、层次较低的实用教育，因而仍是资本主义等级制的翻版。毛泽东的追求并不是"两种制度"，而是"一种制度"，就是把所有的学校，甚至整个社会都变成亦工亦农、学文学军的"五七公社"（以5月7日毛泽东给林彪的指示得名）。因此，他对体制内的改革越来越没有耐心，产生了以政治运动方式解决问题的想法。他在1964年夏天与侄子毛远新的谈话中指出："阶级斗争是你们的一门主课"；1965年，他与外甥女王海蓉谈话中，明确鼓励学生用造反方式反对现行教育制度："学校应当允许学生造反，回去你就带头造反……"。❶

1966年由毛泽东发动下亿万人民参加的历时十年之久的"无产阶级文化大革命运动"爆发。运动首先在大中学校点燃，通过红卫兵迅速燃遍整个社会。1965年11月《人民日报》转发经毛泽东亲自修改的姚文元所作《评新编历史剧〈海瑞罢官〉》一文，成为文化革命运动的导火线。1966年5月16日，中共中央发布《五一六通知》，宣布成立隶属于政治局常委之下的"文化革命小组"，提出要彻底批判学术界、教育界、新闻界、文艺界、出版界的资产阶级反动思想，夺取在这些文化领域中的领导权。"5月29日，清华附中部分学生在圆明园成立名为"红卫兵"的战斗小组，之后各校也纷纷成立类似的红卫兵青年学生组织。

1966年6月18日，《人民日报》刊登北京市女一中高三（四）班和北京四中高三（五）班写给党中央和毛主席的信，强烈要求废除旧的升学制度。中共中央、国务院决定1966年高等学校招生工作推迟半年，大中学校开始停课搞运动，各中学纷纷成立红卫兵组织大肆批判、揪斗教师和学校领导，校园一片混乱。

同年8月毛泽东表示了支持学生造反和反对刘少奇的态度。8月8日《中共中央关于无产阶级文化大革命的决定》发表，正式表明了中央的态度。之后18日，毛泽东又在天安门广场接见了全国各地来北京串联的学生，由此"文化大革命"迅速扩展到整个国家，中国陷入了为期十年的历史浩劫。

2."第二次教育革命"运动下的教育状况

中国在爆发"文化大革命"运动的同时，教育领域则再次掀起了贯彻毛泽东教育思想的大规模"教育革命"运动。由于此前"大跃进"运动中曾经出现过类似教育革命，因此这次运动是"第二次教育革命"。教育革命充分贯彻了毛泽东的教育理想。

（1）毛泽东走"五七道路"的教育理想

1966年5月7日，毛泽东给林彪的信（即"五七指示"）中对知识分子作出了"资产阶级"的定性，指示"资产阶级知识分子统治我们学校的现象再也不能继续下去了"。由此，知识分子的地位彻底丧失，各高校的教师作为反动学术权威受到残酷的批斗，并被下放到农村，在"五七干校"中劳动改造，学校教育体系整个瘫痪。

---

❶ 杨东平主撰：《艰难的日出——中国现代教育的20世纪》，文汇出版社，2003年8月，179页。

打破旧体制后，建设怎样的新教育体制呢？"五七道路"是毛泽东教育理想的完整体现。在一直表现出对苏联科层式和制度化的教育模式不满的背后，毛泽东具有的是战争时期革命根据地教育方式发展起来的社会理想和教育思想，他将具有平均主义色彩的乡村公社看成理想社会。他在1966年5月7日给林彪信中，和盘托出了自己的教育理想，描述了他理想中的学校和社会（具体内容参见下文）。经过第一阶段"砸烂旧世界"运动对原有体制的整体性破坏之后，此时"五七指示"是毛泽东准备建设新社会的指导纲领。

只要在没有发生世界大战的条件下，军队应该是一个大学校，除打仗以外，还可以做各种工作，第二次世界大战的八年中，各个抗日根据地，我们不是这样做了吗？这个大学校，学政治、学军事、学文化。又能从事农副业生产。又能办一些中小工厂，生产自己需要的若干产品和与国家等价交换的产品。又能从事群众工作，参加工厂农村的社教四清运动；四清完了，随时都有群众工作可做，使军民永远打成一片；又要随时参加批判资产阶级文化革命斗争。这样，军学、军农、军工、军民这几项都可以兼起来。但要调配适当，要有主有从，农、工、民三项，一个部队只能兼一项或两项，不能同时都兼起来。这样，几百万军所起的作用就是很大的了。

同样，工人也是这样，以工为主，也要兼学军事、政治、文化。也要搞四清，也要参加批判资产阶级。在有条件的地方，也要从事农副业生产，例如大庆油田那样。

农民以农为主（包括林、牧、副、渔），也要兼学军事、政治、文化，在有条件的时候，也要由集体办些小工厂，也要批判资产阶级。

学生也是这样，以学为主，兼学别样。即不但学文，也要学工、学农、学军，也要批判资产阶级。学制要缩短，教育要革命，资产阶级知识分子统治我们学校的现象，再也不能继续下去了。

商业、服务行业、党政机关工作人员，凡有条件的，也要这样做。

资料来源：《人民日报》，1966年8月1日。转引自杨东平主撰，《艰难的日出——中国现代教育的20世纪》，文汇出版社，2003年8月，214页。

这一指示自发表之后，全国各地纷纷举办"五七农场"、"五七学校"，广大知识分子被下乡、下放到"五七学校"进行劳动改造。毛泽东试图将每一个社会成员都训练成能文能武、亦工亦农、亦学亦军的多面手。他企图打破军队、企业、学校、农村之间的专业分工，让各专业人员在从事本行业之余，同时从事工业农业生产，最终消除行业差别带来的阶级差别。在这一思想的指导下，不但众多高校教师被送入农村"五七公社"劳动，甚至有些学校本身也被改造成了"五七公社"。

（2）"文化大革命"、"教育革命"下的新教育体制

"文化大革命"以及教育革命运动主要有两个阶段，分别为第一阶段的"破"旧制度和第二阶段的"立"新制度。运动第一阶段中，各高校完全处于混乱的状态，从1966年6月至1967年中期，红卫兵运动剧烈，他们造反、打烂专业，将系内教师作为反动学术权威、牛鬼蛇神及当权派进行批判和游斗。由于红卫兵的狂热情绪越来越

难控制，以至于各高校内部派系斗争激烈，武斗频繁，死伤不断，于是1968年时毛泽东放弃对造反派学生的支持，派遣"工宣队"（全称"工农毛泽东思想宣传队"）进驻学校，试图制止武斗，恢复秩序，并将滞留在校的大学生进行分配。之后工人代替红卫兵对学校进行了一段时间的控制，他们同样继续着"革命"的各种运动。

1969年4月，中共第九次代表大会中提出要建立起文革的新体制。这标志着从之前的以"破"为主的第一阶段过渡到以"立"为主的第二阶段。新体制包括新教育体制的建立。此时的"新体制"以毛泽东的教育思想为基础，以贯彻"五七"左倾路线为核心内容。

在贯彻"新体制"的高等学校教育改革中，文科教育受到政治思想的极大冲击，不少人文专业被撤销。大学实践了毛泽东关于"文科要把整个社会作为自己的工厂"的指示，具体做法是"紧密结合阶级斗争和路线斗争的实际组织教学，将理论学习与'革命大批判'结合。"❶ 这种思想使文学艺术作品只局限于阶级斗争、路线斗争和塑造无产阶级英雄人物形象等简单套路，失去了丰富和复杂的人文学科和思想的深刻探讨。

与文科地位的降低对比，理工科方面的教育是"文革"时期的重心，也是改革的重点。毛泽东为1968年7月21日一篇题为《从上海机床厂看培养工程技术人员的道路》的调查报告所作的批示指出："大学还是要办的，我这里主要说的是理工科大学要办……"❷，这一指示成为恢复和重新启动高等教育的信号。在这篇指示中还同时明确了从工人和农民中选拔学生的高校招生原则。

在这一思想下，1970年起全国部分高等学校在停止招生6年后，开始招收"工农兵"学员。招生条件为："政治思想好，身体健康，具有三年以上实践经验，有相当于初中以上文化程度的人，贫下中农，解放军战士和青年干部；有丰富经验的工人，贫下中农不受年龄限制；还要注意招收上山下乡和回乡知识青年。学生主要由群众推荐，领导批准和学校复审。"❷

这些有关招生对象的要求体现了毛泽东防修反修、保持工程技术人员无产阶级属性的思想。不过如此的要求也为教学工作带来不少问题。实践过程中，由于取消了学术性的要求，片面强调政治性和实践标准，致使学生的学习程度参差不齐，教育质量低下。

除了在招生对象方面，"文革"时期理工科的教育革命更集中体现在教育内容和方法的改变上。1970年7月《红旗》杂志发表了清华大学军宣队、工宣队的文章《为创办社会主义理工科大学而奋斗》，归纳了当时教育改革的几个方面内容，具体如下：

1) 实行工人阶级领导，工人阶级必须掌握教育革命的领导权，必须批判资产阶

---

❶ 杨东平主撰，《艰难的日出——中国现代教育的20世纪》，文汇出版社，2003年8月，196页。
❷ 同❶，193～194页。

级,因此革命大批判是创办社会主义大学的战略任务,是教育革命的一门主课。

2)建立一支工农兵、革命技术人员和原有教师三结合的教师队伍。

3)实行"开门办学,厂校挂钩,校办工厂,厂带专业,建立教学、科研、生产三结合的新体制",走《五七指示》指引的道路。

4)"坚持把政治教育作为一切教育的中心",坚持以阶级斗争为主课。

5)彻底改革教材,大破洋奴哲学,爬行主义,打破旧的教材体系,编写无产阶级新教材。

6)实行新的教学方法,结合生产、科研任务中的典型工程、典型产品的典型工艺、技术革新等进行教学,打破过去把基础课与专业课截然分开的界限,突出重点,急用先学,边干边学,改变课本为中心、以教师为中心的方法。

资料来源:《为创办社会主义理工科大学而奋斗》,见《红旗》杂志,1970年6期,转引自杨东平主撰,《艰难的日出——中国现代教育的20世纪》,文汇出版社,2003年8月,197页。

这几个方面中,除了注重政治性的特点之外,教学改革最核心的是实行"开门办学"和"围绕典型产品教学"。对于理工科院校而言,"开门办学"是指要求师生走出学校,在工厂、研究所、工地等实际生产部门和科研部门中,边生产、边劳动、边组织教学,进一步建立"大跃进"运动中便已提出的"教学、科研、生产相结合的新体制"。

而"围绕典型产品教学"是指要求师生选择与教学内容相关的典型工程、典型产品、典型工艺或革新技术组织教学,在学习过程中参与实际的设计制造,体现"边干边学","急用先学","在干中学"的理想。

贯彻这两个教学思想后,相应的教学组织也发生了改变,具体做法是打破教学中基础课、专业基础课和专业课的分层,将这三类课的教师混合编组,与工厂工人、工农兵学员组成"三结合"的专业小分队,结合实际项目或产品,边做边教边学。

这些改革措施大大降低了基础课程和理论课程的重要性,片面突出了教育的实用性。虽然这些措施的出发点不乏解决教育脱离实际问题的企图,但是文革期间大力发展起来的是一种恶性的低层次实用主义思想,形成了一种极其低俗的风气。如此讲求实用性的围绕典型产品的教学方式,严重损害了学科知识的系统性和完整性,并且在特殊历史条件下的强制执行中走向极端化,整体上大大降低了教育的质量。

(二) 低层次实用型建筑教育的兴起

随着"教育革命"运动的盛行,理工科属性的建筑学专业的教育走上了一条低层次实用型的发展道路。这种低层实用型一方面反映在教学方法上,另一方面也反映在当时建筑设计思想之中。

1. 结合典型工程的教学方法

"教育革命"之中强调理工科学校"结合典型产品教学"的方法,应用于建筑学专业则相应成为"结合典型工程"进行教学。这种教学方法一直贯彻于以下两段教学时期：(1)"三结合"的房屋建筑教学时期；(2)建筑学专业教学时期。

(1)"三结合"的房屋建筑教学时期

1970~1971年左右国内各建筑院校开始恢复教学，招收第一班工农兵学员时，被要求只能办房屋建筑学专业。原来建筑院系的教师队伍则按照"三结合"的原则进行了重新编排。部分资历较深的教授在经历过批斗等磨难之后，此时仍在"五七干校"或农村中劳动。一些年轻教师和新招收的工农兵学员组成了教改小分队，赴各地工程现场如工厂、小三线及配套建设工地等，一边进行现场设计，一边现场教学。师生们在工厂和建筑工人"同吃、同住、同劳动"，以"保持无产阶级的本性"。在此过程中，教师结合工程给学生讲授一些建筑设计方面的知识。

这样教学方式下的专业教学存在很多问题。首先，"左"倾思想路线对于建筑学专业的人文和美学思想方面的批判，使原本内涵丰富的建筑学科教学内容被大为降低和简化，简单到只需要满足基本的使用功能、了解房屋的主要建造方法就可以，教学内容多为与工程直接挂钩的建筑结构、构造等实用技术内容，而且程度十分浅显。

其次，工农兵学员的学习基础普遍较低，也对教学质量产生不少影响。例如，一些学生这时候是第一次画图，对于他们甚至要从最基础的如何削铅笔、如何使用铅笔和橡皮教起。❶ 这就使得已经降低到简单实用技术的教学仍需要进一步打折扣。

最后，此时政治背景下"血统论"甚嚣尘上、知识分子地位十分低下的实际状况也对教学工作产生冲击。由于对社会成员的出生和成分的强调，身为知识分子的教师经常会受到"根正苗红"的无产阶级成分的学生们的批判，教师们讲授的内容也常常无端地受到指责，并被冠之以"资产阶级道路"的帽子。例如上文所述教师教学生如何使用绘图工具的事情，后来被学生批判为"轻视工农阶级"，他们还将这些言论刊登在当时重要的杂志上进行公开；教师们为教学而编写的简单的教材，即使是纯技术性内容，并且在措辞方面已经十分注意(多摘录当时报纸流行语录)，却仍被学生批判为"反动教材"，课程也常常被学生突然改为政治批判课❶。在这样的情况下，教师们已经十分小心翼翼的教学也仍然无法得到保证。教学秩序的不正常使此时的教学工作更加雪上加霜。

因此，"文化大革命"运动早期"三结合"的建筑专业教育呈现出知识结构单一和片面、教学体系不完整、教学秩序不稳定、生源基础素质较低以及政治因素干扰较大等缺点。这不但破坏了以前历经艰难发展起来的系统化的教学体系，并且对后来中国的建筑教育发展也长期具有负面影响。

(2)建筑学专业教学时期

高等建筑教育经历了一段极"左"时期后，从1973年开始情况稍微有所松动，一些学校可以开始办建筑学专业。但这时仍要求招收工农兵学员。于是该年至1976

---

❶ 2004年7月笔者访谈傅信祁老师。

年之间,各建筑院校连续招收了四届建筑学专业的工农兵学员。此时教学除结合实际工程的设计方面课程之外,其他大部分课程已在学校有所恢复,课程的种类逐渐齐全起来。不过各门课程讲授的具体内容还相对比较简单,教师们大多选择比较重要的内容作简要介绍。设计和建筑专业课方面,仍然继续贯彻"结合典型工程进行设计教学"的思想。学生跟着老师一起边做边学,教学重点内容仍然是以构造等技术方面内容为主。这一方面因为建筑物的建造实际过程中,师生接触最多的便是这部分内容,另一方面则是由于技术的中性属性可以避免教学牵涉到意识形态方面的敏感问题。

"结合典型工程"的教育方式虽然紧密联系了实际,但是由于缺乏系统性和完整性而存在着不少缺陷。实际工程的设计绘图大多由学生分工完成。学生们由于工作任务各不相同,每人只能懂得某一方面的知识,得到某一种锻炼,因而并不够全面。更为重要的是这种经验式的教学对于学生来说缺少建筑理论和思想方面的启发和引导,学生所学内容缺乏建筑学的思想内核,这使他们大多只能依葫芦画瓢地简单模仿,缺乏独创能力,因此,造成不少人在后来实际工作中设计能力的平庸化。

2. 极"左"思潮对设计思想的影响

在"文化大革命"和"设计革命"运动的极"左"思潮下,建筑设计领域逐渐产生了设计思想的转变。由于教学"结合典型工程"的特性,建筑实践领域的设计思想也对教师和学生产生直接影响。

"文化大革命运动"时期,一方面出于对政治性的强调,另一方面出于对片面实用性的推崇,因而造成了两种建筑现象的产生:一种是政治象征性的建筑,另一种是低层次实用性建筑。

政治象征性建筑多以其形象特征反映政治口号,如将建筑平面设计为"忠"字形以代表忠心工程,或用立面的"三柱四开间"的形象表示"三忠于四无限"的口号,或用火炬形象表达毛泽东的词句"星星之火可以燎原"。这其中非常著名的建筑便是湖南长沙火车站屋顶的"朝天椒"式的火炬(图4.4.1),该火炬的火焰方向因为受到"西风压倒东风"和"西倾"两种意见的争论不休而无法确定,以至于最后不得不采取折衷的不偏不倚的向上态势。

图 4.4.1　湖南长沙火车站

低层次实用性建筑类型则更为普遍,数量也更多。低层次实用性的思潮初步起源于1950年代的反浪费运动时期,在"设计革命"运动时得到进一步助长而兴盛,此后受到"文化大革命运动"时的"无产阶级最伟大"等极端思想的强化,而达到发展顶峰。这种设计倾向追求极端和片面的经济节约,甚至常常牺牲建筑的实用性和舒适性来达到经济的目的,同时又以简陋和平庸作为保持无产阶级革命性、防止腐化变质的武器,从而达到政治思想方面的目的。"干打垒"的建筑实例(图4.4.2)是这种思潮的极端代表。它的出现及其受到的追捧,反映了这种思潮发展的盲目和极端程度。

图4.4.2 大庆职工的"干打垒"住宅

　　设计的低层次实用性,加上"设计为施工服务"的劳动本位思想的扩大,使得此时中国出现了大量千篇一律、毫无表情和个性的刻板单调的建筑。这种盲目追求低层次实用性和技术性,缺乏温情和拒绝美感追求的大量建筑现实状况,无疑会对学生的建筑思想产生直接影响。而建筑教师作为知识分子,其言论所受的严密控制则杜绝了他们与学生之间交流思想的正常渠道,进一步使得学生的建筑思想无法得到正确的指引而陷于片面和极端。于是,人文追求的丧失成为该阶段建筑思想和教育培养的最为突出的弊病之一。毁树容易栽树难,对于这一状况日后所付出的代价是十分长期和惨重的。

　　"文化大革命运动"时期通过教育革命发展起来的是一种低层次实用主义建筑教育,它的出现具有深刻的历史原因和社会背景。它是在"左"倾的极端政治思想下,对现代模式制度化、科学化的教学体系的狂热颠覆。十年浩劫造成了中国整个教育体制的灾难。它的破坏力之大,影响之深,在相当一段时间之内都是难以估计的。

　　在整个建筑教育制度受到破坏的同时,现代建筑思想也由于此阶段低层次实用主义的泛滥而后招致恶名。正是由于这一阶段的片面发展,现代建筑的"实用"思想在后来受到长期的质疑。但这里需要指出的是,这一类低层次实用主义建筑并非真正的"现代建筑",虽然它样式简洁,但是它缺乏对使用者的基本关怀,缺乏现代建筑的人文内核。它以牺牲人的舒适感为代价盲目压低标准,有时竟将设计以施工作为标准进行,造成中国建筑长期以来的低水准和平庸。因此,它只不过是貌似现代建筑的平庸的赝品。而现代建筑是体现现代的科学、理性、人文和自由思想的综合体,对于它的研究和追求,仍是我们今天建筑学科的重要任务之一。

小　　结

　　1952年院系调整之后到20世纪70年代末,中国建筑教育体制经历了一段几起几落的动荡时期。在正规院系化教育体制数度被打破、同时建筑思想几次极端性转向的过程中,现代建筑教育遭受了不少挫折,一直处于受压制的状态,走了一条艰难而曲折的发展道路。

在这一过程中,首先,教学模式的现代转向受到了一定程度的抑制。全国范围进行院系调整和照搬苏联教学模式后,苏联的学院式教学模式重新在中国各建筑院校占领了主导地位,它与中国原先深具渊源的欧美学院式教学方法牢固地结合,抑制了新教学模式的探索。之前1940年代一些院校中曾经出现的现代教学模式的尝试,此时大多不得不中断。虽然个别学校在这个阶段中也间或有新的实验,但是总体来看一直没有自由的气氛让其得到顺利的发展和完善。

其次在教学中设计思想方面,该阶段设计领域的建筑思潮跌宕起伏,民族复古主义思想、低层次实用主义思想等都借着意识形态的势力,此起彼落地冲击着真正的现代建筑思想,使其一直无法得到自由的发展。

相比于较易受外界力量改变的因素——教学模式,设计思想这一因素相对较为稳定。从该段历史过程总体来看,不少院校的教师们内心深处还是逐渐越来越多地接受了现代建筑思想,虽然他们也常常迫于政治思想方面的压力对此有所隐藏。

在思想和言论没有自由,以至学术也没有自由的环境中,现代建筑及其教育的发展始终难以顺利进行,因为自由是现代建筑核心思想的一部分,此时思想受压制的环境是和现代建筑思想发展的要求相悖的。现代建筑只有在自由宽松和开放的气氛中才能很好地发展。

第五章 建筑教育的恢复和现代建筑教育的再探索(1970年代末、1980年代初)

文化革命运动结束以后,20世纪70年代末期,全国高等教育逐渐恢复。各高校建筑系相继在1977、1978年开始统一高考招生。自此中国的建筑教育又重新走上正规化、制度化的发展道路。

(一) 学院式教育方法的再续

教育恢复之初,各建筑院校基本延续了文革之前各自发展的教学方法。由于多数的学校此前受学院式体系的深刻影响,此时在急于恢复教学之时,自然直接沿用了这一套基本体系。以渲染和图纸表现为核心内容的方法仍然成为建筑学的入门基础课程,受到特别的重视。虽然此时的训练内容中,也逐渐加入了现代建筑的训练内容,但切入角度通常仍然是从其外部形态以及表现入手,并没有脱离学院式方法"图面建筑"、"绘画建筑"的问题。

1978年建筑初步课程的教学计划以及实施状况表格(表5-1、表5-2)中,具有学院式教学的典型特点。其中墨线、渲染等练习占据了非常多的学时,其重要程度可见一斑。

清华大学建筑系设计初步课程教学大纲(1978年10月)　　表 5-1

学期	周次	讲课内容	学时	作业内容	学时
一	8	建筑概论	4		4
	9	建筑概论	4		4
	10			(1) 铅笔线条练习	4
	11				4
	12			(2) 墨线线条练习	4
	13				4
	14			(3) 字体练习	4
	15			教学参观	4
	16	西方古典建筑	4		
	17	西方古典建筑	2	(4) 徒手画——五柱式比例	2
	18			(5) 徒手画——柱式局部	4
	19			(6) 铅笔线——多立克柱式	4
	20				4
	21				4
	22	总结或机动			2

续表

学期	周次	讲课内容	学时	作业内容	学时
二		中国古代建筑 水墨渲染技法	8 4	（7）铅笔线——台基栏杆	10
				（8）墨线——知春亭	20
				（9）水墨——深浅练习	15
				（10）水墨——塔司干柱式	35
				（11）水墨——垂花门	40
三		近代建筑 建筑方案表现 设计方法步骤	10 3 4	（12）铅笔淡彩——落水别墅	15
				（13）钢笔——巴塞罗那	15
				（14）徒手抄绘——建筑平、立、剖	15
				（15）水彩线条——单人房间	35
				（16）小设计或彩色渲染	55

资料来源：1978清华大学建筑系教学档案。

1978级学生设计初步大纲实际实行情况　　　　　　　表 5-2

1. 作业内容及所用学时		2. 讲课内容及学时	
（1）铅笔线条练习	8学时	（1）建筑概论	8学时
（2）墨线线条练习	8学时	（2）西方古典	8学时
（3）字体练习	4学时	（3）中国古典	8学时
（4）徒手画——五柱式比例	2学时	（4）水墨渲染	3学时
（5）徒手画——柱式局部	4学时	（5）测绘	3学时
（6）铅笔线——多立克柱式	12学时	（6）近代建筑	8学时
（7）铅笔线——台基栏杆	10学时	（7）视觉规律	8学时
（8）墨线——知春亭	20学时	（8）中国庭园	4学时
（9）渲染（一）——深浅练习	20学时	（9）中国亭子	4学时
（10）渲染（二）——塔司干柱式	40学时	（10）图面与表现技巧	4学时
（11）南校门测绘	41学时		
（12）现代讲课的小作业	8学时		
庭园设计	20学时		
（13）亭子设计	28学时		
总：225学时		总：58学时	

资料来源：1978年清华大学建筑系教学档案。

（二）现代建筑教育的再探索

虽然学院式方法在各校建筑系具有深厚的基础和强大的惯性，但是这时候意识形态方面的钳制和压力大为减轻，现代建筑思想有了比较自由发展的空间。随着社会各项事业的逐渐恢复和发展，建筑思想领域也日益活跃起来。在这一背景下，各种具有现代思想的创新方法开始被引入高校的教学之中。

1. 清华大学建筑系初步教学中"构成"的引进

清华大学78级学生的初步课程作业指示书中,具体实施时最后加上了一个"构图设计基本练习"的作业。这个作业用二维、三维的抽象构图训练学生对空间和体块的把握能力,是培养现代建筑设计思想的一种有效的基础练习方法。作业具体要求的内容如下:

构图设计基本练习9

本练习作为建筑设计初步的一个作业,共分四部分,作为学生构图基本训练,旨在启发每个学生的创造能力、想像力,培养对空间构图审美、鉴赏的感觉,及训练动手制作模型的技能。作业由易到难,从抽象到具体,包括教师讲课评论作业在内共三周,每周课内14学时。

(1) 平面构图训练:在140mm×200mm 白色或黑色纸上布置下列内容

1) 直径40mm 的圆(蓝色)一块
2) 15mm×15mm 的方形(绿色)两块,(红色)一块
3) 5mm×40mm 的长方形(红色)一块

(2) 空间分隔:在250mm×180mm 底盘上布置图,墙高20mm,保证墙面长度不得少于600mm

(3) 体积组合:在250mm×180mm 底盘上布置

1) 100mm×15mm×15mm(高)一块
2) 30mm×40mm×90mm(高)一块
3) 20mm×40mm×30mm(高)一块
4) 20mm×60mm×15mm(高)一块

资料来源:1979年清华大学建筑系教学档案。

在1979~1980年左右该系学生初步作业中已经出现了更多的抽象构图练习(图5.1.1),从简单到复杂,从平面为主发展到三维立体等多种训练,其围绕现代建筑理念进行基础训练的思想逐渐得到越来越多的重视。

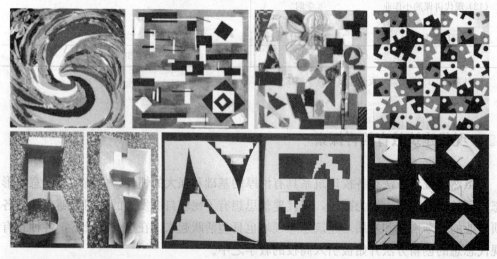

图5.1.1 清华大学建筑系学生初步作业(1980年左右)

1947～1952年时梁思成曾经在清华建筑系的初步课程中短暂引入过抽象构图的训练，经过二十六年的中断，这方面训练又一次重新被引入教学体系。不过此时该类训练的引进似乎与二十六年前的那场实验并没有很直接的联系。负责初步教学的教师并不了解以前曾经采用过类似的方法，他们是通过当时一些日本建筑杂志了解到抽象构成练习的。他们认为该训练在设计的基础训练中非常重要，于是前往当时这类课程已经比较成熟的中央工艺美术学院，学习进修这些课程，并将其引入建筑初步课程之中，结合建筑设计的学科特点设计了各种训练题❶。

虽然这时的教学改革不是该建筑系以前那次教学实验的直接传承，但是那时曾经兴起的现代建筑思想的间接影响想必是存在的，它会通过建筑系师生们的集体意识而有所留传。也许正是这种意识的潜在触发了教师们对新教学方法的敏感。

2. 同济大学建筑系教学及实践中的现代理念

同济大学建筑系由于具有现代思想的深厚渊源，因此在自由发展学术思想的这个时候，出现了不少具有现代特点的教学和设计实践。1977年同济大学建筑系正式恢复招生，教学工作重新开始展开。教学恢复之初，建筑系就开始进行富有创造性的尝试。

（1）初步课程中手工制作的恢复

教学的新尝试中，首先最突出的是初步课程重新引进了具有包豪斯特点的手工制作课程。学生们在教师的指导下，自己动手用木头加工制作文具用品。他们根据专业绘图的要求，兼顾自己的特殊需要，合理地进行发挥创造，制作出独具匠心的铅笔盒。教师采用这种作业作为入门训练，培养学生对功能空间、形式关系之间的初步理解，从而为他们理解现代建筑以及进行现代建筑设计打下很好的基础。除了做文具用品之外，初步课程还安排了书籍封面设计、唱片套设计、海报设计等多种内容的训练，从实用视觉艺术角度为学生建立广阔的思维空间，展现现代建筑广阔的内涵和外延，显示其以整个人类物质生活环境为思考对象的特点。同时学生也通过实际操作，体会到了现代建筑的特点，从而更好地掌握设计创造方法。

同济建筑系的这一独特的基础练习，是与之前圣约翰的基础课程以及1956年罗维东开设的基础课程一脉相承的，这条线索的沿承关系体现了同济建筑系中现代建筑思想的延续。

（2）具有现代建筑思想的实践探索

现代建筑思想的发展不仅体现在教学方面，更直接体现在教师们的建筑作品之中。政治压力的消失，使不少教师压抑已久的创作热情终于得到充分释放。教师葛如亮1970年代末设计建造的习习山庄（图5.1.2～

图5.1.2　习习山庄（一）

❶ 2003年10月38日笔者电话访谈周燕鸣老师。

图 5.1.4),吸取当地民居特点,充分运用了现代建筑"流动空间"的特点。他同时期所设计建造的瑶琳仙境的"瑶圃"(图 5.1.5)以及天台山石梁瀑布风景建筑(图 5.1.6),也都是贯彻现代建筑思想的杰出作品。

图 5.1.3 习习山庄(二)　　　　图 5.1.4 习习山庄(三)

图 5.1.5 瑶琳仙境"瑶圃"

冯纪忠先生之前在"花港观鱼"茶室设计中未能实现的建筑理念,也在1980年代初期的松江"方塔园"设计之中重新得以完成。松江"方塔园"从规划布置、环境设计,一直到单体设计都充分体现了他的"空间"思想——"隔而不绝,围而不合",为游客营造多重空间感受。

他在"方塔园"建筑的材料和形式方面创造性采用了多种处理手法。同样

图 5.1.6 天台山石梁瀑布风景建筑

是营造极具空间威压和震撼力的坡形大屋顶的形式,在大门的处理中,他采用了新材料、新技术,屋顶由钢结构支撑,铺设的却是中国传统江南民居常用的小青瓦;而在"何陋轩"茶室(图 5.1.7~图 5.1.10)设计中,他采用了乡土材料——竹子来做结构支撑的节点,旧材料与新技术结合得非常有新意。从这些独特的处理手法中可以看出冯纪忠对材料和技术以及形式之间关系的创造性的利用和把握能力。

图 5.1.7　何陋轩（一）

图 5.1.8　何陋轩（二）

图 5.1.9　何陋轩（三）

图 5.1.10　方塔园大门

鉴于当时社会又有一定的复古思潮复兴，这些创作对中国现代建筑的探索是非常有价值的。这时复古思潮的产生是与社会状况相联系的。由于当时刚刚经历过"砸烂一切"的文革的极大破坏，大家要求慰藉的心灵包容了复古形式建筑的再一次出现，加上复古建筑在不少建筑师及官员的心目中仍具有深刻的基础，因此这时又出现了不少复古倾向的建筑。尽管也有人对此提出疑义，但反对意见也往往停留在无休止的"形似和神似"的争论之上，讨论是应该完全复古还是抽象复古，其着眼点往往仍在于形态方面。从这样的背景来看，此时同济教师的建筑实践对空间的关注无疑具有特殊意义。

与以上这些学校相比，学院式教学基础更为深厚的一些建筑院校在教学方法的改革方面虽然更为缓慢和艰难一些，但是变化确实在逐渐发生。1980 年代初期南京工学院一些负责基础教学课程的年轻教师开始思考如何进行教学改革。在经过初步的构成作业尝试后，他们将目光转向了国外最新建筑教育的研究探索，后来逐渐发展出了一套以"建构"为核心的教学方法。这一发展的起点，正是在于1980年代初期他们对传统教育的不满和反思。

第六章 总结和启示

(一) 中国现代建筑教育发展历史轨迹综述

中国的院校建筑教育经历了一段漫长而曲折的发展历程。它起源于西方的建筑学专业教育，在中国开始打开国门时，由派往西方国家留学学习建筑学专业的学成归国人士在国内部分高等学校内创办。

由于中国早期院校建筑教育创办者分别在不同国家接受了不同方法和模式的建筑教育，因此，他们回国后创立的各校建筑系，也呈现出不同的特点。这些学校的建筑教育直接体现出创办者所受的教育背景。

此后一方面受建筑实践领域逐渐兴起的新建筑思想的影响，另一方面也受西方一些国家建筑学教育模式转变的影响，中国的院校建筑教育在设计思想和教学模式两个方面先后发生转变，逐渐向以现代建筑思想为核心理念的教育体系转型。但是这一转型在纷繁复杂的政治和社会背景下，经历了长期的曲折和反复，还时常出现退却和整体偏移。

纵观整个中国现代建筑教育的发展历程及其西方建筑教育渊源，可以发现如下的整体趋势：

1. 影响中国的西方国家建筑教育渊源

从西方渊源来看，最早的原发型建筑教育特征主要有三个，分别以三个国家为代表，它们是：法国的着重绘画的学院式教育方式，英国的着重实践的教育方式和德国的着重科学技术的教育方式。这三个源头一方面在发展中互相产生作用，另一方面也先后交错影响了后来的美国和日本的教育体系。

早期美国和日本的教育均受英国的影响较大，注重实践以及建造技术，有学徒制传授模式的痕迹。后来这两个国家逐渐受法国的影响增强，转向学院式的模式。其中日本由于自身的地理特点以及一贯对技术的重视，因此转向学院式的教学中仍然没有降低技术的分量，走了一条技术、艺术并重的道路；而美国由于为自己确立文化和历史地位的民族心理要求，在设计领域大力推崇新古典和折衷主义建筑形式的同时，在教育领域将法国的基于"画室"制度的学院式教学方法结合进了现代的大学教育模式之中，发展出一套典型的大学"学院式"教学模式。

这两个国家的建筑教育都以"学院式"模式为基础，但是，在20世纪10～20年代时期也受到建筑实践领域兴起的现代主义思想的影响，因此在教学中，设计思想方面已经出现了不少现代主义的转向。

2. 20世纪10~40年代中国院校建筑教育整体特点

(1) 教学模式以学院式为基础；

(2) 设计思想出现现代主义转向。

中国的建筑学专业留学生集中在20世纪10~20年代留学西方国家。由于中国留学生早期的1910年代多取向日本，稍后的1920年代多转向美国，他们直接受到了这些国家当时教育特点的影响。因此，由他们创办的中国建筑教育呈现出从日本教育模式向美法教育模式的转变，具体体现在早期重视技术和实用性；后期转向重视绘画、渲染体系，以及严格遵守古典建筑美学法则方面。

虽然日本和美国的两种教学模式各有侧重点，但是其模式基础仍是学院式，因此，相应中国的建筑教育在此阶段一直建立在学院式基础之上。而且后期美国影响的增强使学院模式呈现逐渐巩固的趋势。

在教育基础模式仍为"学院式"的同时，由于日本于1910年代后期开始、美国于1920年代中期开始，逐渐受到起源于欧洲的现代主义思想的影响，因此，中国的建筑教育在学院式基本模式的基础上，已经在设计思想方面具有了现代主义理念的痕迹。之后随着现代主义思想影响的扩大，在建筑教育中也呈现出设计思想进一步转向现代主义的强烈趋势。虽然这一趋势有时会在政权要求体现民族性、增强民族凝聚力时有一些波动，但整体向现代主义设计理念的转变是十分明显的。

因此在20世纪20~40年代的这段时期，中国院校建筑教育整体特点是在教学模式方面仍停留在学院式方法，尚未出现现代转向，而在教学中的设计思想方面已经产生了向现代的转变。这时的转变是部分的，这也说明了对应于新型设计理念的新型教学模式的探讨仍需要一定的时间，相对于设计思想这个比较活跃的变化因素来说，体制和制度改变是相对迟缓而具有滞后性的。它的改变一方面要依靠新的设计思想的自发发展而带动，另一方面也可以依靠外界新模式的借鉴和引进。

能够体现这一阶段建筑教育特点的院系包括苏州工业专门学校建筑科，1930年左右成立的早期四所建筑院系，即东北大学、中央大学、北平艺术学院、勷勤大学的建筑系，以及后来兴盛时期的中央大学建筑系、新成立的之江大学建筑系、天津工商学院建筑系等等。这些学校的教学模式都建立在学院式基础上，但各自又有不同的倾向。一些学校倾向于技术和实践，如苏州工业专门学校、勷勤大学、天津工商学院等；一些学校倾向于渲染、绘画的基本功培养，如东北大学、兴盛期的中央大学、后来的之江大学等等。

但是这些学校在教学的设计思想方面，均已出现了程度不等的现代主义转向。最早的苏州工业专门学校中已经有了现代建筑思想的端倪。而在1930年代之后，随着实践领域现代建筑思想的兴盛，各院校的建筑教育中更是体现出相应的趋势。虽然大多数学校中的现代建筑思想仍然停留在形式的层面，有时以装饰艺术风格作为现代建筑的同义词，但也有一些学校确实已经出现了对现代建筑更为深层和本质的理解。这一点，在勷勤大学建筑系中表现得尤为突出。这所学校也由于教学中对技术和实践的重视，因而在早期的几所学校中最为接近现代建筑教育。但由于其基础模式和美学思想方面仍有一定的学院式的影子，因此，仍与兼具完整模式和思想的现代建筑教育有一定距离。

3. 20 世纪 40 年代中国院校建筑教育特征

(1) 教学模式开始向现代建筑教育转向；

(2) 设计思想方面现代主义思想兴盛。

中国建筑教育在设计思想上已经有了现代的转向，但是教学模式的现代转向则到 1940 年代才发生。这一时期的转变除了现代建筑思想持续发展的内部因素之外，西方国家教学模式的转变成为引发中国建筑教学模式改变的直接原因。

此时美国接纳了不少来自德国包豪斯学校的现代主义者，其建筑教育模式出现了从学院式到现代式的巨大转变。中国此时前往美国学习该专业的人员学成回国后，在国内新建或改革的建筑教育模式体现出与现代主义思想相一致的新特点。他们使国内建筑院校教育模式开始发生转向。在这里，外来影响是最直接的。

这一阶段突出的代表是圣约翰大学建筑系以及梁思成旅美回国实施教学改革之后的清华大学建筑系。这两所建筑院系除了在设计思想方面延续了此前已在一直发展的现代主义理念之外，在教学模式方面也出现了脱离学院式模式的巨大变化，主要表现在不再以大量和严格的古典建筑渲染作为基础课程，而代之以具有包豪斯特点的结合工艺和手工操作、开发学生创作潜力的各种训练。教学模式向现代的转变，使得建筑教育体系在围绕现代主义思想的基础上更加统一和完整。

4. 20 世纪 50 年代中前期中国院校建筑教育特征

(1) 整体教学模式回复到"学院式"方法，局部有现代教育尝试；

(2) 设计思想整体重兴复古主义思想，后期现代建筑思想局部回升。

建筑教育整体向现代模式的转变并没有能够顺利而持续地发展。随着 1952 年的全国院系调整以及对苏联建筑思想和教学模式的全面引进，中国的院校建筑教育在设计思想和教学模式两个方面都出现了向学院式的古典和折衷主义思想的再次回复。此时在设计思想方面盛行的是以传统官式建筑形象为代表的"社会主义内容，民族形式"的建筑；在教学模式方面，前一阶段已经出现的现代模式受到了毁灭性的冲击，取而代之的是在各校建立起来的统一的以苏联教育为蓝本的教学体制和"学院式"教学模式。

1950 年代中前期的这段时间，中国的院校建筑教育从设计思想到教学模式都偏离了现代建筑的理念。虽然在某些短暂时期，也会在较为宽松的气氛下一度出现设计思想的现代转向，但整体来看这种转向仍具有不少片面性，其中一些真正的现代建筑思想的发展常常处于受挫折和压抑的状态，处境十分艰难。而在教学模式方面，向现代的转向则更为艰难。大多数学校在传统思想和苏联模式的共同影响下转向了"学院式"教学体制，只有个别学校在一度稍微宽松的政治气氛下对体现现代思想的新教学模式有所探索和尝试。

教学模式转变之迅速彻底以清华大学建筑系最为显著。合并了圣约翰大学建筑系成立的同济大学建筑系早期现代建筑教育探索一度受到挫折，之后有部分新发展。

5. 1958～1960年中国院校建筑教育特征

(1) 体制化教学模式被打破，建立"实践型"教学模式；

(2) 设计思想方面复古主义和现代主义两种倾向共存。

如果说1950年代中前期还只是学院式和现代式的教学思想理念之间的差异和争论，那么1958～1960年之间的"大跃进"和"教育革命"运动则对更为基础的体制化、系统化、科学化、正规化的学校教育模式本身发动了冲击。在极度的"左"倾思想的控制下，学校教育制度受到破坏，课堂教学几乎完全被实践型现场教学所取代。此时的教学模式发生了根本变化，它既不是学院式也不是现代式，已经脱离了现代意义的学校体系化教育方式，成为实践型教育。这种教学模式是特殊历史时期的特殊产物。

该时段的教学模式脱离了正规的学校体制，但是在设计思想方面，各院系的师生之中继续存在复古主义和现代主义两种倾向的争论以及折衷。即使由于北京国庆工程"十大建筑"的影响使民族形式和复古主义思想有所提升，但是还是有不少院校的师生在实践或竞赛项目中发展了现代建筑思想。这其中以同济大学和华南工学院的建筑系为代表。

6. 20世纪60年代初期中国院校建筑教育特征

(1) 教学模式整体为"学院式"方法，局部有现代教育尝试；

(2) 设计思想方面现代建筑思想开始兴盛。

"大跃进"运动带来的诸多不良后果使得国家不得不在1960年代初期对各项事业进行恢复和调整。与此同时，包括建筑学专业在内的院校教育体制又重新建立起来。各个院系大多按照1950年代中前期的模式恢复了教学，他们仍然大多采用了"学院式"方法。但是其中也有个别学校继续进行了现代建筑教育的探索，这其中以同济大学建筑系"空间原理"教学方法为代表。

而在设计思想方面，此时现代建筑理念通过各种途径又重新开始兴盛，复古思想暂时处于低潮。国内各建筑院系的师生从实践作品到作业等各方面都呈现出向现代主义思想转变的趋势。不过此时在一部分真正的现代建筑思想之外，也不乏片面低造价、纯粹实用主义等对现代建筑的片面取向。

因此在这一阶段，总体来说教学模式是学院式主体地位与少量新模式探索的结合；设计思想中现代建筑理念有了更多的发展。

7. 1966～1976年中国院校建筑教育特征

(1) 体制化教学模式再次被打破，建立"实践型"教学模式；

(2) 设计思想方面低层次实用主义思想兴盛。

体制化的院校建筑教育在1960年代后期开始的"文化大革命"运动和第二次教

育革命运动中再次受到摧毁。极"左"的思想破坏了整个学校教育体制，课程教育再度被终止，完全由工地劳动和实践的现场教学所取代。继"大跃进"运动后，实践型教学模式再次兴起。这次对教育体制和教师的冲击远远大于前一次，破坏力更强，教学完全脱离了正常轨道，在高度敏感的政治气氛中举步维艰。

在教学模式出现实践型的非体制化偏移的同时，此时的设计思想则是在设计革命运动之后迅速上升起来的低层次实用主义思想。虽然这种思想下，复古主义思潮有所退却，但这种低层次实用主义思想并非真正的现代主义思想，而只是对其极端化和片面化的表现，它缺乏真正的现代主义思想的灵魂。

因此从两方面来看，"文化大革命"时期的院校建筑教育从设计思想到教学模式都与现代主义建筑思想不相符合，现代主义思想在此期间一直处于受极端压抑状态。建筑教育十分消极，并持续产生了不良影响。

8. 20世纪70年代末、80年代初期中国院校建筑教育特征

（1）体制化教学模式恢复，现代建筑教育模式探索开始兴盛；

（2）设计思想方面现代建筑思想逐渐得以提升。

随着文化革命运动的结束和改革开放的开始，中国重新向世界打开国门。中国的院校建筑教育再次恢复了体制化、正规化的发展态势。此时在比较宽松的政治气氛下，现代建筑教育开始有了迅速的发展。在设计思想方面，现代建筑思想在各个院校都开始兴盛，它与地方民居特点结合，使中国当时出现了一大批地方性现代建筑的探索实例；在教学模式方面，不少学校很快便引入了构成练习等新的基础训练方法，为提倡和挖掘学生的创造能力、打破设计领域千篇一律的实际状况作出努力。

从这段时期开始，中国院校建筑教育终于从教学模式到设计思想方面都开始了对现代建筑教育的自由探索，现代建筑教育也终于迈过前一段过于崎岖坎坷的发展历程，进入了硬性约束较少，更为自由发展的新阶段。

（二）认识和启示

通过以上所总结中国现代建筑教育发展的轨迹，我们除了能够更为明确把握其历史面貌之外，同时还可以得到如下一些认识和启示：

1. 教学体系中"设计思想"和"教学模式"两个构成因素的关系及其表现

由于院校的建筑教学活动是一个完整的体系，在考察现代建筑教育时，将这一体系更加细分为设计思想和教学模式两个部分，可以更加清晰地反映研究对象的变化过程。

从以上这两个部分在历史中的变化过程来看，"设计思想"是一个自身变化比较活跃的因素，在教学体系中，它具有自变性的特点。虽然在实际中它的改变是受实践领域思想改变的影响，但是就教学体系自身而言，相对于教学模式的改变，它具有主动性、原发性变化的特点。而"教学模式"则是一个继变性因素，在一个主要依靠自

身发展的教学体系中，它是随着"设计思想"的变化而逐渐发生改变的，它的主动变化能力较弱。它顺应设计思想的核心理念逐渐发展完善，它的完善则将进一步有助于设计思想在教学过程中的传授和发展。这在原发性的教育体系中表现得比较明显。

但是换一个角度来看，如果在一个并非主要依靠自身发展，而是相对更多受到外界思想和体制的强制和控制之下的教学体系中，设计思想反而体现出更加稳定的特性。教学模式可以在外力作用下迅速改变，但是设计思想相对却不易改变，具有自身一贯的发展规律。这一现象，20世纪在50~70年代的同济大学和华南工学院建筑系等一些院系之中有明显的体现。即使教学模式在外力作用下被勉强改变，不符合设计思想的状况，但由于设计思想的存在，也会逐渐使教学模式再次发生转变。这也正是上段所述教学模式受设计思想影响的结果。同济大学建筑系后来出现的一些新教学模式的探索，便对此作了很好的说明。

从中国1950年代之前和之后两个阶段来看，建筑教育模式一直受外界较大影响，主要是前期多受国外教学模式的影响，后期多受意识形态的控制。在这样的背景下，出现了教学模式的多次起伏和变化，这正是教学模式受外部影响较易改变状况的体现；而在设计思想方面，则基本呈现由复古主义和折衷思想向现代建筑思想转变的整体趋势。虽然在1950年代初曾一度在意识形态的影响下，有复古主义的反复，但整体与教学模式比较起来，则其发展相对较为稳定。

2. "设计思想"和"教学模式"关系对教学体系编制的启示

了解了设计思想和教学模式二者的关系之后，我们可以对教学发展方法有更为清晰的思路。教学模式应该顺应设计思想的核心内容，因此，我们应该首先弄清建筑设计教学中根本的设计思想是怎样的，它有哪些特点，需要相应培养哪些方面的设计能力。核心思想确定之后，则要相应设计出能够培养学生形成这些设计能力的训练途径，并将针对不同能力和素质的训练方法编制成合理的体系，这便形成顺应这一设计思想的教学模式。只有经过理性的思考和组织过程，才能制定出有效而合理的教学体系。

从另一方面来说，由于教学存在思想和模式的内外两方面构成要素，因此，我们在借鉴其他国家或院校教学模式进行改革时，更要同时关注于对自身情况的清醒认识，所要借鉴的教学模式究竟会对自身体系产生怎样的作用？它与核心的设计思想之间的关系如何？是否能够促进这一思想的贯彻？同时对于教学者本身来说，除了关注外界新型模式的引进之外，更要对自身体系内部的设计思想进行明确、丰富和完善，并对应于这一思想的教学模式做主动的思考，这样才能使整个教学体系具有坚实的思想基础，整体更为有机，从而教学过程也更为有效。

3. 历史研究对于课程体系安排方面的启示——重视入门基础课程和各类课程有机结合

对于教学课程体系安排来说，从历史发展的研究中我们可以在以下两个方面有所启示：

其一，在课程体系中，入门的基础课程具有重要的意义，这一点在渲染体系和手工制作、构成体系一度成为学院式和现代式建筑教育方式相区别的重要特征这个现象中可以看出。作为培养和建立学生视知觉基础的这门课程，对于教学体系中设计思想的传授具有重要的基础作用，它将决定学生的视觉思维方式，从而根本影响学生的建筑观和设计建筑的方式和能力。因此，我们应该对历史中各种基础课程体系进行细致的研究，思考这些课程究竟如何对受训者产生作用。同时，我们也应该对怎样更好地进行该课程的教学进行更为深入的思考，改变以前的经验性方式，从理性和科学的角度研究视觉思维与训练方式之间的相互关系，从而设计出对应训练核心思想的更为有效的练习体系。

其二，在整个教学体系中，各类课程的相互有机结合也是十分重要的。从教育历史发展历程中，我们可以发现，以往的教学体系常常是多所学校课程体系、多种学科课程体系的结合，这种彼此自成体系的课程的结合多显得随意和简单，缺乏更为深入的思考，需要靠学生自己将不同的知识结合起来，是否能够结合得好完全取决于学生的悟性，因而会出现教学效率不高的现象。

认识到这一点之后，应该注意避免在教学之中各类课程自成体系的方法，需要将各种知识共同编入一个更为有机的体系之中，突出建筑设计学科自身的特点，以教学核心内容为主线结合安排各类教学内容。这种体系自身的完善和统一，将会对教学的效果和效率产生积极作用。

4. 当前时代仍需要对现代建筑的正确理解和提倡

对于教学核心的设计思想来说，回顾历史我们可以看出，从建筑教育领域到实践领域长期形成了对现代建筑的片面理解。自反浪费运动对复古主义的批判以来，现代建筑随着设计革命、"文化大革命"运动的冲击，一度被简化曲解为低层次实用主义，以至于一旦谈到要有艺术性和美感，大家就只能将民族形式和复古建筑推出来。事实上现代建筑最为本质的特点就是对人的关怀，对大众的关怀，它并不拒绝艺术性和美感，但这种艺术是现代艺术、空间艺术等。中国一度发展到极至的低层次实用主义建筑并非真正的现代建筑，却给大多数人造成了对现代建筑的片面印象，以至于现代建筑一直没能在中国真正发展起来。

同时，由于设计革命和"文化大革命"运动以来形成的片面的设计观和教学理念，建筑教育长期以来体现出过强的工具性，而人文性严重不足，主要表现在人文课程的严重缺乏，这种现象在改革开放之后也长期存在。人文性的缺乏使作为教学核心的设计思想发生偏移，不少学生将缺失的人文性完全由艺术性来填补，形成设计理念的纯艺术偏向，以完全艺术性的心态来思考建筑，造成盲目追求建筑形式的新奇怪异和以"艺术大师"为自身发展目标的倾向。人文关怀的缺失对于教学体系来说不良影响非常大。试想如果学生不懂得人应该如何和睦而美好地生活在这个世界上，又怎么能设计好建筑——这一人类生活的艺术作品呢？

改革开放之后我国终于有了对于建筑思想自由思考和提倡的宽松气氛，就在大家准备接受现代建筑思想之时，却又被西方建筑界已经兴起的后现代建筑理论再次混乱了思维。有人提出，中国没有经历过真正的现代建筑发展，我们应该补上现代建筑这堂课，看来这种说法不无道理。

当然中国还没有真正理解和接受现代建筑，并不等于历史上没有现代建筑思想的萌芽和一定程度的发展。我们发掘和研究中国的现代建筑教育发展史，就是企图理清现代建筑思想是如何在建筑院校和教育这个领域和环节中发展传播的，虽然它常处于受压制的状态，但是它到底有过怎样的经历、怎样的发展？这些问题非常重要。只有明白了这些，我们才能更好地理解今天的建筑和教育的发展局面，从而也才能更好地明确明天的努力方向。

现在建筑教育所面临的问题已经不再是对现代主义的出于意识形态方面的压制了，但是纷繁复杂的社会、商业主义的盛行、信息和理论的爆炸却使我们头脑更加不清晰。在对"现代建筑"不再有压制的时候却更少有人真正认识到它的深刻含义，更少有人真正领会并接受它的思想体系。现代思想的核心——理性和民主的精神，在中国历史上一直未曾完全实现过，在今天的社会中也很难真正实现。人们是否可以冷静地思考一下，究竟应该如何地生活？应该建立怎样的一个社会？面对今天所存在的诸多问题，在热闹和繁华喧嚣的城市背后，冷静的甚至有些刻板的现代思想也许才是真正的一剂良药。

附　录

附录 A　部分建筑院系课程设置及师资状况档案

之江大学1940年代末期建筑系开设课程与1939年全国统一课程分类比较　表A1

		1940年代末之江大学建筑系课程①	1939年全国统一课程②
公共课部分			算学、物理学
专业课部分	技术基础课		应用力学(1) 材料力学(1) *图解力学(3)
	技术课	营造法(上、下) 木结构设计 钢骨构造(屋架设计) 房屋建筑 施工图说	营造法(2) 钢筋混凝土(3) 木工(1) *铁骨构造(3) *材料试验(3) *结构学(4)
		暖房及通风 房屋给水及排水 电焰学	*暖房及通风(4) *房屋给水及排水(4) *电焰学(4)
		音波学 房屋管理 工业建筑 卫生设计	
		建筑师法令及职务 施工及估价	经济学(1) 建筑师法令及职务(4) 施工及估价(4)
			测量(4)
	史论课	建筑史(上、下) 中国建筑史 中国营造法	建筑史(2) *中国建筑史(2) *中国营造法(3)
		美术史 古典装饰 壁画	美术史(2) *古典装饰(3) *壁画
		建筑图案论(上、下) 城乡规划论(上、下)	建筑图案论(4)

续表

		1940年代末之江大学建筑系课程①	1939年全国统一课程②
专业课部分	图艺课	阴影法	投影几何(1) 阴影法(1) 透视法(2)
		建筑画及建筑初则 徒手画(铅笔画)(上、下) 模型素描(木炭画)(上、下) 模型素描(二) 单色水彩 水彩画(一上、一下) 水彩画(二) 木刻 雕塑及土塑 人体写生	(建筑画及建筑初则)——中央大学开设 徒手画(1) 模型素描(2, 3) 单色水彩(2) 水彩画(一)(2, 3) * 水彩画(二)(3) * 木刻(3) * 雕塑及泥塑(3) * 人体写生(4)
	设计规划课	初级图案 建筑图案(一至六)	初级图案(1) 建筑图案(2, 3, 4)
		内部装饰	* 内部装饰(4)
		庭园	* 庭园(4)
		城乡设计	* 都市计划(4)
			毕业论文(4)

资料来源:①之江大学建筑系教学档案;②教育部编《大学科目表》,正中书局印行,民国三十六年六月(1947年6月)沪八版。

1933 中央大学建筑科(系)、1939年全国统一课程、1939 天津工商学院建筑系教学课程分类比较 表A2

		国立中央大学(1933)①	1939年全国统一课程	1939年天津工商学院建筑系②
公共课部分		国文(1)、党义(1)、英文(1) 微积分(1)、物理(1)	算学、物理学	英文、英文选读及作文 微积分、物理学及实验
专业课部分	技术基础课	应用力学(2) 材料力学(2) 图解力学(3)	应用力学(1) 材料力学(1) * 图解力学(3)	力学 材料耐力 水力学 热力机 应用机械 电气工程 工业化学及化学实验 钢桥工程 地质学
	技术课	营造法(2) 钢筋混凝土(3) 钢筋混凝土及计划(3) 钢骨构造(4)	营造法(2) 钢筋混凝土(3) 木工(1) * 铁骨构造(3) * 材料试验(3) * 结构学(4)	营造学 钢筋混凝土学 钢筋混凝土房屋计划及制图 土石工程 工程实习

续表

		国立中央大学(1933)①	1939年全国统一课程	1939年天津工商学院建筑系②
专业课部分	技术课	暖房及通风(4) 给水排水(4) 电炽学(4)	*暖房及通风(4) *房屋给水及排水(4) *电炽学(4)	暖房及通风 给水工程计划及制图 电照学 污渠工程
		建筑师职责及法令(4) 建筑组织(4) 施工估价(4)	经济学(1) 建筑师法令及职务(4) 施工及估价(4)	商业簿记 建筑师办公 工程契约 工程估计
		测量(4)	测量(4)	测量学 经纬形学
	史论课	西洋建筑史(2, 3) 中国建筑史(3, 4) 中国营造法(3)	建筑史(2) *中国建筑史(2) *中国营造法(3)	西洋建筑史 中国建筑学 中国建筑构造
		美术史(3)	美术史(2) *古典装饰(3) *壁画	
			建筑图案论(4)	
	图艺课	投影几何(1) 阴影法(2) 透视画(1)	投影几何(1) 阴影法(1) 透视法(2)	投影几何学 透视学及制图 图解形学
		建筑初则及建筑画(1) 徒手画(1) 模型素描(1, 2) 水彩画(2, 3, 4)	徒手画(1) 模型素描(2, 3) 单色水彩(2) 水彩画(一)(2, 3) *水彩画(二)(3) *木刻(3) *雕塑及泥塑(3) *人体写生(4)	建筑初步 徒手画 水彩画
	设计规划课	初级图案(1) 建筑图案(2, 3, 4)	初级图案(1) 建筑图案(2, 3, 4)	建筑图案 建筑设计及制图
		内部装饰(3)	*内部装饰(4)	户内装饰学
		庭园学(4)	*庭园(4)	庭园设计
		都市计划(4)	*都市计划(4)	都市广域设计
			毕业论文(4)	毕业设计答辩

资料来源：①中国建筑学会，《中国建筑》1933年8月；②温玉清，"桃李不言 下自成蹊——天津工商学院建筑系及其教学体系述评"(1937~1952)，见《2002年中国近代建筑史国际研讨会论文集》。

北平大学艺术学院建筑系课程表(1929年) 表A3

普通基础课	国文(预,1,2)、英文(预,1,2)、法文(2,3)、代数(预)、大代数(预)、几何(预)、三角(预)、解析几何(预,1)、微积学分(1)
专业基础课	用器画(预)、测量(1)、投影几何(1)、制图几何(2)
材料结构课	建筑工程(1)、材料耐力学(2,3)、地质学
美术课	书法(预)、西洋美术史(预)、木炭画(预,1,2,3,4)、水彩画(1,2,3,4)
设计图案课	建筑图案(1,2,3,4)、建筑装饰(4)
建筑历史课	建筑史(4)
其他	经济学(3)、法律学(3)

资料来源:赖德霖:《中国近代建筑史研究》,清华大学博士论文,转引自《北平大学艺术学院》,新晨报丛书处编《北平各大学的状况》,新晨报出版部,1929年8月,(预,1,2,3,4)为预科和1、2、3、4各学年。

1933年广东省立工专、1936年勤勤大学和1933年中央大学课程比较 表A4

		1933年广东省立工专①	1936年勤勤大学②	国立中央大学(1933)
公共课部分		英文(1,2,3,4)、数学(1)、物理(1)、微积分(2)	国文(1)、英文(1)、物理(1)、化学(1)、数学(1,2)	国文(1)、党义(1)、英文(1)、微积分(1)、物理(1)
专业课部分	技术基础课	应用力学(2) 材料强弱学(1,2) 建筑材料及试验(3)	应用物理学(4) 力学及材料强弱(2) 建筑材料及试验(3)	应用力学(2) 材料力学(2) 图解力学(3)
	技术课	钢筋三合土(3) 钢筋三合土学(4) 建筑构造(3) 构造分析(3) 构造详细制图(3,4)	钢筋混凝土原理(3) 钢筋混凝土构造(4) 建筑构造学(3) 钢骨构造(3)	钢筋混凝土(3) 钢筋混凝土及计划(3) 营造法(2) 钢骨构造(4)
			地基学(3) *工程地质学(3,4)	
		水道学概要(4)	渠道学概要(4)	暖房及通风(4) 给水排水(4) 电炽学(4)
		建筑管理法(4) 建筑师执业概要(4) 估价(4)	建筑管理(3) 建筑师业务概要(4) 施工及估价(4)	建筑组织(4) 建筑师职责及法令(4) 施工估价(4)
		测量(2)	测量(2)	测量(4)
	史论课	建筑学史(1,2)	外国建筑史(2) 中国建筑史(3)	西洋建筑史(2,3) 中国建筑史(3,4) 中国营造法(3) 美术史(3)
		建筑学原理(1,2)	建筑学原理(1,2)	
	图艺课	画法几何(1) 阴影学(1) 透视学(2)	画法几何(1) 阴影学(1,2) 透视学(2)	投影几何(1) 阴影法(2) 透视画(1)

续表

		1933年广东省立工专①	1936年勷勤大学②	国立中央大学(1933)
专业课部分	图艺课	图案画(1) 自在画(1) 模型(1)	*图案画(选)(1) 自在画(1) *模型(1) *水彩画(2) *建筑配景画(2)	建筑初则及建筑画(1) 徒手画(1) 模型素描(1,2) 水彩画(2,3,4)
	设计规划课	建筑图案设计(1,2,3,4) 建筑及图案(1)	建筑图案(1) 建筑图案设计(1,2,3,4)	初级图案(1) 建筑图案(2,3,4)
			室内装饰(4)	内部装饰(3)
				庭园学(4)
		都市设计(4)	都市设计(4)	都市计划(4)

注：带有"*"课程为选修课。

资料来源：①《广东省立工专校刊》，1933年；②广东省立勷勤大学教务处，《广东省立勷勤大学概览》，民国二十六年三月。

中山大学建筑系1948届毕业生金振声学习课程　　　　　　　　　　　表A5

第一学期(1945年)			第二学期(1946年)		
科　目	上学期学分	下学期学分	科　目	上学期	下学期
徒手画	2	2	建筑材料	2	2
建筑初则及建筑画	2		水彩画	1	1
英文	3	3	房屋建筑	4	2
国文	2	2	中国建筑史	2	
投影几何	2		外国建筑史	2	2
伦理	2	2	建筑设计	4	4
物理	3	3	建筑计划	2	2
物理实验	1	1	测量学	2	2
数学	4	4	微分方程	3	
党义	0	0	素描	1	1
工厂实习	1		应用力学	4	
阴影学		2	材料力学		4
透视学		1	体育	0	0
建筑图案设计		2	中国营造学	2	
体育	0	0			
木工		1			

续表

第三学期(1947年)			第四学期(1948年)		
科 目	上学期	下学期	科 目	上学期	下学期
建筑原理	2		经济学	3	
图解力学	1		实业计划	1	1
建筑设计	4	4	钢筋混凝土设计	2	
钢筋混凝土	3	3	钢骨构造	3	
建筑计划	3	2	建筑设计	4	
建筑卫生	2		都市计划	2	4
结构学	3	3	建筑施工	2	
中国营造法		2	钢筋混凝土	2	
水彩画		2	毕业设计		4
体育	0	0	建筑声学		2
			估价学		2
			建筑师业务及法令		1
			室内装饰		2
			毕业论文		1
			建筑设备		2
			体育	0	0

资料来源：中山大学建筑工程系毕业生档案。

1938年中山大学工学院建筑工程系职员及任课表　　　　　表A6

姓 名	学 历	工作经历	授 课
胡德元（字伊文）	日本东京工业大学建筑科毕业	广东省立工业专科学校教授、广东省立勤勤大学工学院教授	房屋建筑、工场建筑、建筑图案设计、外国建筑史、建筑构造学
黄玉瑜	美国麻省理工大学学士	国都设计处技正、总理陵园管理委员会建筑师、铁道部技正、沙面英界市政参议会建筑顾问	建筑图案设计、建筑施工法、建筑计划、室内装饰、建筑估价、中国建筑
胡兆辉	日本东京工业建筑科	新署营造厂工程师、军政部兵工专门学校兼任教官	近代建筑、建筑图案设计、建筑计划、建筑计划特论
刘英智	日本东京工业大学毕业工学士	广东省立勤勤大学工学院教授	建筑设备、透视学、建筑图案设计
黄维敬	美国密西根大学土木工程硕士	黄河水利委员会视察、广州自来水厂工程师	钢筋混凝土构造、钢筋混凝土理论、材料强弱学、钢铁构造、构造学演习
黄适	美国奥海奥省立大学建筑科毕业学士	广州市工务局及勤勤大学设计技士	建筑图案设计、阴影学、投影几何、建筑美术

资料来源：中山大学建筑工程系档案。

1939年中山大学工学院建筑工程系职员及任课表　　　　　　　　　　　表 A7

姓　名	学历及工作经历	授　课
胡德元	（同上表 A6）	建筑图案设计、房屋建筑学、建筑初则及建筑画
胡兆辉	日本东京工业建筑学系毕业工学士、东京工业大学研究院研究两年、曾任新署营造厂工程师	建筑计划、建筑图案设计、近代建筑史、工厂建筑
黄　适	美国奥海奥省立大学建筑科学士、曾任广州市工务局技士、勷勤大学筹备委员会建校设计技士、广州市立第二职业学校教员、广州市执行划则工程师、本校讲师	建筑原理、投影几何、阴影学、建筑设计
吕少怀	东京工业大学建筑学科毕业、曾任中央军校土木班专任教官、四川公务局工程师、重庆市政府建筑师、重庆大学工程主任	施工及估价、图案设计
黄宝勋	天津工商学院工学士、曾任巴黎 E.T.P. 工程师建筑师、天津华北水利委员会工程师、云南建设厅建筑委员会工程师	中国建筑史、中国营造学、外国建筑史、都市计划、建筑图案设计
黄维敬	国立清华大学工学士、美国密西根大学工程硕士、曾任水利委员会工程师、广州新自来水厂工程师	钢筋混凝土原理、钢筋混凝土构造、钢骨构造、钢筋混凝土设计
丁纪凌	德国柏林大学美术院毕业、1936年曾任世运会运动场雕塑师	雕刻、水彩画、徒手画、模型设计
刘英智	（同表 A6）	建筑图案设计、制图、投影几何、阴影学、透视图、建筑材料、房屋给水及排水、暖房及通风

资料来源：中山大学建筑工程系档案。

1943年中山大学工学院建筑工程系职员及任课表　　　　　　　　　　　表 A8

姓　名	职　务	授　课
卫梓松	教授兼主任	钢筋混凝土、钢筋混凝土设计、测量、钢骨构造
李学海	教　授	应用力学、材料力学、房屋建筑学、结构学、图解力学
钱乃仁	教　授	建筑图案设计、建筑计划、室内装饰、建筑师业务及法令、都市计划
刘英智	教　授	建筑初则及建筑画、投影几何、阴影学、声音及日照学、房屋给水及排水、建筑图案设计、建筑材料、外国建筑史
符罗飞	教　授	徒手画、水彩画、单色水彩、模型素描
黄培芬	副教授	建筑图案设计、建筑计划、施工及估价、建筑图案论
区国坦	助　教	
卫宝葵	助　教	
邓爱瑜	助　教	

资料来源：中山大学建筑工程系档案。

1946年中山大学工学院建筑工程系职员及任课表　　　　　表 A9

姓 名	职 务	授 课	入系时间
夏昌世	教授兼主任	建筑图案设计、室内设计	1945.11
丁纪凌	教 授	建筑雕刻、图案设计、模型设计	1939
李学海	教 授	材料学应用、图解力学、钢筋混凝土、房屋建筑学	1942.8
符罗飞	教 授	水彩画、徒手画、模型素描	1941.11
许淞庆	副 教 授	微分方程、最小乘方	1939.8
卫宝葵	讲 师	建筑初则及建筑画、房屋建筑学、图解力学	1941.8
刘英智	教 授	投影几何、阴影法、透视学、外国建筑史、房屋给水排水、声音、日照学	1938.9
邓爱瑜	助 教		

资料来源：中山大学建筑工程系档案。

1948年中山大学工学院建筑工程系职员及任课表　　　　　表 A10

姓 名	职 务	授 课	入系时间
龙庆忠	教授兼主任	中国建筑史、建筑材料、建筑材料学、建筑初则及建筑画、建筑画实习	1946.6
刘百铨	教 授	钢结构学、木构造学、钢筋混凝土	1947.8
李学海	教 授	高等结构学、图解静力学、应用力学	1941.8
符罗飞	教 授	素描、水彩画	1941.10
夏昌世	教 授	室内装饰设计、建筑计划、建筑设计	1945.2
刘英智	教 授	外国建筑史、建筑卫生、阴影画、投影几何	1938.8
丁纪凌	教 授	水彩画、素描	1946.1
林克明	教 授	建筑计划、建筑设计、现代建筑	1946.8
陈伯齐	教 授	都市计划、建筑计划、建筑设计、建筑构造学	1947.7
杜汝俭	副 教 授	建筑施工法、建筑师法令及职务、建筑设计	1943.8
卫宝葵	讲 师	建筑设计、木工实习、建筑初则及建筑画	1941.8
邓爱瑜	讲 师		

资料来源：中山大学建筑工程系档案。

1949年清华大学营建系各组(系)课程计划(课程名称后数字为学分数)　　　　　表 A11

分 类	建 筑 组	市镇体形计划组
文化及社会背景	国文、英文、社会学、经济学、体形环境与社会、欧美建筑史、中国建筑史、欧美绘塑史、中国绘塑史	(同建筑组)
科学及工程	物理、微积分、力学、材料力学、测量、工程材料学、建筑结构、房屋建造、钢筋混凝土、房屋机械设备、工场实习(五年制)	物理、微积分、力学、材料力学、测量、工程材料学、工程地质学、市政卫生工程、道路工程、自然地理

续表

分　类	建　筑　组	市镇体形计划组
表现技术	建筑画、投影画、素描、水彩、雕塑	（同左栏）
设计理论及基础社会科学	视觉与图案、建筑图案概论	视觉与图案、建筑图案概论、市镇计划概论、市镇计划技术、乡村社会学、都市社会学、市镇管理、专题讲演
综合研究	建筑图案、现状调查、业务、论文（即专题研究）	建筑图案（两年）、市镇图案（两年）、现状调查业务、论文（即专题研究）
选修课程	政治学、心理学(8)；人口问题(6)、房屋声学与照明(2)；庭园学(1)、雕饰学(1)、水彩（五）（六）(2)、雕饰（三）（四）(2)、住宅问题(2)、工程地质(3)；考古学(6)；中国通史(6)、社会调查(3)	

分　类	造园学系	工业艺术系	建筑工程学系
文化社会背景	（同建筑组）	（同建筑组）	国文、英文、经济学、体形环境与社会、欧美建筑史、中国建筑史
科学及工程	物理、生物、化学、力学、材料力学、测量、工程材料、造园工程（地面及地下泻水）	物理、化学、工程化学、微积分、力学、材料力学	物理、工程化学、微积分、微分方程、力学、材料力学、高等结构学、高等结构设计、钢筋混凝土、土壤力学、基础工程、测量
表现技术	建筑画、投影画、素描、水彩、雕塑	建筑画、投影画、素描、水彩、雕塑木刻	建筑画、投影画、素描、水彩、建筑图案（一年）
设计理论及基础社会科学	视觉与图案、造园概论、园艺学、种植资料、专题讲演	视觉与图案、心理学、彩色学	建筑图案概论、专题讲演、业务
综合研究	建筑图案、造园图案、业务、论文（专题研究）	工业图案（日用品、家具、车船、服装、纺织品、陶器）、工业艺术实习	
选修课程	（同建筑组）		

资料来源：梁思成：《清华大学营建系（建筑工程系）学制及学程计划草案》，《文汇报》，1949年7月10～12日。

1950～1951年教育部颁发建筑系建筑设计组统一课程草案　　　表A12

课程分类	课程名称	授　课　内　容
政治、社会、文化背景课程	*政治课	社会发展史及新民主主义论
	*西方建筑史	西方建筑系统的演变过程，包括史前、埃及、西亚、罗马、初期基督教罗曼、高直、文艺复兴及近代建筑
	*东方建筑史	东方（中国、印度、日本）建筑发展的概略
	西方绘塑史	介绍西方各时代绘画雕塑的风格及作为一个建筑师对绘画雕塑应有的认识
	中国绘塑史	介绍中国各时代绘画雕塑的风格演变及作为一个中国人民的建筑师对本国绘画雕刻应有的认识

续表

课程分类	课程名称	授课内容
自然科学及工程课程	*工场劳作	木工练习
	*微积分简程	讲授有关工程学科上应用的微分和积分
	*静力学及图解力学	静力学中之图解问题
	*材料力学	分析材料内部的应力应变的关系,各种静定不静定梁的变形与内力,柱的理论等等
	*房屋结构学	有关房屋结构应力与分析原理,包括力学之复习,静定及超静定结构之解法结构之变位及空间结构等
	*房屋结构设计	各种房架设计及板梁设计的练习绘制总图及大样等,并包括计算
	*钢筋混凝土的结构	各种梁接板柱及受旁力柱基脚挡土墙等理论及细节
	钢筋混凝土设计	挡土墙房屋板梁等
	*房屋应用科学	房屋声学电炤学
	*房屋建造学	房屋建造的材料和施工方法,包括基础工程,泥水工程,木作工程,钢筋混凝土工程和钢铁工程
	房屋机械设备学	暖气通风水电的装置及设计
	*简单测量	测量仪器的构造,简单测量工作的原理和方法
	*施工图说	施工图,施工说明书
	业务及估价	建筑师的业务范围和执行方法,并包括组织及管理,建筑法规工程文件,估价方法,施工程序等
表现技术课程	*素描	训练学生观察能力,并能精确地徒手绘画
	*建筑画	包括:1. 建筑制图绘图仪器之使用; 2. 画法几何(空间中点线面立体之各种形象及关系); 3. 阴影画法(点线面各种立体,建筑部分及阴影求绘法); 4. 透视画法(一点、两点、三点透视法,室内透视图,鸟瞰图等)
	*绘画	铅笔画、钢笔画、水彩画、摄影
	*雕塑及模型制作	建筑模型及装饰雕塑
综合研究课程	*建筑设计概论	建筑设计的一般理论,如建筑之定义原理,建筑的形式结构,装饰,建筑的单位,种类,建筑物与人的关系……
	*市镇计划理论	人民的基本生活需要,研究城市的功能,城乡体型,我国城市问题及发展趋势,城市设计理论思潮
	工艺美术概论	介绍我国及西方的工艺美术
	*专题演讲及讨论	
	*造园学	庭园设计理论与技术
	*建筑设计(一~六)	

续表

课程分类	课程名称	授课内容
综合研究课程	建筑设计(七~八)	
	工艺美术及室内设计	室内设计及家具等物的全部设计
	*论文	
	校外实际工作实习	校外实际工作上的实习是辅助校内教学的不足,这一段实习最恰当的安排,是在四年级下学期,即从寒假开始到暑假结束为止,一个完整的工程季节,包括设计绘图,结构计算,招标,订约,全部施工,直到完工的完整过程,予以整个的认识和观摩
选修课程	(未列入)	

注:带"*"为全系各组必修课程。
资料来源:之江大学建筑系档案。

1950～1951教育部颁发建筑系市镇计划组课程草案　　表 A13

课程分类	课程名称	授课内容
政治、社会、文化背景课程	*政治课	
	*西方建筑史	
	*东方建筑史	
	城市体型发展史	中国及西方城镇结构及体型的演变
	计划经济	介绍计划经济原理及新民主主义经济建设的理论与实践
	社会调查研究	社会调查及研究方法
自然科学及工程课程	*工场劳作	
	*微积分简程	
	*静力学及图解力学	
	*材料力学	
	*房屋结构学	
	*房屋结构设计	
	*钢筋混凝土的结构	
	*房屋应用科学	
	*房屋建造学	
	*简单测量	
	普通测量学	测绘平面图及地形图三角测量法最小二乘法
	*施工图说	
	市政工程	道路工程,下水道工程,公共卫生工程,防洪计划等
	市镇地理基础	从科学地理学的观点,说明市镇发生与发展的一般原理
	工程地质学	岩石学构造地质
表现技术课程	*素描	
	*建筑画	
	*绘画	
	*雕塑及模型制作	

续表

课程分类	课程名称	授课内容
综合研究课程	*建筑设计概论	
	*市镇计划理论	
	市镇设计技术	配合市镇计划理论，研究城市规划的种种问题，如资料的研究，总图的拟定，各种功能不同的地区设计原则等
	地域计划	结合全国经济政策研究地域性人口分布，土地使用，公用事业，生产方式等计划问题
	*造园学	
	*建筑设计（一～六）	
	村庄设计	研究在新民主主义制度下我国新农村的体形环境
	市镇建设（一、二）	以全国某一城市作为研究中心，从地域的规划到城市总图的拟定以及于各区的设计等
	*论文	
	*专题演讲及讨论	
	校外实际工作实习	
选修课程	（未列入）	

注：带"*"为全系各组必修课程。
资料来源：之江大学建筑系档案。

1947～1951清华大学建筑系王其明修习课程学分表　　　　表 A14

第一学年(1947～1948)		第二学年(1948～1949)		第三学年(1949～1950)		第四学年(1950～1951)	
课程	学分	课程	学分	课程	学分	课程	学分
国文读本	4	经济学简要	4	辩证唯物主义与历史唯物主义	3	钢筋混凝土设计	9
英文作文	2	社会学概论	6	工程材料学	2	建筑设计（六）	18
英文（一）读本	6	测量	2	结构学	4	雕塑（一）	3
英文（一）作文	6	应用力学	4	建筑设计概论	1	专题讲演	2
微积分	8	材料力学	4	中国绘塑史	2	东方建筑史（一）	7
普通物理演讲	6	初级图案	6	水彩（三）（四）	2	给水排水装置	4
普通物理实验	2	欧美建筑史	4	市政概论	4	施工图说	4
投影画	4	素描（三）（四）	4	中级图案	9	毕业论文	9
制图初步	2	材料与结构	4	庭园学	1	雕塑（二）	4
素描（一）（二）	4	水彩（一）（二）	4	新民主主义论	3	东方建筑史（二）	4
预级图案	4	体育		钢筋混凝土结构	3	中国建筑技术	4
体育	2			视觉与图案	1/2	建筑设计（七）	21
				欧美绘塑史	1	专题讲演	2
				暖房通风水电	1/2	业务及估价	3
				房屋结构设计	1	体育	
				体育			

资料来源：王其明、茹竞华：《从建筑系说起——看梁思成先生的建筑观及教学思想》，见《纪念梁思成诞辰一百周年》，中国建筑工业出版社。

1952年同济大学本科房屋建筑学专业教学计划　　　　　　表 A15

顺序	课程	学期分配		设计和论文	时数				学年及学期课程时数分配							
		考试	考察		总计	时间分配			Ⅰ学年		Ⅱ学年		Ⅲ学年		Ⅳ学年	
						讲授	实验	讨论及自习	设计及论文							
1	新民主主义论	2	1		105	105				3	3						
2	马列主义基础	4	3		152	152						4	5				
3	政治经济学	6	5		146	146								5	4		
4	俄文		1~6		338			338		4	4	3	3	3	3		
5	高等数学	1, 2	1, 2		140	80		60		4	4						
6	投影几何	1	2, 3		212	106		106		4	4						
7	普通测量学	1	1		72	36	36			4							
8	理论力学	2	2		68	40		28			4						
9	材料力学	3	3		90	54		36				5					
10	结构力学	4	4		64	40		24				4					
11	建筑材料	5	5, 6		100	50	30	20						4	2		
12	建筑业务	8			21	21											3
13	建筑机械	8			42	28	14										6
14	建筑构造	1, 3	1~3	2, 3	265	124	20	21	100	5	5	5					
15	建筑施工及组织	7, 8	7, 8	8	74	50		10	14							2	
16	木结构	4	4	4	48	20		8	20				3				
17	钢结构	5	5	5	90	36			54					5			
18	钢筋混凝土结构	6	6, 7	6, 7	180	90			90						6	6	
19	土壤力学及基础工程	7	7		48	32		16								3	
20	给水排水		7		32	24		8								2	
21	建筑设备		5	5	72	36			36					4			
22	建筑应用光学	5	5		54	30		24						3			
23	建筑应用声学	6	6		42	26		16							3		
24	暖房通风	7	7		48	32		16								3	
25	素描		1, 2		140	35		105		4	4						
26	水彩		3, 4		102	34		68				3	3				
27	中国建筑史	3, 4			68	68						2	2				
28	西洋建筑史	3, 4			68	68						2	2				
29	近代建筑概论	8			14	14											3
30	城市计划	6			56	56									4		
31	造园学	6			28	28									2		
32	建筑初步		1, 2	1, 2	210	70		35	105	6	6						
33	居住建筑设计		3~6	3~6	300	54		34	212			6	4	4	4		
34	公共建筑设计		4~7	4~7	384	96		64	224				6	6	6	6	
35	工业建筑设计		7, 8	7, 8	106	24		24	58							4	6
36	城市建筑设计		7	7	96	32			64							6	
37	体育		1~4		138			138		2	2	2	2				

实 习	学 期	周 数
1. 测量实习	2	3
2. 第一次生产实习	4	4
3. 第二次生产实习	6	8
4. 毕业实习	8	5
合计周数		20

资料来源：同济大学建筑系教学档案。

1954年高教部颁发五年制统一教学计划　　　　　表 A16

顺序	课程	学期分配			时 数				学年及学期课程时数分配									
		考试	考察	课程设计课程作业	总计	时间分配			Ⅰ学年		Ⅱ学年		Ⅲ学年		Ⅳ学年		Ⅴ学年	
						讲课	实验	讨论及练习	设计及作业									
1	中国革命史	2	1		105	68		37		3	3							
2	马列主义基础	4	3		132	102		30				4	4					
3	政治经济学	6	5		138	102		36						4	5			
4	历史唯物主义与辩证唯物主义	8	7		90	60		30								3	3	
5	马列主义美学	8			42	30		12									3	
6	体育		1～4		136			136		2	2	2	2					
7	俄文	2, 4	1～4		239			239		4	4	3	3					
8	高等数学	1, 2	1, 2		140	70		70		4	4							
9	投影几何及阴影透视	1	1		108	50		58		6								
10	素描		1～5		340			340		4	4	4	4					
11	水彩		6～8		176			176						4	4	4		
12	雕塑		9		96			96										6
13	世界美术史	1			36	30		6		2								
14	中国建筑史	4	2～4		167	125		42				4	3	3				
15	西洋建筑史	6	5, 6		127	95		32						5	3			
16	俄罗斯及苏维埃建筑	8	7, 8		90	80		10								3	3	
17	建筑构图原理	2			34	20		14			2							
18	居住建筑设计原理	3			54	40		14				3						
19	公共建筑设计原理	5			51	40		11						3				
20	工业建筑设计原理	7			48	40		8								3		
21	城市计划原理	7	6		90	80		10								3	3	

续表

顺序	课程	学期分配			时数				学年及学期课程时数分配							
		考试	考察	课程设计课程作业	总计	时间分配			Ⅰ学年		Ⅱ学年		Ⅲ学年		Ⅳ学年	V学年
						讲课	实验	讨论及练习	设计及作业							
22	建筑设计初步			1~3	424				424	8	8	8				
23	居住建筑设计			4, 5	384				384				12	12		
24	公共建筑设计			6, 7	360				360						12	12
25	工业建筑设计			8, 9	240				240							8	8
26	城市计划			8, 9	180				180							6	6
27	测量学	1			36	28	8			2						
28	建筑及装饰材料	2			85	51	34				5					
29	建筑力学	3, 5, 6	3~6		238	142	6	90			4	3	3	5		
30	工程结构	7~9	7~9		196	98	38	60						3	6	4
31	建筑构造	3, 4	3, 4		147	114	33				4	5				
32	建筑及装饰施工	5, 6	5, 6		141	110	31						5	4		
33	建筑物理	7			48	40	8							3		
34	建筑设备	9			96	72		24								6

实 习	学 期	周 数
1. 第一次教学实习	2	3
2. 第二次教学实习	4	5
3. 第一次生产实习	6	7
3. 第二次生产实习	8	8
4. 毕业实习	10	6
合计周数		29

资料来源：同济大学建筑系教学档案。

附录 B 上海沪江大学建筑学科课程设置及学科章程

<u>中国建筑师学会</u> 合办建筑学科简章
<u>沪江大学商学院</u>

一 宗 旨 以造就建筑人才为宗旨
二 入学资格 中等学校毕业或有相当程度志愿研究经审查合格者

三　报　　名　填写报名单并附本身相片随同缴纳报名费两元
四　上课时间　下午五时半至九时零五分
五　纳　　费　（甲）每一学期每一学生四元
　　　　　　　（乙）每一学期每一学生杂费三元
　　　　　　　（丙）任何原因离校所缴各费概不退还
六　毕　　业　修满两年经考试及格者准予毕业由会院双方合出毕业证书
七　附　　则　其他章则依沪江大学商学院详章办理

FIRST YEAR

First semester

	5：30～6：20	6：25～7：15	7：20～8：10	8：15～9：05
Monday	Arch. Hist.	Theo. Of Arch.	Design	
Tuesday				
Wednesday	Shades & Shadows	Design		
Thursday				
Friday	Freehand Drawing		Design	

Second semester

	5：30～6：20	6：25～7：15	7：20～8：10	8：15～9：05
Monday	Arch. Hist.	Theo. Of Arch.	Design	
Tuesday				
Wednesday	Perspective	Design		
Thursday				
Friday	Freehand Drawing		Design	

SECOND YEAR

First semester

	5：30～6：20	6：25～7：15	7：20～8：10	8：15～9：05
Monday	Arch. Hist.	Bldg. Mater	Design	
Tuesday				
Wednesday	Color	Design		
Thursday				
Friday	Freehand Drawing		Design	

	5:30~6:20	6:25~7:15	7:20~8:10	8:15~9:05
		Second semester		
Monday	Arch. Hist.	Prfsnl. Relatns	Design	
Tuesday				
Wednesday	Office Practice	Design		
Thursday				
Friday	Freehand Drawing		Design	

资料来源：中国建筑师学会编，《中国建筑》杂志，1934年11月。

附录C 上海圣约翰大学建筑系毕业生名单

1945～1952年圣约翰建筑工程系历届毕业生名单

1945.6.2： 李德华、李莹、白德懋、虞颂华

1946.7.13： 卓鼎立、张肇康

1947.1.30： 程观尧

1947.6.23： 曾坚

1948.1.31： 张宝澄、周铭勋、周文藻、樊书培、华亦增、罗小未、王轸福、王吉螽、翁致祥、鲍哲恩、籍传实、何启谦、张庆云

1949.1.5： 徐志湘、郭敦礼、沈祖海

1949.5.12： 韦耐勤、欧阳昭

1950.7.8： 朱亦公、张抱极、徐克纯、舒子猷

1951.7： 周文正

1952.2： 唐云祥

1952.8： 江天筠、徐克纲、郭功熙、李定毅、汪佩虎、陈亦翔、王儒堂、陈宏荫、富悦仁、关永昌、吕承彦、刘建昭、倪顺福、潘松茂、沈志杰、汤应鸿、曾莲菁、姚云官

1952年院系调整前建筑系在校生

（后其中不少学生随系并入同济大学建筑系）

三年级：张岫云、赵汉光、赵宝初、江淑桂、范政、谢幼荪、徐绍樑、许文华、李名德、穆纬湧、沈仪贞、孙润生、曾蕙心、王仲贤、杨伯明

二年级：章明、赵竹佩、江圣瑞、诸菊馨、竺士敏、朱亚新、胥兆鼎、胡思永、华家驹、黄正源、顾定安、孔国基、盛声遐、史祝堂、池石荣、寿震

华、舒朵云、孙琍君、王徵琦、王舜康、翁延庆、吴小亚、叶守明、颜本立、郁正荃

一年级：张有威、陈光贤、陈琬、陈文琪、陈毓、郑烨、江贞仪、钱学中、周惟嘉、周惟学、方兆华、黄文青、葛兴海、郭重梅、黎昌胤、黎方夏、林珊、马时伟、闽华瑛、盛养源、谭凯德、王兆龙、王功溥、王宗瑷、韦贤昭、韦尚强、魏敦山、杨本华、叶丹霞、殷晓霞、袁珏

资料来源：圣约翰大学建筑系档案（毕业时间按档案中毕业证书颁发时间）。

另：毕业生详细情况参见钱锋主编，赖德霖、王浩娱合编，《上海圣约翰大学建筑系毕业生档案》，香港《建筑业导报》，2005年7期。

参考文献

■ 发表文章或专题资料

[1] 张镛森遗稿，王蕙英整理. 关于中大建筑系创建的回忆. 东南大学建筑系成立七十周年纪念专集(1927~1997). 北京：中国建筑工业出版社，1997.

[2] 柳肃，[日]土田充义. 柳士英的建筑思想和日本近代建筑的关系. 中国近代建筑研究与保护（二）. 北京：清华大学出版社，2001.

[3] 柳士英. 回忆录提纲. 南方建筑，1994(3).

[4] 徐苏斌. 近代中国建筑学人留学日本小史. 建筑师(78).

[5] 张镈. 从东北大学到中央大学. 建筑师(48).

[6] 潘谷西，单踊. 关于苏州工专与中央大学建筑科——中国建筑教育史散论之一. 建筑师，1999(90).

[7] 陈从周. 怀念建筑家黄作燊教授. 建筑师，1984(19).

[8] 安放. 努力为祖国的社会主义建设服务——记建工系副主任黄作燊教授. 同济报，1960年5月7日.

[9] 安怀起. 上海三千人歌剧院设计的前前后后. 同济报，1960年4月30日.

[10] 邹德侬. 文化底蕴，流传久远——再读"文远楼". 时代建筑，1999(1).

[11] 温玉清. 桃李不言 下自成蹊——天津工商学院建筑系及其教学体系述评(1937~1952). 见：赵辰，伍江. 中国近代建筑学术思想研究. 北京：中国建筑工业出版社，2003.

[12] 林克明. 建筑教育、建筑创作实践六十二年. 中国著名建筑师林克明. 北京：科学普及出版社，1991.

[13] 彭长歆. 勷勤大学建筑工程学系与岭南早期现代主义的传播和研究. 新建筑，2002(5).

[14] 罗小未，李德华. 原圣约翰大学的建筑工程系(1942~1952). 时代建筑，2004(6).

[15] 罗小未，钱锋. 怀念黄作燊. 建筑百家回忆录续编. 北京：知识产权出版社，中国水利水电出版社，2003.

[16] 胡德元. 广东省立勷勤大学建筑系创始经过. 南方建筑，1984(4).

[17] 过元熙. 博览会陈列各馆营造设计之考虑. 中国建筑，1934(2).

[18] 唐璞. 春风化雨忆当年. 东南大学建筑系成立七十周年纪念专集(1927~1997). 北京：中国建筑工业出版社，1997.

[19] 童寯. 建筑教育. 见童寯文集(第一卷). 北京：中国建筑工业出版社，2000.

[20] 童寯. 建筑教育. 建筑师(95).

[21] 赖德霖. 从一篇报导看柳士英的早期建筑思想. 南方建筑，1994(3).

[22] 赖德霖. 中国近代建筑史研究评述. 建筑师(台湾)，2002(6).

[23] 靳东生. 美国建筑教育源流. 建筑师, 1982(10).
[24] 龙炳颐, 王维仁. 20世纪中国现代建筑概述(第二部分: 台湾、香港和澳门地区). 见20世纪世界建筑精品集锦(东亚卷). 北京: 中国建筑工业出版社, 1999.
[25] 支文军. 葛如亮的新乡土建筑. 时代建筑, 1993(1).
[26] 顾大庆. 建筑设计教学的学术性及其评价问题. 建筑师, 1999(90).
[27] 赵辰. 域内外中国建筑研究思考. 时代建筑, 1998(4).
[28] 赖德霖, 王浩娱, 袁雪平, 等. 中国近代时期重要建筑家. 世界建筑, 2004(5).
[29] 吉国华. "苏黎世模型"——瑞士ETH-Z建筑设计基础教学的思路与方法. 建筑师(94).
[30] 董鉴泓. 同济建筑系的源与流. 时代建筑, 1993(2).
[31] 黎志涛, 权亚玲. 为21世纪培养优秀的建筑设计人才——东南大学建筑系1999级教学计划修订方案的思考. 建筑师, 1999(90).
[32] 邓才德. 英国建筑联盟建筑学校(A.A.)随笔. 建筑师(95).
[33] 薛求理. 吴景祥先生追记, 建筑师, 1999(89).
[34] 陈志华. 中国当代建筑史论纲. 中国建筑评析与展望. 天津: 天津科学技术出版社, 1989.
[35] 伍江. 包豪斯在上海的影响. 见: 张复合. 中国近代建筑研究与保护(二). 北京: 清华大学出版社, 2001.

■ 出版书目

[1] 龚德顺, 邹德侬, 窦以德著. 中国现代建筑史纲. 天津: 天津科学技术出版社, 1987.
[2] 邹德侬. 中国现代建筑史. 天津: 天津科学技术出版社, 2001.
[3] 杨东平. 艰难的日出——中国现代教育的20世纪. 上海: 文汇出版社, 2003.8.
[4] [英] 弗兰克·惠特福德. 包豪斯. 林鹤, 译. 生活·读书·新知三联书店, 2001.
[5] (意) L·本奈沃洛. 西方现代建筑史. 邹德侬, 巴竹师, 高军, 译. 天津: 天津科学技术出版社, 1996.
[6] 万千著. 建筑师戴念慈. 天津: 天津科学技术出版社, 2002.
[7] 阿瑟·艾夫兰. 邢莉. 西方艺术教育史. 常宁生, 译. 成都: 四川人民出版社, 2000.
[8] 肯尼思·弗兰姆普敦. 现代建筑. 原山等, 译. 一部批判的历史. 北京: 中国建筑工业出版社, 2004.
[9] 曼弗雷多·塔夫里, 弗朗切斯科·达尔科. 现代建筑. 刘先觉等, 译. 北京: 中国建筑工业出版社, 2000.
[10] 郭湛波著. 近五十年中国思想史. 济南: 山东人民出版社, 2002.
[11] 高立克. 五四的思想世界. 上海: 学林出版社, 2003.
[12] 夏中义. 人与国家——大学人文读本. 南宁: 广西师范大学出版社, 2002.
[13] [美] 斯塔夫里阿诺斯. 全球通史. 吴向婴, 梁赤民, 译. 上海: 上海社会科学院出版社, 1993.
[14] 刘放桐等. 现代西方哲学(上、下册). 北京: 人民出版社, 1998.
[15] 彼得·柯林斯. 现代建筑设计思想的演变(1750~1950). 英若聪, 译. 北京: 中国建筑工业出版社, 1987.
[16] [法] 勒·考柏西耶. 走向新建筑. 陈志华, 译. 天津: 天津科学技术出版社, 1991.
[17] [英] 罗德里克·麦克法夸尔. 文化大革命的起源. 魏海生, 艾平等, 译. 北京: 求实出版

社,1990.
- [18] 牛宏宝. 西方现代美学. 上海:上海人民出版社,2002.2.
- [19] 林洙. 建筑师梁思成. 天津:天津科学技术出版社,1996.7.
- [20] 费蔚梅. 梁思成与林徽因——一对探索中国建筑史的伴侣. 曲莹璞,关超,译. 北京:中国文联出版公司,1997.
- [21] 费正清. 伟大的中国革命(1800~1985年). 刘尊棋,译. 北京:世界知识出版社,2003.
- [22] 费正清. 美国与中国. 张理京,译. 北京:世界知识出版社,2003.
- [23] 孙其明. 中苏关系始末. 上海:上海人民出版社,2002.
- [24] 陈从周,章明. 上海近代建筑史稿. 上海:上海三联书店,1988.
- [25] 郑时龄. 上海近代建筑风格. 上海:上海教育出版社,1999.
- [26] 王军. 城记. 北京:生活·读书·新知三联书店,2003.
- [27] 葛如亮. 葛如亮建筑艺术. 上海:同济大学出版社,1995.
- [28] 潘谷西. 中国建筑历史. 北京:中国建筑工业出版社,2001.
- [29] 刘先觉. 现代建筑理论. 北京:中国建筑工业出版社,1999.
- [30] 罗小未. 现代建筑奠基人. 北京:中国建筑工业出版社,1993.
- [31] 周予同. 中国现代教育史. 民国丛书(第一编). 上海:良友图书印刷公司,1934.
- [32] 杨永生. 建筑百家书信集. 北京:中国建筑工业出版社,2000.3.
- [33] 杨永生. 中国四代建筑师. 北京:中国建筑工业出版社,2002.1.
- [34] 杨永生,明连生. 建筑四杰. 北京:中国建筑工业出版社,1999.12.
- [35] 杨永生. 建筑百家回忆录. 北京:中国建筑工业出版社,2000.12.
- [36] 杨永生. 建筑百家轶事. 北京:中国建筑工业出版社,2000.1.
- [37] 杨永生. 建筑百家评论集. 北京:中国建筑工业出版社,2000.8.
- [38] 杨永生. 建筑百家言. 北京:中国建筑工业出版社,1998.9.
- [39] 杨永生. 建筑百家回忆录续编. 北京:知识产权出版社,中国水利水电出版社,2003.
- [40] 杨永生. 建筑百杂识录. 北京:中国建筑工业出版社,2004.2.
- [41] 杨永生. 1955~1957建筑百家争鸣史料. 北京:中国建筑工业出版社,2003.
- [42] 东南大学建筑系成立七十周年纪念文集. 北京:中国建筑工业出版社,1997.10.
- [43] 梁思成全集(一至九卷). 北京:中国建筑工业出版社,2001.4.
- [44] 高亦兰. 梁思成学术思想研究论文集(1946~1996). 北京:中国建筑工业出版社,1996.
- [45] 同济大学建筑与城市规划学院五十周年纪念文集. 上海:上海科学技术出版社,2002.
- [46] 同济大学建筑与城市规划学院编. 建筑弦柱——冯纪忠论稿. 上海:上海科技出版社,2003.
- [47] 同济大学建筑与城市规划学院编. 建筑人生——冯纪忠访谈录. 上海:上海科技出版社,2003.
- [48] 同济大学建筑与城市规划学院编. 金经昌纪念文集. 上海:上海科技出版社,2003.
- [49] 同济大学建筑与城市规划学院编. 陈从周纪念文集. 上海:上海科技出版社,2003.
- [50] 杨廷宝先生诞辰一百周年纪念文集. 北京:中国建筑工业出版社,2001.10.
- [51] 杨廷宝建筑论述与作品选集. 东南大学建筑系理论与创作丛书. 北京:中国建筑工业出版社,1997.
- [52] 杨廷宝建筑设计作品集. 北京:中国建筑工业出版社,1983.

[53] 童寯. 童寯文集(第一、二卷). 北京：中国建筑工业出版社，2000.
[54] 中国著名建筑师林克明. 北京：科学普及出版社，1991.9.
[55] 建筑学系教师设计作品集. 华南理工大学建筑学术丛书. 北京：中国建筑工业出版社，2002.
[56] 黎志涛，冷嘉伟. 学生作业集1927~1997. 东南大学建筑系理论与创作丛书. 北京：中国建筑工业出版社，1997.10.
[57] 栗德祥. 学生建筑设计作业集1946~1996. 清华大学建筑学术丛书. 北京：中国建筑工业出版社，1996.
[58] 天津大学建筑系编. 天津大学建筑系历届学生作品选. 天津：天津大学出版社，1986.
[59] 王季卿. 我的建筑声学历程. 王季卿建筑声学论文选集. 上海：同济大学出版社，2001.
[60] 舒新城. 中国近代教育史资料. 北京：人民教育出版社，1985.
[61] 赵辰，伍江. 中国近代建筑学术思想研究. 北京：中国建筑工业出版社，2003.
[62] 张复合. 中国近代建筑研究与保护(一). 北京：清华大学出版社，1999.
[63] 张复合. 中国近代建筑研究与保护(二). 北京：清华大学出版社，2001.
[64] 沙永杰. "西化"的历程——中日建筑近代化过程比较研究. 上海：上海科学技术出版社，2001.
[65] 吴耀东. 日本现代建筑. 天津：天津科学技术出版社，1997.
[66] 顾大庆. 设计与视知觉. 北京：中国建筑工业出版社，2002.
[67] 李海清. 中国建筑现代转型. 南京：东南大学出版社，2004.
[68] 伍江. 上海百年建筑史. 上海：同济大学出版社，1997.

■ 档案文献

[1] 国立中央大学编. 国立中央大学一览. 1928.9.
[2] 教育部编. 大学科目表. 正中书局印行，民国三十六年六月(1947年6月)沪八版.
[3] 广东省立工专教务处. 广东省立工专校刊. 1933.7.
[4] 广东省勷勤大学工学院建筑图案设计展览会特刊. 1935.
[5] 广东省立勷勤大学教务处. 广东省立勷勤大学概览. 民国二十六年三月(1937年6月).
[6] 国立中山大学校友通讯.
[7] 之江大学编，之江大学年刊. 1940，1941，1950.
[8] 圣约翰大学编，圣约翰年刊. 1948.
[9] 圣约翰大学校史. 圣约翰大学. 上海历史博物馆提供.
[10] 之江大学建筑系档案(1940~1952).
[11] 圣约翰大学建筑系档案(1941~1952).
[12] 重庆大学建筑系档案(1940~1945).
[13] 清华大学建筑系教学档案(1952~1980).
[14] 同济大学建筑系档案(1952~1980).
[15] 黄作燊个人档案，同济大学档案室提供.
[16] 1936~1941年哈佛设计研究生院教学档案. 哈佛设计研究生院提供.
[17] A. A. 福民. 苏联高等教育的改革——在京津高等学校院系调整座谈会上的讲话. 同济大学行政档案，1952.

[18]　曾昭抡. 高等学校的"专业"设置问题. 同济大学行政档案，1952.
[19]　黄作燊. 如何培养建筑师(演讲稿). 1940年代末.
[20]　黄作燊. 中国建筑(演讲稿). 1940年代末.

■ 杂志及丛书

[1]　中国建筑. 中国建筑学会主办(1932～1937).
[2]　建筑月刊. 上海建筑学会主办.
[3]　建筑学报. (1954～2005). 中国建筑学会主办，中国建筑工业出版社.
[4]　同济大学学报(1956～1980). 同济大学编.
[5]　东南大学学报(1956～1980). 东南大学编.
[6]　中国近代建筑史研讨会文集. 1～7册.

■ 英文文献

[1]　The History of Collegiate Education in Architecture in the United States，A Dissertation，Columbia University，1941.
[2]　Wei Ming Chang，et al. Chang Chao Kang 1922～1992 (Committee for the Chang Chao Kang Memorial Exhibit，c1993).
[3]　K. Frampton, A. Latour. Histoty of American's Architectural Education，Lotus International，1980.
[4]　S. giedion. Space, time and architecture. harvard university press fifth edition and enlarged，1967.
[5]　Angelika Muthesius. English translator：Karen Willians，Bauhaus，Bauhaus—Archiv Museum Fur Gestaltung.
[6]　Marty Bax. Translator：Kist Kllian，Bauhaus Lecture Notes，Architectura & Natioal Press.
[7]　Adolf Max Vogt，translated by Radka Donnell，Le Corbusier. the Noble Savage，Toward an Archaeology of Modernism，The MIT Press，Cambridge，Massachusetts，London，English.
[8]　Edited by Gwendolyn Wright and Janet Parks. The History of History in American Schools of Architecture 1865～1975. Princeton Architectural Press.
[9]　Robert F. Gatje. Marcel Breuer. The Monacelli Press，1986.
[10]　David Watkin. The Rise of Architectural History.
[11]　Alexander Caragonne. The Texas Rangers，Notes from An Architectural Underground. The MIT Press，Cambridge，Massachusetts，London，England.
[12]　David Watkin. A History of Western Architecture.
[13]　Jorsen Henry Huang. The Training of an Architect. 1946～1948.
[14]　Jorsen Henry Huang. Chinese Architecture. 1946～1948.
[15]　Li Shiqiao. Writing a Modern Chinese Architectural History，Liang Sicheng and Liang Qichao. Journal of Architectural Education，2002.
[16]　Edith J. R. Isaacs. Architecture for the New Theatre. J. J. Little and Ives Company，New York，1935.
[17]　Richard Sheppard. Prefabrication in Building. The Architectural Press，London，1946.
[18]　L. Hilberseimer. The New Regional Pattern. Poole Brithers Incorporated，1949 NLARGED，1967.
[19]　Kathryn H. Anthony. Designing for Diversity：Implications for Architectural Education in the

Twenty-first Century. Journal of Architectural Education, 2002.

■ 参考学位论文

[1] 赖德霖. 中国近代建筑史研究. 清华大学工学博士学位论文, 1992.
[2] 章明. 高等建筑教育论析. 同济大学硕士学位论文. 1995.
[3] 徐苏斌. 比较·交往·启示——中日近现代建筑史之研究. 天津大学建筑系博士论文, 1991.
[4] 温玉清. 天津工商学院建筑系的历史研究(1937～1952). 天津大学建筑系硕士论文, 2002.
[5] 沈振森. 中国近代建筑的先驱者——建筑师沈理源研究. 天津大学硕士学位论文, 2002.
[6] 马红杰. 格罗皮乌斯的建筑创作与教育初探. 东南大学硕士学位论文, 1999.
[7] 顾大庆. 建筑设计技能及其教育问题研究. 东南大学硕士学位论文, 1985.

后　　记

　　对于中国的现代建筑思想如何产生和发展一直是近现代建筑史研究领域的重要课题。长期以来，由于学术、政治等多方面的原因，现代建筑在中国始终未曾得到充分的发展。对此，作为建筑设计主体的中国建筑师群体未曾真正接受并发展现代建筑思想是其重要原因，而培养这些建筑师的中国近现代建筑教育体系没有能够真正贯彻现代建筑思想是导致上述这些现象产生的重要根源之一。为了挖掘和探讨现代建筑在中国发展困境的深层基础，我们拟订了先从建筑教育角度入手进行研究的构想。钱锋博士的论文《中国现代建筑教育史（1920~1980）》便是在此研究框架下的阶段性成果。

　　钱锋博士的论文是在她硕士论文基础上的延伸和扩展。在整体研究框架中，我选定了个体研究作为她的入手方向。她硕士论文研究课题是对圣约翰大学建筑系创始人黄作燊的建筑和教育思想的研究。黄作燊直接师从于现代建筑大师格罗皮乌斯，是在中国早期积极倡导和传播现代建筑思想的重要人物。通过对他在圣约翰大学和同济大学建筑系从事教学实践的经历和遭遇的探索，我们从一个侧面初步看到了现代建筑教育在中国发展的坎坷历程。

　　钱锋完成硕士论文之后，攻读博士学位期间一直持续深入该领域的研究。博士论文选题时，我们根据之前的研究框架将研究范围扩展至整个中国近现代历史中的现代建筑教育发展状况，试图从更为宏观的角度分析研究现代建筑思想在中国受挫的原因。

　　通过走访国内各主要建筑院校，查阅相关档案，访谈有关老师，钱锋获得了大量珍贵的一手资料，在此基础上系统梳理了自20世纪20年代中国出现建筑院系以来直至80年代初将近60年的各地各院校的现代建筑教育发展情况，整体展现了其发展的艰难坎坷的历史，揭示了学术观点、话语权、民众思想认识和政治意识形态等多种因素对现代建筑思想及其教育思想发展的制约。

　　宏观层面之外，在微观层面上，我们通过这一研究过程接触到了大量鲜活的个体历史人物，看到了诸多具有现代建筑思想的教育者面对各种强大的压力，始终不懈追求理想的场面。从知识分子现代性的角度来分析，在此背后更深层折射出的是诸多具有新思想的知识分子对于独立学术人格的追求。现代社会知识分子的重要角色功能是对社会问题的独立反思和表达，是社会良心的喉舌，从这个意义上来看，教师们对现代建筑思想的坚持不懈探索正是对自身角色现代转型的追求，而他们所遭遇的种种坎坷与磨难则正是社会传统思想模式强大阻力的直接反映。现代建筑思想无法在中国生根发芽，究其原因，知识分子现代转型过程中所遭遇的挫折也是其深层原因之一。

很多专家学者以及教育界前辈为本研究提供了大量宝贵的意见和帮助。清华大学、东南大学、天津大学、华南理工大学及同济大学等院校建筑系的近代建筑史研究专家们为本书的思路和写作提出了很好的意见和建议；各校接受访谈的前辈教师们以及本书涉及者的家人们所提供的大量鲜活的一手回忆资料为本书奠定了坚实的基础；北京、上海、天津、广州、重庆和杭州等各地图书馆、档案馆等单位也对论文的资料收集给予了积极的支持。在此，谨对以上所有对本书有所帮助的人深表感谢！

伍 江

2007 年 10 月